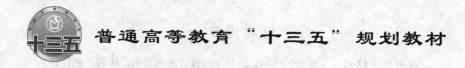

普通高等教育"十三五"规划教材

涂装车间课程设计教程

主 编 曹献龙
副主编 仵海东 邓洪达 兰 伟 江 伟

北 京
冶金工业出版社
2018

内 容 提 要

全书共分 13 章,主要内容包括:涂装车间设计基础知识;涂装工艺设计;涂装设备设计与计算;涂装用机械化运输设备设计与计算;涂装车间动力计算;涂装劳动量、人员、材料消耗量及技术经济指标;涂装车间通排风设计;涂装车间电控设计;涂装车间给排水设计;涂装车间厂房建筑设计;涂装车间工艺平面布置设计;涂装车间三废处理设计。

本书可作为高等院校涂装专业的教学用书,也可供涂装工程技术人员、工艺管理人员参考。

图书在版编目(CIP)数据

涂装车间课程设计教程/曹献龙主编. —北京:冶金工业出版社,2018.6
普通高等教育"十三五"规划教材
ISBN 978-7-5024-7793-6

Ⅰ.①涂… Ⅱ.①曹… Ⅲ.①油漆车间—课程设计—高等学校—教材 Ⅳ.①TQ639.6 –41

中国版本图书馆 CIP 数据核字(2018)第 104740 号

出 版 人 谭学余
地 址 北京市东城区嵩祝院北巷 39 号 邮编 100009 电话 (010)64027926
网 址 www.cnmip.com.cn 电子信箱 yjcbs@cnmip.com.cn
责任编辑 郭冬艳 美术编辑 吕欣童 版式设计 禹 蕊
责任校对 石 静 责任印制 李玉山
ISBN 978-7-5024-7793-6
冶金工业出版社出版发行;各地新华书店经销;固安华明印业有限公司印刷
2018 年 6 月第 1 版,2018 年 6 月第 1 次印刷
787mm×1092mm 1/16;17 印张;412 千字;261 页
49.00 元
冶金工业出版社 投稿电话 (010)64027932 投稿信箱 tougao@cnmip.com.cn
冶金工业出版社营销中心 电话 (010)64044283 传真 (010)64027893
冶金书店 地址 北京市东四西大街 46 号(100010) 电话 (010)65289081(兼传真)
冶金工业出版社天猫旗舰店 yjgycbs.tmall.com
(本书如有印装质量问题,本社营销中心负责退换)

前　言

　　现代工业涂装在制造业中是非常重要的一个工艺环节。为了适应工业产品的高质量、高装饰性和低成本的要求，顺应节能环保趋势，涂装企业不得不加大技术研发力度。涂装车间的设计水平严重制约着涂装技术的先进程度，同时也直接决定了涂装生产的质量、成本和效率。涂装车间设计是学生和专业从业人员全面熟悉和掌握涂装工艺设计、涂装设备选型与计算、涂装车间规划与设计的一项综合训练，是培养其综合运用所学的专业知识去分析和解决工程实际问题的能力，帮助其巩固、深化和拓展知识面，培养高级工程应用型人才不可缺少的实践环节。本书在内容安排上，编者将涂装车间设计过程按照"先总后分"的设计脉络进行梳理，并对国内外成熟的经验进行了总结，注重内容的系统性和实用性，以期能够较好服务于国内涂装车间设计人才的培养，特别是提高高校内从事该专业学习的学生的设计能力，为我国涂装行业的发展有所裨益。

　　本书是基于国内高校表面工程专业方向的实际情况、当前涂装车间设计的要求以及现有手册和书籍的特点，并结合编者长期教学、科研中的经验以及学习体会编写的，力求做到：（1）系统性：理清车间设计的脉络，有机串联车间基础数据、工艺设计、设备设计、人员设计、厂房设计和"三废"处理等方面内容，并保持与涂料工艺学、涂装工艺学和涂装"三废"处理的连续性；（2）简洁性：在系统性的前提下，尽量保持各个设计组成部分的简洁性和条理性，让学生或设计人员能快速上手，快速而有效地获取所需的设计信息和思路；（3）适用性：将本书定位于初涉车间设计以及中高等设计水平人员，特别是高校相应专业的学生，为其提升设计水平提供有效的延伸和铺垫。

　　本书由曹献龙担任主编，仵海东、邓洪达、兰伟、江伟担任副主编。全书共分13章。曹献龙设计全书的构架，并负责编写第1章绪论，第4章涂装设备设计与计算，第5章涂装用机械化运输设备设计与计算，第7章涂装劳动量、人员、材料消耗量及技术经济指标，第8章涂装车间通排风设计，第9章涂装车间电控设计，第12章涂装车间工艺平面布置设计。仵海东主要负责编写第2

章涂装车间设计基础资料，第6章涂装车间动力计算，第10章涂装车间给排水设计，第11章涂装车间厂房建筑设计。邓洪达主要负责编写第13章涂装车间三废处理设计。兰伟和江伟主要负责编写第3章涂装工艺设计。全书由曹献龙和仵海东统稿。在编写过程中，我们得到了侯香龙、陈小康、李洁、戴崧乾、高翔、马鹏飞等许多学生和朋友的帮助，以及重庆力帆乘用车有限公司、重庆福泰涂装技术有限公司和江苏剑桥涂装工程股份有限公司等单位的支持，在此一并表示衷心的感谢！

由于本书涉及面较广和编者水平有限，不足之处在所难免，敬请广大读者批评指正。

编 者

2018 年 3 月

目　　录

1 绪 论

设计内容提要
（1）说明涂装车间设计基本原则；
（2）概述涂装车间设计阶段与内容。

涂装车间设计系指现代化工业企业涂装车间的组织和技术问题的综合设计任务，其整体设计包括工艺设计、厂房建筑设计、供排水设计、采暖通风设计、供热设计及供电照明设计等，其中涂装工艺设计贯穿整个车间设计过程，是整个设计过程的主导工作。涂装车间属于化学、电化学、高分子、机械、自动化等生产性质的车间，车间内部管沟线路复杂，生产过程中耗用大量的涂料、蒸汽、压缩空气、水、电、酸、碱等化学药剂，因而涂装车间既是一个环境的污染源，又是一个动力消耗大和火灾危险性大的单位。所以，涂装车间的设计工作是一项复杂的综合性任务，尤其是随着大批量流水线工业生产的出现和对涂层质量要求的不断提高，使涂装工艺日趋复杂，只有采用高效的涂装工艺和设备来装备涂装车间、强化涂装工作才能实现设计的目标。因此，在涂装车间设计工作中，除了满足起主导作用的工艺设计的要求外，还要考虑到便于其他专业设计、施工、各种管道的架设、维修以及废气、废水净化处理设施的设计，而且工艺设计应与其他有关专业设计密切配合，共同做好整体设计，不断提高涂装车间的整体设计水平。

1.1 涂装车间设计基本原则

涂装车间设计是涂装工程建设最关键的第一步，不仅会影响产品的质量，而且也直接影响工程的经济效益（投资和运行成本）和综合竞争力，进行设计时应列举说明本车间在确保涂装质量及实现绿色涂装的前提下所遵循的原则内容：

（1）选用可靠、先进、工艺水平高的涂装工艺、涂装材料和自动化程度高的涂装设备。

（2）采用环保型的涂装材料替代传统的有机溶剂型的涂料和环保性差的涂装前处理材料，实现工业涂装材料的更新换代。

（3）采用涂装效率高的涂装方法和新的节能减排工艺技术，提高资源和能源的有效利用率，运行低能耗，确保单位涂装面积 VOC 和 CO_2 的排放量和涂装成本的目标值达到或接近国际先进水平。

（4）涂装车间工艺设计必须先进可靠、经济适用，多方案比较，择优选用。工艺平面布置科学合理和工序精益化，生产面积和空间利用率高；人流、物流通畅；方便生产管理和设备的维护；输送设备和涂装设备开动率和有效利用率高。

（5）配置完善的环保和消防设施，以人为本，配置环境良好的生活和办公场所。

（6）在优质高装饰性涂装场合作业环境应洁净无尘，温湿度和清洁度应满足工艺要求，以确保涂装一次合格率为90%以上，低返修率，为在全员科学管理前提下实现"零"涂装缺陷涂装线打下基础。

1.2　涂装车间设计阶段与内容概述

涂装车间设计工作主要划分的阶段有：设计前期工作（编制项目建议书、编制可行性研究报告）、初步设计和施工图设计等。涂装车间工程设计系统如图1-1所示。

1.2.1　设计前期工作

涂装工厂企业首先应根据未来的发展规划，对规划建设项目作轮廓性的发展说明，即编写项目建议书。项目建议书确立后即可编制可行性研究报告，由上级主管部门对项目进行评估和论证，项目是否符合国家有关产业政策、法令和规定，是否符合宏观经济要求，行业和地区规划要求，布局是否合理，技术是否可行，经济效益和社会效益是否良好。

1.2.1.1　编制项目建议书

涂装工厂企业根据市场发展需要和长远规划的要求，经过调查，预测，分析，提出拟建项目的建议报告。它是立项决策研究前，为项目轮廓设想，主要对论证项目的必要性提出建议，同时也对项目的可行性进行初步的分析。

编写项目建议书一般应包括以下几方面主要内容：

（1）建设项目提出的必要性和依据，需引进技术和进口设备部分还要说明国内外技术差距和概况，以及进口理由。

（2）市场预测及产品方案，引进技术国产化方案，拟建规模，主要建设或改造内容和建设地点的初步设想。

（3）资源情况，建设条件，协作关系和可能性，以及引进国别，厂商的初步分析。

（4）投资估算和资金筹措设想。

（5）项目进度安排。

（6）经济效益和社会效益的初步估计。

1.2.1.2　编制可行性研究报告

按照批准的项目建议书，对项目在技术、工程、经济和外部协作条件上是否合理和可行，进行全面分析，论证，作多方案比较，认为项目可行后推荐最佳方案，编制可行性研究报告，该报告在建设程序中起着重要作用。可行性研究报告经上级正式批准后这个项目就被立项。有引进技术和进口成套设备的项目，方可与外国厂商正式签订协议或合同。可行性研究报告对投资估算要有一定的准确性，否则将对项目重新进行决策。

编写可行性研究报告一般应包括以下几方面主要内容：

（1）根据经济预测、市场预测，确定项目建设规模和产品方案。

（2）资源、原材料，燃料及公用设施落实情况。

（3）建厂条件和厂址方案。

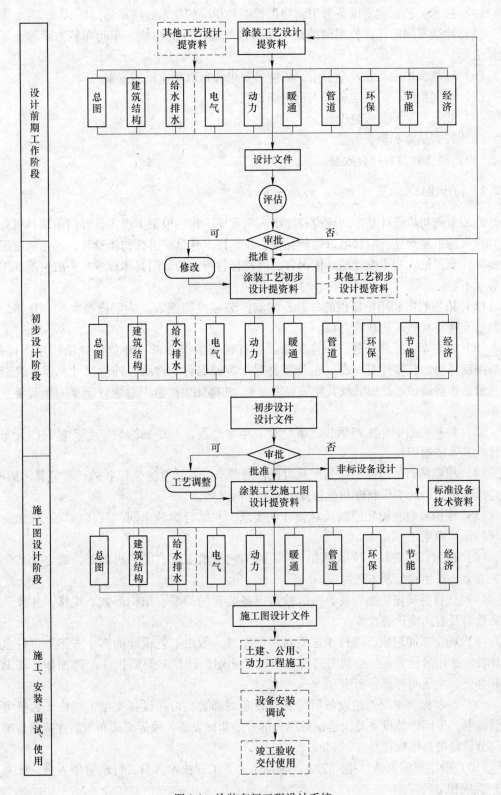

图 1-1　涂装车间工程设计系统

（4）技术工艺，主要设备选型，建设标准和相应的技术经济指标。

（5）涂装车间工程，公用辅助设施，协作配套工程的构成，车间布置方案和土建工程量估算。

（6）环境保护，职业安全卫生，消防等要求和采取相应措施方案。

（7）车间组织，劳动定员和人员培训设想。

（8）建设工期和实施进度。

（9）投资估算和资金筹措。

（10）经济效益和社会效益。

1.2.2　初步设计

涂装车间初步设计是车间建设程序中一项重要工作。根据上级主管部门对项目可行性研究报告的批复意见、项目可行性研究报告及其评审意见，进行初步设计，提出该阶段的主要文件及图纸。初步设计的具体内容，应符合各行业的部门具体要求，一般情况其工作内容如下：

（1）依据收集和用户提供的资料，编制涂装零件明细表，确定设备类型、规格，计算数量及计算材料等的基础资料。

（2）确定车间生产任务、协作关系。如有接受承担外来（外单位）涂装生产任务，则应编制外协涂装零件明细表（包括零件号、零件名称、件数、外形尺寸、零件表面积及重量、涂料品种、涂层数及其涂装要求等），并将此生产量汇总统计于车间涂装年生产量中。

（3）根据项目的年生产纲领，确定涂装年生产量，并编制涂装年生产量表作为车间设计的基本依据资料。

（4）根据项目的总体工作制度及对设计的要求，并结合涂装作业的产量等具体情况，确定涂装设计中的工作制度和设备及工人的年时基数。

（5）根据项目总设计原则及对设计的要求，并结合涂装车间的具体情况，提出涂装车间的设计原则。

（6）根据产品资料、技术要求、涂装的工艺技术要求、工艺规程等，确定涂装生产工艺方案，选用和编制工艺过程。

（7）选择并确定涂装设备、搬运输送设备装置的类型、结构形式、规格，并计算出设备数量及有关输送装置等。

（8）确定车间组成，进行工艺设备平面布置。做出工艺设计的多个方案，进行多方案比较，选用最佳方案，绘制工艺设备布置平面图，计算车间面积（生产面积、辅助面积和办公、生活间等部分面积）。

（9）编制涂装车间工艺设备明细表（设备明细表也可在设备类型、规格及数量等确定后编制，但因涂装设备及输送设备绝大部分是非标设备，故等平面布置后才能最后确定其部分设备的具体规格）。

（10）确定车间人员（生产工人、辅助工人、工程技术人员、行政管理人员、服务人员）组成和定员。

（11）计算确定涂装作业年材料消耗量，确定车间之间及与工厂仓库之间的物料运输方式、运输工具及年运输量。

（12）计算动力消耗量（水、纯水、蒸汽、压缩空气、燃油、燃气、工艺设备电容量）等。

（13）向总图、土建及公用工程（给水排水、采暖通风、热能动力、供电照明等）有关专业提供各专业的设计任务资料，提出的资料内容及表格形式见表 1-1 ~ 表 1-12。

（14）将涂装车间工艺设计中，对环境保护、职业安全和卫生、节约能源、消防防火等所采取的措施和所达到的效果，提供给有关工程设计专业，编写整体项目的四篇文件，即节能篇、环境保护篇、职业安全和工业卫生篇、消防篇。

（15）提出涂装工艺非标设备（含输送设备）的设计任务书。

（16）提出初步设计中存在的问题和建议。提出在后续设计中需要进一步落实及解决的问题。

（17）工艺要与整体工程设计的各个专业密切配合，共同协调解决设计中的问题。

（18）综合以上，编写涂装车间工艺初步设计说明书。工艺设计说明书内容包括：车间任务和年生产纲领；工作制度和年时基数；工艺过程；设备选择和计算；车间组成、工艺布置和面积；人员编制；车间运输及运输量；动力消耗；"三废"治理和劳动保护，存在问题和建议；主要数据及技术经济指标，以及附表等。

（19）工艺初步设计阶段提出的主要文件及图纸有：初步设计的涂装车间工艺设备明细表、工艺设备布置平面图、工艺设计说明书。

表 1-1　工艺专业向各有关专业提出设计资料

接受专业	工艺提出的协作设计资料内容
总图	（1）工艺设备布置平面图，如在建筑物周围室外要设置排风机装置、送风机装置、废气处理装置等用地，需在平面图上将占地大小、位置用虚线表示； （2）总图设计任务书（内容见表 1-2）
建筑	（1）工艺设备布置平面图； （2）建筑设计任务书（内容见表 1-3）； （3）车间人员生活设施设计任务书（内容见表 1-4）
结构	（1）工艺设备布置平面图； （2）工艺设备明细表，需注明大型设备荷重、设备支承方式、支点位置等； （3）操作平台（钢筋混凝土结构的）、大的需配筋的地沟、地坑、预埋件、预留孔等的设计条件等
给排水	（1）工艺设备布置平面图； （2）工艺设备明细表； （3）供排水设计任务书（内容见表 1-5）
采暖通风	（1）工艺设备布置平面图； （2）工艺设备明细表； （3）采暖设计任务书（内容见表 1-6）； （4）通风设计任务书（内容见表 1-7）
热能动力	（1）工艺设备布置平面图； （2）工艺设备明细表； （3）蒸汽供应设计任务书（内容见表 1-8）； （4）热水供应设计任务书（内容见表 1-9）； （5）压缩空气供应设计任务书（内容见表 1-10）； （6）如需燃油、燃气供应时，需提出供给量及供气压力等设计任务书； （7）工艺生产需要的冷源特征参数、需用量、需用部位等

接受专业	工艺提出的协作设计资料内容
电气	(1) 工艺设备布置平面图; (2) 工艺设备明细表; (3) 接地及避雷装置设计任务书（内容见表1-11）; (4) 弱电设计任务书（内容见表1-12）
技经	工艺设备明细表
编写四篇 文件的专业	(1) 供环境保护篇编写的资料; (2) 供职业安全和工业卫生篇编写的资料; (3) 供节能篇编写的资料; (4) 供消防篇编写的资料; 提供四篇编写的资料内容，可参照工艺说明书中有关这部分的内容

表 1-2　总图设计任务书

设计阶段：　　　　　　　　　　　　　　　　　　　（总图专业）日期：

建筑物名称：	简　图
建筑性质（新建、改建）：	
车间平面尺寸/m	
厂房下弦或吊车轨顶高度/m：	
工作班次：	
总人数：	
最大班人数：	
女工占百分比/%：	
特殊要求：	
注：特殊要求如火灾危险性类别等	注：也可提供工艺设备布置平面图

项目负责人（总师）		审核		校对		设计人	

注：1. 简图中应注明：跨度、长度、大门宽度及定位尺寸，画出吊车并注明其吨位。

　　2. 表示厂房区划、原材料辅助材料及半成品、成品的主要进出口，注明来源去向。

　　3. 多层建筑应有分层的层数及高度。

表 1-3　建筑设计任务书

设计阶段：　　　　　　　　　　　　　　　　　　　（土建专业）日期：

序号	车间或房间名称	火灾危险性类别	采光要求	室内净高要求/m	作用在楼板及地面上荷重/t·m⁻²		地面要求	门窗要求	隔墙材料高度/m	油漆粉刷要求	特殊要求（如：空调、防爆、防腐、防震、防雷、消音等）	备注
					集中	均布						
说明												

项目负责人（总师）		审核		校对		设计人	

注：单层厂房，地面如无大荷重，地面荷重栏可不填写。

表1-4　车间人员生活设施设计任务书

设计阶段：　　　　　　　　　　　　　　　　　　　　　　　　　（土建专业）日期：

序号	车间或工段名称	卫生特征级别	工作班次	车间人数		生产工人		辅助工人		技术人员		行政人员		服务人员		女工占百分数/%	最大班淋浴人数		备注
				总数	最大班	总数	最大班	总数	最大班	总数	最大班	总数	最大班	总数	最大班		男	女	

项目负责人（总师）		审核		校对		设计人	

注：车间人员供设计生活间用（更衣室、休息室、盥洗室、厕所、淋浴室等）。

表1-5　供排水设计任务书

设计阶段：　　　　　　　　　　　　　　　　　　　　　　　　　（给排水专业）日期：

序号	平面图号	设备名称	设备数量	同时使用系数	上 水 道								下 水 道					备注
					用水方式	水压	水温	水质	用水量/m³·h⁻¹				排水方式	排水温度	污染物名称	污染物浓度	每台排水量/m³·h⁻¹	
									平均		最大							
									每台	合计	每台	合计					平均	最大	

工作班次					
每班小时					
人数	昼夜	最大班	说明		
总人数					
淋浴人数					

项目负责人（总师）		审核		校对		设计人	

注：1. 用水方式及排水方式可填写连续或定期，或反映实际排水情况。

2. 污染物浓度可以按车间或生产线的污染物浓度提出。

3. 提出车间的工作班次、总人数、最大班人数、淋浴人数及女工人数，供设计生活间供排水等设计用。

4. 提出消防要求，供消防设计用。

表1-6　采暖设计任务书

设计阶段：　　　　　　　　　　　　　　　　　　　　　　　　　（采暖通风专业）日期：

| 序号 | 房间名称 | 生产班次 | 房间空气温度/℃ | | 采暖介质要求 | 每班运来金属 | | 大门是否需要风幕 | 电动机容量/kW | 最大班次操作人数 | 特殊要求 |
			正常生产时间	停工时间		从何处来	数量/t·班$^{-1}$				
说明											
项目负责人（总师）			审核			校对			设计人		

表1-7　通风设计任务书

设计阶段：　　　　　　　　　　　　　　　　　　　　　　　　　（采暖通风专业）日期：

| 序号 | 房间名称 | 逸出有害气体的设备 | | | | | 有害气体 | | | 是否要局部排风及排风装置形式 | 最大班次操作人数 | 工艺设备自带排风装置的排风量/m³·h^{-1} | 特殊要求（防尘、防震、消音、防腐、防火、防爆等） |
		名称	数量	平面图号	同时使用系数	外形尺寸或排风口尺寸	名称	设备工作温度/℃	换气次数				
说明													
项目负责人（总师）			审核			校对			设计人				

表1-8　蒸汽供应设计任务书

设计阶段：　　　　　　　　　　　　　　　　　　　　　　　　　（热能动力专业）日期：

| 序号 | 平面图号 | 设备名称 | 数量/台 | 使用系数 | 同时使用系数 | 热水温度/℃ | 热水消耗量/kg·h^{-1} | | | | 工作班次 | 加热方式及加热时间/h | 特殊要求 |
| | | | | | | | 平均 | | 最大 | | | | |
							每台	合计	每台	合计			
说明													
项目负责人（总师）			审核			校对			设计人				

表 1-9　热水供应设计任务书

设计阶段：　　　　　　　　　　　　　　　　　　　　　　　　　　　　（热能动力专业）日期：

序号	平面图号	设备名称	数量/台	使用系数	同时使用系数	热水温度/℃	热水消耗量/kg·h⁻¹				工作班次	加热方式及加热时间/h	特殊要求
							平均		最大				
							每台	合计	每台	合计			

说明	

项目负责人（总师）		审核		校对		设计人	

表 1-10　压缩空气供应设计任务书

设计阶段：　　　　　　　　　　　　　　　　　　　　　　　　　　　　（热能动力专业）日期：

序号	平面图号	用气设备名称	数量/台	气体压力（表压）/MPa	不间断工作时自由气体消耗量/m³·min⁻¹		系数		自由气体消耗量/m³·min⁻¹				工作班次	特殊要求（空气质量要求等）
									平均		最大			
					每台	合计	使用系数	同时使用系数	每台	合计	每台	合计		

说明	

项目负责人（总师）		审核		校对		设计人	

注：其他气体（如燃气等）的供应设计任务书，也可参照此表的形式。

表 1-11 接地及避雷装置设计任务书

设计阶段：　　　　　　　　　　　　　　　　　　　　　　　　　　　（电气专业）日期：

序号	建筑物及房间名	火灾危险性类别	室内介质	工作性质（加工精确程度）	建议灯具类型	需要局部照明的工作地及设备平面图号	室内设备和管道是否需接地	是否需要避雷装置	特殊要求（如事故照明等）
说明									
项目负责人（总师）		审核			校对			设计人	

表 1-12 弱电设计任务书

设计阶段：　　　　　　　　　　　　　　　　　　　　　　　　　　　（电气专业）日期：

序号	建筑物编号	建筑物名称	室内介质	电话数量	调度电话	电钟数量	扬声器	网络接口	火警信号	特殊要求
说明										
项目负责人（总师）		审核			校对			设计人		

注：特殊要求，如需要可燃气体浓度报警和火灾报警装置，应提出设置的具体部位及工作间以及具体要求等。

1.2.3 施工图设计

根据上级主管部门对项目初步设计的批复意见、初步设计及其评审意见，进行施工图设计，并提出该阶段主要文件及图纸。施工图设计工作内容如下：

(1) 落实初步设计中遗留的问题。

(2) 确定施工图工艺设计方案（结合批复意见及评审意见）。

(3) 确认并落实施工设计采用的涂装生产工艺，以及工艺设备及搬运输送设备等的结构形式、规格、数量等。

(4) 进行施工图工艺设备平面布置。注意工艺设备和各工种管道汇总问题，这是一个重要环节。

(5) 如施工图设计与初步设计有较大变动时对设备选型、规格及数量等，重新核对及计算，并对变动的原因及处理办法应在说明书中作出说明。

（6）向总图、土建及公用工程（给水排水、采暖通风、热能动力、供电照明等）有关专业提供各专业施工图的设计任务资料，提出的资料内容及表格形式见初步设计中提出资料的表格形式（表1-1～表1-12）。

（7）根据非标设备制造厂家提供的设备资料，向土建专业提出有关设备的基础、地坑、地沟、各种预埋件及所需在墙上、屋面开洞（风管穿洞）的大小、坐标位置等资料（土建的第二批资料）。

（8）工艺要与整体工程设计的各个专业密切配合，共同协调解决施工图设计中的问题。

（9）工艺施工图设计阶段提出的主要文件及图纸有：施工图设计的涂装车间工艺设备明细表、工艺设备布置平面图及工艺设计说明书。

1.2.4 初步设计平面图剖面图的绘制内容及方法

涂装车间初步设计，工艺设备布置平面图、剖向图的绘制应表示以下内容。

1.2.4.1 平面图

（1）平面图比例一般采用1:100，稍大的车间可采用1:200比例绘制；大型或特大型的涂装车间，如大量生产的大型轿车车身涂装车间（有好几万平方米），可用1:400或1:500比例绘制。

（2）建筑物的墙、门、窗、楼梯、电梯、平台爬梯、伸缩缝、柱及跨度、柱距、总长度、总宽度、标高、轴线和柱子。

（3）标明各种工艺设备（包括各种非标设备、钢平台及各种台、架、柜等）的布置位置；各种敞开作业地的大小及布置位置；各种工作间（各种隔断、封顶）、辅助间、中间仓库等的大小及在建筑物的位置等。

（4）标明搬运起重设备的起重量、跨度、轨顶高、驾驶室位置及上下梯位置，以及电动葫芦的轨道架设位置、轨底高等；平板车载重量、轨道、轨距及其位置以及辊道等。输送机械装置，如各种悬挂式输送机及地面各种输送机系列等，与工艺设备配合等的布置位置。

（5）标明公用动力（水、蒸汽、压缩空气、燃气、燃油等）的供应点，排水点和电插座的位置。

（6）标明动力设施，如变电所、控制室、动力管道入口及计量等用房，以及通风装置室等的布置位置。

（7）标明车间平面区域的划分（如工件存放、材料、大型吊挂具或其他用具堆放、预留面积、车间通道等）、各部分位置和名称；并画出各工作间的门，表示出门是向外开或向内开。

（8）标明办公室、生活间设置的位置。

（9）图中说明新建、扩建或原有；如是扩建指出扩建部分；如考虑今后发展时接长或接跨，需指出接长接跨的部位，并加以说明。

（10）当涂装车间设置在综合性联合厂房时，还需在平面图上绘制出整个厂房车间区划图，用阴影线突出表示本车间位置，并表示整个厂房所有车间的名称和位置。

（11）在平面图的右上角画指北针；在平面图的右侧注出图例；剖面图可放置在平面

图的右侧或适当的位置。

1.2.4.2　剖面图

（1）建筑物的剖面图选择主要部位或要说明建筑物构造形式的部位剖切，绘制剖面图，必要时可绘制 2~3 个剖面图。

（2）要标明最高设备外形及标高，尤其是对会影响建筑物高度及起重设备轨顶高的设备。

（3）示意绘出墙、柱、屋架、天窗，标出轴线编号和跨度，以及多层厂房的各层标高和技术夹层的标高。

（4）桥式、梁式起重机的轨顶高，悬挂起重机的轨底高，屋架下弦、平台、室内外地坪等标高。

（5）剖面图可与工艺平面图合并绘制；剖面图较多时也可以单独绘制。

（6）剖面图比例一般采用 1:100 或 1:200，剖面图比例可以同平面图比例，也可不同于平面图比例，但需在剖面图下面注明绘制比例。

1.2.5　施工图设计平面图、剖面图的绘制内容及方法

涂装车间施工图设计中，工艺设备布置平面图、剖面图的绘制应标明以下内容。

1.2.5.1　平面图

平面图的绘制内容及方法，一般同初步设计的平面图内容，但需增加下列内容：

（1）工艺设备的定位尺寸。

（2）地面平板车载重量、轨道、轨距及其定位尺寸。

（3）工艺地坑、地沟、预留洞的形状尺寸及定位尺寸。

（4）做单独基础的设备基础轮廓线。

（5）技术要求或说明。

1.2.5.2　剖面图

剖面图的绘制内容及方法，一般同初步设计的内容。但还需标明工艺地坑、地沟的位置及尺寸；设备的基础、坑、沟、水池的位置及轮廓线。

1.3　涂装车间课程设计的目的

涂装车间设计是学生和专业从业人员全面熟悉和掌握涂装工艺设计、涂装设备选型与计算、涂装车间规划与设计的一项综合训练，是培养其综合应用所学的专业知识去分析和解决工程实际问题的能力，帮助其巩固、深化和拓展知识面，培养工程应用型人才不可缺少的实践环节。涂装车间课程设计的目的是：

（1）综合运用《涂料工艺学》、《涂装工艺学》、《涂装车间设计》、《涂装三废处理》课程和其他有关先修课程的理论及生产实践的知识去分析和解决涂装车间设计和设备选型问题，并使所学专业知识得到进一步巩固和深化。

（2）学习涂装车间设计和设备选型的一般方法，了解和掌握涂装工艺设计、设备选型和计算、动力消耗、三废处理以及车间的组成、人员、面积的计算并绘制车间平面布置

图，培养正确的设计思想和分析问题、解决问题的能力。

（3）通过设计、计算和绘图，培养学生查阅和运用文献资料、设计手册、标准和规范等技术资料的能力。

1.4　课程设计的步骤及时间安排建议

1.4.1　课程设计步骤

（1）设计准备。阅读设计任务书，明确设计任务及要求、设计条件、设计数据，阅读有关资料，明确课程设计的方法和步骤，初步拟定设计计划。

（2）车间设计的基础数据的计算。根据任务书中所给出的参数和设计数据，确定车间的生产任务、生产纲领和工作制度，计算年时基数，并选择涂装标准。

（3）涂装方法和工艺设计。根据车间设计的基础数据的计算结果，选择表面前处理、涂装、固化等处理方法，制定相应处理工艺，要求画出工艺流程框图，并对工艺过程和工艺参数进行分析论证。

（4）各部分工艺设备的选型与计算。根据涂装工艺进行设备的选型与计算。要求写出计算依据，列出计算过程和计算结果，画出计算设备简图。通过设计计算，确定各工序槽体的主要尺寸，并对泵、风机、阀门、换热器等设备进行正确选型。

（5）车间的组成，人员、面积计算。根据涂装工艺进行设备的选型与计算结果和设计的基础数据的计算结果，确定车间的规模，设计车间的构成及各组成面积的计算，并确定人员的数量和构成。

（6）车间的动力计算。根据涂装工艺进行设备的选型与计算结果，计算车间动力消耗，主要是水、电、蒸汽、压缩空气消耗、燃气（燃油）等计算。

（7）三废处理设计。对车间生产过程中产生的废水、废气和废渣提出科学合理的处理方案。

（8）工艺设备平面布置设计。根据上述设计和计算结果，对车间设备进行平面布置设计。

（9）整理、编写设计说明书。设计说明书包括前言、目录、正文、参考文献等内容，正文采用四级标题。正文应包括文字叙述、设计计算和必要的简图。

（10）绘制车间平面布置图。用图纸绘制或 CAD 绘制并打印车间平面布置图，包括标题栏、图例、主要尺寸标注等。

1.4.2　设计时间安排

针对专业学生的课程设计时间为两周到四周，具体时间安排可参照表 1-13。

表 1-13　设计安排

序号	项　目　内　容	时间/天	备　　注
1	熟悉设计任务书，查阅学习相关设计资料	2~4	包括讲课
2	计算基础数据，制定工艺，设备选型与计算	3~6	
3	确定车间组成、人员、面积，计算动力消耗	2~4	

序号	项 目 内 容	时间/天	备 注
4	三废处理设计	1~2	
5	绘制车间平面布置图	1~2	
6	编写设计说明书	1~2	
合　计		10~20	

2 涂装车间设计基础资料

设计内容提要

(1) 说明车间的基本状况。

(2) 说明车间承担的生产任务、生产纲领和协作关系。

(3) 计算车间生产节奏。

设计基础资料(原始资料)是进行涂装车间工艺设计的前提条件,是确定涂装设计原则及设计计算的依据。设计基础数据主要包括车间现状、车间生产任务、生产纲领、工作制度、年时基数、生产节奏和涂料涂装标准。资料是否齐全、准确,将直接影响设计质量。设计基础资料的获取主要通过两种途径:(1)客户委托设计任务书(或招标书);(2)工艺设计人员的调查及现场考察。

2.1 车 间 现 状

车间现状主要包括以下几个方面:

(1)自然条件。自然条件主要包括涂装车间所在地的夏季室外平均气温及最高气温、冬季室外平均气温及最低气温、四季的空气相对湿度、全年主导风向、大气含尘量(在风沙或灰尘较大的地方)。

(2)地方法规。优先考虑采用地方上的三废排放的环境法规,安全卫生及消防法规。如果当地没有特殊规定,可采用国家标准。

(3)工厂标准。企业有关涂装设备或涂装车间的各种标准。

(4)厂房条件。

1)在老厂房改造的情况下,需有厂区的总布置图、车间工艺平面布置图;厂房建筑平面图、立体图及剖面图;厂房柱子及柱网基础图;房架及屋面图等资料。

2)在新建厂的情况下,厂房条件由工艺设计者提出要求,建筑及总布置由设计者确定。

(5)动力能源。

1)水、电、蒸汽、热水、煤气、天然气、燃油等可供使用及相应的参数。

2)工业水质分析报告。

3)在老厂房改造的场合,包括各种管网及动力入口等。

(6)工厂状况(新建厂略)。简述本项目利用工厂现有车间(或建筑物)的现状及存在的主要问题,以阐明项目本次技改或扩建的目的、内容和必要性等。对于老厂改造前的状况，应重点关注以下几个方面：

1）原有车间生产产品的型号、名称、产量、质量、生产性质、工艺水平及工艺特点。

2）原有车间的主要设备、人员分类及数量。

3）对厂房进行的文字描述。

4）原有车间职业安全卫生、环保方面的情况。

5）能源利用及能耗情况。

6）主要的薄弱环节和存在的问题。

7）鉴于原有车间的状况，阐明项目本次技改或扩建的目的、内容和必要性等。

（7）产品资料。被涂物的产品图样（主要有外形尺寸、材质、质量、涂装面积）。对涂层的质量要求（企业标准）和年产量。

2.2　车　间　任　务

通过上级下达设计任务书得到，详述车间生产的目的和任务。

（1）说明本车间承担的产品涂装生产任务的具体内容、范围。即说明各种产品的零件（部件、整机）的结构特点以及对其进行涂装的种类（如防护性涂装、防护装饰性涂装还是涂覆特种油漆）和涂层质量要求。

（2）根据生产纲领及产品特点，说明本涂装车间生产性质，例如属于单件、小批量、中批量还是大批量生产。

（3）说明涂装车间与相邻车间的关系，工作由哪儿来到哪儿去。如有协作任务时，应具体列出对内（与其他车间）对外协作承担生产的产品、零部件（或整机）的涂装生产任务、生产工艺内容及产量。

2.3　生　产　纲　领

生产纲领是车间在单位时间内（年、月、日）分工种的任务指标。通常所说的生产纲领即是被涂零件的年生产纲领（年产量），单位为表面积（m^2）或质量（t）。

（1）列表（见表2-1）或用文字说明涂装车间生产产品的名称、型号（代号）、年产量（即生产纲领等）。

表 2-1　被涂漆零部件清单

序号	零件号	被涂漆零部件名称	零件规格				每套产品件数	年生产任务					涂漆技术条件		备注
			外形尺寸（长×宽×高）/m×m×m	质量/kg	面积/m²	材质		件数			质量/t	面积/m²	涂漆标准代号	涂漆工艺卡号	
								基本	备品	合计					

（2）生产多种产品时，当选用某一产品作为代表产品时，需列出其他产品折合为代表产品的折合系数，并计算出其折合生产纲领。依据不同产品及其涂装特点，较精确提出与代表产品的折合系数是困难的，为简化计算，通常只计算出代表产品零部件的涂装面积，而其他与代表产品外形相似的产品的涂装面积，则按公式（2-1）用比较法确定。

$$\frac{F_x}{F} = \sqrt[3]{\left(\frac{P_x}{P}\right)^2} \tag{2-1}$$

式中　F_x——被代表产品的油漆面积，m^2；

　　　F——代表产品的油漆面积，m^2；

　　　P_x——被代表产品的质量，t；

　　　P——代表产品的质量，t。

（3）承担协作涂装生产任务时，应统计出协作件的名称、件数、涂装面积及年生产量，并汇总计入涂装年生产量表中。

（4）根据产品生产纲领，经计算列出涂装车间年生产纲领计算表，格式见表2-2（用于大批量生产）、表2-3（用于中小批量生产）。根据生产规模、产品特征、工艺及工件等具体情况，表格中内容可增减、表格形式可调整。

表2-2　车间年生产纲领计算表（用于大批量生产）

序号	产品名称	零部件件号	零部件名称	数量/件	材料	外形尺寸/mm	处理种类	涂、镀层厚度/μm	质量/kg		处理表面积/m²		年生产纲领		每日生产量		备注
									单件	合计	单件	合计	质量/t	表面积/m²	质量/t	表面积/m²	
1	2	3	4	5	6	7	8	9	10	11	12	13	14	15	16	17	18

注：此表格形式在大量生产的情况下使用，按处理零部件进行计算年生产纲领，填表时将同一处理种类零部件联在一起填写。

表2-3　车间年生产纲领计算表（用于中小批量生产）

序号	产品名称	处理种类	涂、镀层厚度/μm	产品表面处理生产量			处理件的最重质量/kg	处理件的最大外形尺寸/mm	年生产纲领		每日生产量		备注
				零部件数/件	质量/kg	表面积/m²			质量/t	表面积/m²	质量/t	表面积/m²	
1	2	3	4	5	6	7	8	9	10	11	12	13	14

注：此表格形式在产品产量不大面处理零部件较多的情况下使用，将零部件按处理种类归纳统计进行计算年生产纲领。

2.4　协作关系

列表或用文字说明涂装车间接受承担厂外、厂内协作和委托厂外、厂内协作加工任务的内容、范围和工作量，生产协作表见表2-4。如无协作任务，可省略。

表 2-4　生产协作表

序号	协作件名称	协作内容	单位	年需要量	协作单位名称	备注
	一、承担协作					
1	………					
2						
3	………					
	二、委托协作					
1	………					
2						
3						
	………					

2.5　工作制度与年时基数

根据项目设计的工作制度，结合车间生产的其他情况，确定涂装车间生产制度。

2.5.1　工作制度

根据车间的生产任务及生产条件来确定生产班制。一般应根据车间的生产量及生产条件来确定，原则上以两班制为主，每班的工作时间执行国家规定：一班、两班为8h，三班为7h。

全年工作日数：×××天；

每天工作班次：×班；

每班工作时间：×小时。

2.5.2　年时基数

年时基数即每年生产的实际时数，可分为公称年时基数与设计年时基数。

（1）公称年时基数是在规定的工作制度下，工人或工艺设备在一年内工作的小时数。例如全厂工作250天，每天工作1班，每班工作8h，则公称年时基数计算为：公称年时基数 $=250 \times 1 \times 8 = 2000$h。

（2）设计年时基数是从公称年时基数中扣去公称年时基数损失。工艺设备年时基数如下：

设备年时基数：××××小时；

工人年时基数：××××小时。

在某些特殊情况下，可根据工厂要求和实际情况，对年时基数进行调整，但无论如何不能因年时基数确定不当，使设备利用率过低或满足不了生产纲领要求，无法实现预计产量。

现行机械工厂年时基数设计标准中工艺设备及工人设计年时基数分别见表 2-5 和表 2-6。

表 2-5　工艺设备设计年时基数

设备类别及名称	工作性质	每周工作日数/天	全年工作日数/天	每班工作时间/h			公称年时基数损失率/%			设计年时基数/h		
				一班制	二班制	三班制	一班制	二班制	三班制	一班制	二班制	三班制
一般涂装及前处理设备	间断	5	250	8	8	6.5	2	5	7	1960	3800	5230
		5	250	6	6	6	2	4	5	1470	2880	4280
涂装流水线及涂装自动线	间断	5	250	8	8	6.5	4	6	8	1920	3760	5180
	短期连续	5	250	8	8	8	—	—	8	—	—	5520

注：1. 工作性质：间断：生产工艺过程可以间断。短期连续：除星期休假和节假日停止生产外，其余时间昼夜连续生产。

2. 公称年时基数损失是由于设备故障、检修、保养、停机等，而造成的时间损失。

表 2-6　工人设计年时基数

工作环境类别	每周工作日/天	全年工作日/天	每班工作小时/h				公称年时基数损失率/%	设计年时基数/h			
			第一班	第二班	第三班			第一班	第二班	第三班	
					间断性生产	连续性生产				间断性生产	连续性生产
二类	5	250	8	8	6.5	8	11	1780	1780	1446	1780

注：1. 工作环境类别：共分为三类，涂装属于二类。二类工作环境是指生产过程产生一定量的有害物质，经过治理后，其含量虽不超过国家规定的允许值，但对人体有可能会产生某种程度的危害，甚至会有轻度职业病发生，这样的工作环境称为二类工作环境。

2. 公称年时基数损失是由于职工各类休假、病事假等，而造成的时间损失。

（1）工艺设备年时基数按下式计算：

$$T_s = T_b \frac{S}{M} \tag{2-2}$$

式中　T_s——实际全年工作日数的工艺设备年时基数，h；

　　　T_b——表 2-5 中规定的 250 天工作日的工艺设备年时基数，h；

　　　S——实际全年工作日数，天；

　　　M——表 2-5 中规定的全年工作日 250 日，天。

（2）工人年时基数按下式计算：

$$T_N = T_g \frac{S}{M} \tag{2-3}$$

式中　T_N——实际全年工作日数的工人年时基数，h；

　　　T_g——表2-6中规定的250工作日的工人年时基数，h；

　　　S——实际全年工作日数，天；

　　　M——表2-6中规定的全年工作日250日，天。

年时基数可分为：工人年时基数、设备年时基数和工位年时基数。

（1）工人年时基数：是每人每年实际工作的时数。即扣除病、事、产假及其他停歇时间损失后的有效工作时间，$(365-11-52\times2)\times$工作时间$\times$工作制度。

（2）设备年时基数：是每台设备每年实际生产的时数，即扣除设备检验及其他必要的停工时间损失后的有效工作时间。

（3）工位年时基数：是每个工位的每年实际生产的时数。

2.6　生产节奏

生产节奏是涂装车间设计的重要基础数据，可根据它和每套产品的涂装工件量大小来选择涂装车间的生产方式（批量或流水生产方式）和涂装工序间的运输方式。生产节奏可用公式（2-4）计算求得：

$$t=\frac{60\times T\times e\times\rho}{M\times n} \tag{2-4}$$

式中　t——生产节奏，如果被涂物是总成、大型件，则以min/台标识，如果被涂物是小型零部件，则以min/挂（筐）表示，当某产品由多种或几十件零部件组成时，则按每套（台）产品占用挂具（筐）数来换算；

　　　M——生产纲领，套/年（年生产纲领）；

　　　n——每套产品的涂漆件数；

　　　e——设备利用系数（或称开工率），涂装设备的利用系数一般为80%～85%（90%）（发达国家>90%）。

间歇式生产就按生产节奏运行；连续式生产按下列计算所得链速：

$$v=\frac{L}{t} \tag{2-5}$$

式中　v——链速，m/min；

　　　L——装挂间距，m；

　　　t——生产节奏，min/台（件）。

2.7　涂料涂装标准

涂料涂装标准是涂装车间设计的重要基础资料，是选用涂料、确定涂装工艺和确定质量检查验收标准的依据。一般标准在被涂物图样上或产品技术条件中。

作为大多数产品的共性要求，通常把涂层外观装饰性分为五种类型，前四种代表涂层外观装饰性的四个等级，确定等级后，为达到涂层质量要求（即检测标准），就要有相应的工艺过程来保证（见表2-7）。因此，确定涂层等级就确定了涂层检测标准和基本工艺过程。汽车、轻工产品、建筑、电器、飞机、船舶等都有统一的涂装技术要求（见表2-8），但有些产品可能还没有制订相应的标准，应根据产品功能和使用条件，借鉴类似产品的标准，来确定涂装的工艺过程和质量要求。

表 2-7　涂装等级及其质量要求、工艺过程

涂装等级	装饰性质量要求	工艺过程
高级装饰性涂层（Ⅰ涂层）	漆膜面平滑，光亮如镜，无细微颗粒，无擦伤，无裂纹。不起皱，不起泡及其他肉眼可见的缺陷，并有足够的机械强度，外观美丽	表面处理→涂底漆→局部或全部填刮腻子→打磨→涂装3~9层面漆→抛光→打蜡
装饰性涂层（Ⅱ涂层）	漆膜平滑，光泽中等，中等机械强度，外观美丽，允许有细微的擦伤、轻微的刷纹及其他极小缺陷	表面处理→涂底漆→局部填刮腻子→打磨→涂装2~3层面漆
保护装饰性涂层（Ⅲ涂层）	有一般装饰作用，且防金属腐蚀的漆膜不应有皱皮、流痕、露底、杂质污浊等，允许有轻微擦伤和刷纹	表面处理→涂底漆→涂装1~2层面漆
一般综合性涂层（Ⅳ涂层）	供一般防腐蚀用，对装饰性无要求；适用于使用条件不十分苛刻（室内、机内）的制品或部件涂装	涂1~2层漆，厚度在20~60μm

表 2-8　一些涂装技术标准

标 准 号	名 称	标 准 号	名 称
QC/T 484—1999	汽车油漆涂层	ZBJ 50012—1989	出口机床涂漆技术条件
GB 11380—1989	客车车身涂层技术条件	GB/T 231—1998	船舶涂装技术要求
JT 3120—1986	客运车辆车身涂层技术条件	QB/T 2183—1995	车电泳涂装技术要求
TB/T 1527—2004	铁路钢桥保护涂装	GB/T 3324—1995	木家具通用技术条件
JB/T 5946—1991	工程机械涂装通用技术条件	JB/T 4328.9—1999	电工专用设备涂漆通用技术条件
ZBJ 50011—1989	机床涂漆技术条件	QB 1551—1992	灯具油漆涂层

涂装、涂料有关的国家标准：
（1）涂料测试方法；
（2）涂层测试方法；
（3）涂料产品；
（4）颜料与辅助材料；
（5）涂装前处理；
（6）涂装工艺；
（7）涂装作业安全与卫生。

3 ◆ 涂装工艺设计

设计内容提要

（1）说明涂装车间设计中采用的生产工艺的依据，如采用工厂现行的生产工艺；或在现行的生产工艺基础上加以改进完善；或采用类似产品的生产工艺；或缺乏工艺，重新编制工艺等。

（2）说明采用的新工艺、新技术的情况及其先进性和成熟可靠性，关键工艺方案选用的多方案技术经济比较和论证。

（3）简要说明涂装主要工艺的特点和水平，如有特殊工艺和采用涂料有特殊要求时，应加以说明。

（4）列出主要、典型零部件的工艺流程（用流程图表示）。

涂装工艺设计是根据被涂物的特点、涂层标准、生产纲领、物流、用户的要求和国家的各种法规，结合涂装材料及能源和资源状况等设计基础资料，通过涂装设备的选用，经优化组合多方案评选，确定出切实可行的涂装工艺和工艺平面布置的一项技术工作，并对涂装厂房、公用动力设施及生产辅助设施等提出相应要求的全过程。工艺设计贯穿整个涂装车间的项目设计，是涂装设计的关键，是涂装车间和设备设计的依据，也是涂装生产管理的基础。工艺设计要体现先进、经济、可靠、合理的原则。

3.1 涂装工艺设计步骤与原则

3.1.1 设计步骤

第一阶段：明确涂装标准或类型；查清被涂物的使用条件（包括使用目的、使用环境条件、使用年限、经济效益等）、生产方式（单个生产、批量生产、大批量流水线生产）；明确被涂物的自身条件（材质、大小及形状、被涂物的表面状态等）。

第二阶段：选择性能和经济上适宜的涂料。选用涂料时，涂层性能应当满足被涂产品的设计要求，与零件底材相配套。要从工艺与管理的角度，考查涂料在涂装过程中的配套性和作业性，涂料是否容易施工管理。

第三阶段：根据涂装场所，被涂物形状、大小、材质、产品、涂装品种及涂装标准选定适宜的涂装方法和涂装设备。涂装设备不仅要求高效价廉，还应安全可靠，操作维护简便。涂料施工的方式虽然较多，但各有其优缺点，应根据具体情况来正确选用施工方法，以达到最佳涂装效果。

第四阶段：根据涂料，底材，涂装环境，涂装方法，资源利用，污染等制定多种方案进行比较，通过价值工程计算，最后选定作业条件。漆前表面处理、涂料涂布操作在整个涂装工程费用中所占的比例很大，一般比涂料本身的费用高一倍以上。设计涂装工艺时要考虑涂装施工总成本核算。选择工序和设备时，要经过多种方案比较和价值工程计算，最后确定涂装工艺。

3.1.2 设计原则

从稳产、高质、高效、经济、节能和减少污染出发，设计涂装工艺应遵循以下主要原则：

（1）采用成熟、先进的工艺，以保证生产稳定进行并获得稳定质量的产品。

（2）根据涂装产品的特点（尺寸、形状）和产品涂层的质量要求（如一般装饰防护或高档装饰防护），生产方式（规模、批量、连续性）和装备性能（适用范围、自动化程度等），选择涂料类型（如粉末、水性、高固体分涂料等）使配套合理。应选用批量生产的、性能好的、污染少的涂料，以保证获得高质量的涂装产品且降低"三废"处理费用。

（3）根据涂料性能要求，选择先进的烘干技术（如辐射式、辐射对流式、热风强制对流式以及感应加热式等）以提高涂装产品质量、生产效率，合理利用能源。

（4）采用先进的涂装前表面预处理技术（如机械打磨、喷射去油和低温高效磷化等），以提高生产效率和产品质量。

3.2 涂装工艺设计内容

影响涂装质量的三要素是涂料、涂装技术（工艺、设备）与涂装管理。三者互为依存，缺一不可。涂装工艺集中体现涂装设计的结果，是工厂设计和涂装施工的技术依据。涂装工艺设计的具体工作内容如下：

（1）确定被涂物的搬运方式、生产节拍和输送速度。按被涂物的尺寸、结构、形状、材质等以及适应涂装工艺要求，确定被涂物通过涂装生产线时的输送装挂方式（装挂空间）和装挂间距；根据生产纲领、工时基数和设备有效利用率，计算生产节拍。

（2）确定涂装工艺流程及工艺参数（处理方式、工艺时间和温度等），同时选定涂装材料的类型和涂装设备（装置）的类型、规格型号。

（3）绘制工艺平面布置图和剖面图，按上述确定的工艺流程和用户提供的现场条件（如厂房、气候、能源等）绘制工艺平面布置图。工艺平面布置图至少应有三版：扩初设计、施工设计、安装施工。工艺布置设计顺序如图 3-1 所示。

（4）确定编写涂装工艺文件（或招标书）。工艺设计文件一般包括工艺说明书、平面布置图、设备明细表、工艺卡等。在说明书中要对工厂（车间）现状、新车间的任务、生产纲领、工作制度、年时基数、设计原则、工艺过程、劳动量、设备、人员、车间组成及面积、材料消耗、物料运输、节能及能耗、职业安全卫生、环境保护、工艺概算、技术经济指标等进行全面的描述，并列出相应的计算数据。向其他专业要提供的资料，主要有设备设计任务书，五气动能用量（水、电、蒸汽、热水、压缩空气、煤气、天然气、燃油等）及使用点，废水、废气、废渣排量及排放点，对建筑、采暖通风、照明等要求的资料。

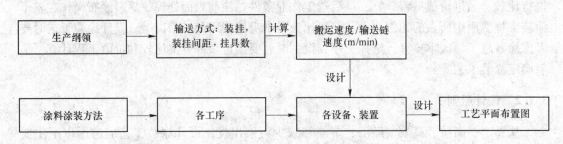

图 3-1   工艺布置设计顺序

3.3   涂层分类与标准

设计涂装工艺的依据是涂层性能要求和质量。根据被涂物对外观的装饰性、结构、性能的要求通常将涂层分为五种形式：

（1）高级装饰性涂层（一级）。

特点：表面平整，色泽鲜艳，光亮如镜，涂膜坚硬，耐候性好。DOI（鲜映度）= $0.9 \sim 1.0$，S.S（耐盐雾）>1000h，δ（涂层总厚度）>100μm。一般由底漆—中间涂层—$2 \sim 5$ 道面漆—抛光打蜡等工序构成。

主要产品：高级轿车车身，钢琴，高级家具，家电等。

（2）装饰性涂层（二级）。

特点：装饰性、平整性较一级稍差，有细小的缺陷，但漆膜的力学性能，耐候性等较高。DOI = $0.3 \sim 0.5$，S.S>500h，δ>55μm。一般 1 道底漆，$2 \sim 3$ 道面漆配套组成。

主要产品有：载重汽车车身，自行车，机车等。

（3）保护装饰性涂层（三级）。

特点：以保护性为主，装饰性次之。应具有良好的耐蚀性，耐候性，耐潮湿性。S.S>500h，δ>50μm。一般由 1 道底漆加 $1 \sim 2$ 道面漆配套而成。产品主要有工厂设备，集装厢。

（4）一般保护性涂层。

特点：一般防护腐蚀用，对装饰性无要求。一般涂 $1 \sim 2$ 道漆，厚度为 $20 \sim 60$μm。用于外观无要求，使用条件不十分苛刻的制品。

（5）特殊保护性涂层。

特点：对物件起特殊保护作用的涂层。如：绝缘，耐酸，耐碱，耐化学试剂。此外，还有美术装饰性涂层（锤纹，键纹，冰纹）以及特种功能涂层（示温，夜光等）。

以下列举汽车车身涂层的等级及主要性能指标，如表 3-1 所示。

表 3-1   汽车车身涂层的主要性能指标

涂层分组、等级	TQ2（甲）	TQ2（乙）	TQ1（甲）	TQ1（乙）
应 用	高级轿车车身	中级轿车车身	卡车、吉普车车身、客车车厢	卡车、吉普车车身、客车车厢

涂层分组、等级		TQ2（甲）	TQ2（乙）	TQ1（甲）	TQ1（乙）
耐候性（天然暴晒）		2 年失光≤30%	2 年失光≤30%	2 年失光≤30%	2 年失光≤60%
耐盐雾/h		700	700	700	240
涂层厚度 /μm	底漆	≥20	≥20	≥15	≥15
	中漆	40～50	≥30	≥30	≥30
	面漆	60～80	≥40	≥40	≥40
外 观		平整光滑、无颗粒，光亮如镜，光泽大于 90	光滑平整无颗粒，允许极轻微橘纹，光泽大于 90	光滑平整无颗粒，允许极轻微橘纹，光泽大于 90（平光小于 30）	光滑平整无颗粒，允许极轻微橘纹，光泽大于 90（平光小于 30）
力学性能	冲击强度 /kg·cm	≥20	≥30	≥30	≥40
	弹性/mm	≤10	≤5	≤5	≤3
	硬度	≥0.6	≥0.6	≥0.6	≥0.4
	附着力/级	1	1	1	1

3.4　涂料的选用与配套

为使涂层具有所需的保护性和装饰性，必须正确选择涂料及涂层体系（正确选择底漆，中间涂层，面漆用的配套品种）。

3.4.1　涂料的选用

在涂料的选择时，必须从以下特性加以考虑：

（1）依据产品的用途，因环境而定。颜色，外观，漆膜强度等应满足产品的设计要求，多层涂装场合，各涂层间的配套良好，涂层应具有良好的结合力。

（2）依据基体材料性质，施工条件与后续涂层间的配套等。涂料的干燥在工业涂装（流水线）中具有重要的意义，从节能的角度，尽可能选用低温烘干型涂料。一级涂层，应尽可能选用具有优良打磨性能和抛光性能的涂料，并适用于高效涂装方法（如静电涂装和电泳涂装）。

（3）涂层质量与经济上的合理性。选用性能价格比高的涂料，重点考虑涂料对产品质量的影响。

（4）考虑选用涂料的毒性和污染性。应尽可能的选用毒性小，低污染或无污染的涂料（水性或固体分涂料）。

3.4.2　涂料的配套

选择涂料时要关注涂装基材和涂料以及各层涂料之间的适应性，应依照一定的原则来保证涂层具有良好的防护性和装饰性。主要考虑的配套性包括如下几方面的内容：

（1）涂料和基材（被涂物）之间的配套；

（2）涂膜各层之间应有良好的配套性；

（3）在采用多层异类涂层时，应考虑涂层之间的附着性；

（4）应注意使用条件对配套性的影响；

（5）涂料与施工工艺的配套；

（6）涂料与辅助材料之间的配套。

3.5　涂装方法选择

涂装方法一般是根据涂料的物性，施工性能和被涂物的类型、大小、形状及生产方式（涂装条件）来确定。

常用的涂装方法包括：

（1）手工工具法：刷涂、揩涂、滚涂、刮涂。

（2）机动工具涂装：空气喷涂、无空气喷涂、热喷涂、转鼓涂装。

（3）器械装备涂装：抽涂、滚筒涂装、离心涂装、浸涂、淋涂、幕式涂装、静电喷涂、电泳涂装、粉末涂装。

以上各种涂装方法适用的涂料及特征如表 3-2 所示。

表 3-2　各种涂装方法适用的涂料及特征

涂装方法	溶剂挥发速率	黏稠度	涂料种类	涂装特性	适用范围	作业效率	设备费用
刷涂	挥发慢的好	稀稠均适用	调和漆、磁漆其他水性漆	一般	一般都适用	小	小
刮涂	初期挥发慢的好	塑性流动大的涂料	腻子	一次能涂得较厚	平滑的物体	小	小
空气喷涂	挥发快的好	触变性小的涂料	一般涂料都可以	膜厚均匀，稀释剂用量大	一般都适用	大	中
高压无气喷涂	挥发稍慢的好	触变性小的涂料	一般涂料都可以	喷雾反弹少	一般都适用	大	中
高压无气热喷涂	挥发稍慢的好	触变性小的涂料	一般涂料都可以	能厚膜涂装，节约稀释剂	中型物体	大	中
热喷涂	挥发稍慢的好	加热时流动好的涂料	一般涂料都可以	能厚膜涂装，白化少	一般都适用	大	中
淋涂	挥发稍慢的好	有塑性流动的涂料	磁漆、底漆、沥青漆	涂料用量比浸涂少，涂层易厚薄不均	中型物体	大	中
幕式淋涂	挥发较快的好	触变性小的涂料	磁漆、硝基漆	涂料损失少	平面被涂物，如胶合板	大	大
静电涂装	挥发慢的好	触变性小的涂料	磁漆	涂料损失少，突出角锐边的涂层厚	金属制品	大	大
电泳涂装	无关系	无关系	电泳涂料	涂料损失少，涂层特别完整	金属制品	大	大

涂装方法	溶剂挥发速率	黏稠度	涂料种类	涂装特性	适用范围	作业效率	设备费用
浸涂	挥发稍慢的好	塑性流动的涂料	磁漆、沥青漆	作业简单，有流痕	复杂工件，小型物体	大	中
抽涂	挥发慢的好	塑性流动稍大、高黏度	硝基漆、清漆	膜厚均匀	棒状被涂物，如铅笔	小	小
转鼓涂装	挥发快的较好	低黏度，有塑性流动	磁漆	均匀的厚涂	形状复杂的极小型工件	中	小
滚筒涂装	挥发稍慢的好	较大的黏度	磁漆	涂料损失少，膜厚均匀，两面同时涂装	胶合板，彩色镀锌钢板	大	大
粉末涂装	无关系	加热时有流动性	粉末涂料	能厚膜涂装，涂料损失少	金属制品	中	大

3.6　涂装工序设计

涂装生产线的工序工艺是由若干道工序组成，工序多少取决于涂层的装饰性及功能，一般包括：上工件→前处理→涂装→固化→下工件→检验。工序环节设计时要说明对应工序的具体处理液配方组成、涂料种类、控制工艺参数。

3.6.1　前处理各工序

（1）除油（脱脂）。

1）碱式除油机理是利用皂化，乳化，分散，溶解和机械力等作用。

2）擦拭除油：汽油，松香水，煤油等。

3）有机溶剂除油适用于工件表面有严重油污和大批量的流水线生产。

4）电化学除油利用电解原理，除油速度较碱式高几倍，但由于 H_2 产生，阴极除油易产生氢脆现象。电化学除油包括阴极除油和阳极除油。阴极除油时 H_2 将油层隔离（易渗氢，产生氢脆）去油速度快，适用于阳极易溶解的金属（如 Al、Zn、Cu）。阳极除油时外表金属脱落除油，速度慢无氢脆现象产生，适用于弹性零件、高碳钢。若采用阴阳极联合除油则除油时间进一步缩短。

（2）除锈。

1）机械除锈法。喷丸（砂）利用高速飞行的砂子，撞击工件的表面，借助砂料的冲刷，切削作用从而使表面除去毛刺，锈迹，高温氧化皮，旧涂层，飞边和焊渣等。其作用是使得工件表面获得一定程度的粗糙度，增加了涂层与金属的实际接触面积，提高了附着力。

2）化学除锈法。化学除锈（酸洗）利用酸溶液与工件表面的全面氧化物的反应，除去表面的锈蚀产物。

常用的酸包括无机酸（如 H_2SO_4、HCl、HNO_3、H_3PO_4、HF）和有机酸（如柠檬酸、乙二胺四乙酸（EDTA）、醋酸、草酸等）。

无机酸除锈效率高，速度快，价格低，缺点是浓度控制不当会产生过蚀现象，且酸洗后清洗不净，会影响涂料的保护作用。有机酸作用缓和，残留酸无严重的后果，且物件处理后表面干净，但价格较贵。

（3）表调、磷化（硅烷化、陶化）。

1）表调。表调处理就是采用磷化表面调整剂（如磷酸钛胶体溶液）使需要磷化的金属表面改变微观状态，促使磷化过程中形成结晶细小、均匀、致密的磷化膜。磷化前零件的表面处理对磷化膜质量影响极大，尤其是酸洗或高温强碱清洗对薄层磷化影响最明显。不进行表面调整处理，就很难形成磷化膜，必须特别引起注意。

2）磷化。磷化处理是指金属表面与含磷酸二氢盐的酸性溶液接触，发生化学反应而在金属表面生成稳定的不溶性的无机化合物膜层的一种表面化学处理方法，所生成的膜称为磷化膜。磷化是大幅度提高金属表面涂层耐腐蚀性的一个简单可靠、费用低廉、操作方便的工艺方法。

磷化过程（见图3-2）一般为：脱脂→水洗→表面调整→磷化处理→水洗→封闭→去离子水洗→干燥，其中重点是水洗、表面调整和封闭。

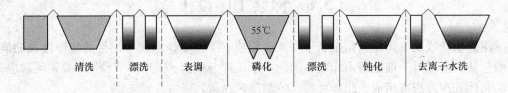

清洗　　漂洗　　表调　　磷化　　漂洗　　钝化　　去离子水洗

图3-2　磷化工艺流程

磷化处理已广泛使用近百年，对涂装做出了突出贡献。但是存在致命的缺点：环保性差，渣子过多，无法解决。随着节能减排的不断推进，新型无磷转化膜正在悄然取代传统的磷化膜，新型无磷转化膜主要包括硅烷技术和陶化技术。

3）硅烷技术。硅烷技术采用超薄涂层替代传统的结晶型磷化保护层，在金属表面吸附了一层超薄网状结构涂层，三维网状结构的硅烷膜可与电泳涂膜或喷粉涂膜在烘干过程中发生交联反应结合在一起，形成牢固的化学键。所以，硅烷膜与金属底材和涂层均有良好的结合力。硅烷技术与磷化相比优点甚多，见图3-3。

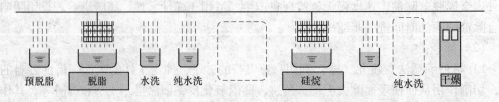

预脱脂　　脱脂　　水洗　　纯水洗　　　　　　硅烷　　　纯水洗　　干燥

图3-3　硅烷处理工艺流程

4）陶化。陶化处理（见图3-4）指的是纳米陶瓷转化工艺，所用陶化液主要是指锆系、锆钛系、锆硅烷系等无磷金属表面处理剂，也是一种代替磷化处理的新型表面处理剂，主要原料为氟锆酸盐，硅烷偶联剂等。陶化膜与电泳涂膜的结合力介于磷化膜与硅烷处理膜之间。

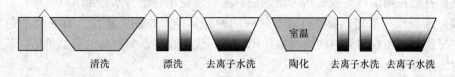

图 3-4　陶化处理工艺流程

3.6.2　涂漆工序

涂漆工序主要包括：涂底漆→刮腻子→涂中间涂层→打磨→涂面漆→罩光→抛光打磨。工序中涉及到涂料的选择时，要关注基体金属特性，选择合适底漆，注重底漆和面漆的配套性。

（1）底漆。底漆是在被涂物表面涂布一层涂料的工序。涂底漆的目的是在被涂物与随后的涂层之间创造良好的结合力。涂底漆应紧接前处理进行，两工序间隔应尽可能短。作为涂装工艺师在设计底漆配方时，应注意以下几个问题：1）与工件基材有良好的结合力。2）良好的防腐作用。3）与后续涂层具有良好的配套性。4）涂装工艺性能良好（涂布和干燥）。

（2）刮腻子与涂中间涂层。各种物体和工件的被涂装表面一般都有凹陷，在要求具有装饰性的场合，一般靠涂刮腻子来找平、消除坑洼和靠喷涂中间涂层来消除划伤或小缺陷，打磨后获得平滑的被涂装表面。

刮腻子的目的在于提高涂层的外观美而不能提高涂层的保护性，力争做到不刮或少刮。腻子为专供填平表面的材料。含颜料和填料较多，与各种漆基研磨呈浆状的涂料。应具有下列特性：

1）良好的刮涂性、干燥性和打磨性；

2）良好的填平性。收缩小、吸收上层涂料性小；

3）对底漆附着力要好，腻子层应具有一定的机械强度。

推荐做法为：一道腻子后一道底漆。

介于底漆和面漆之间的涂层称中间涂层。中间涂层的功能是：1）保护底漆和腻子层（防止被面漆咬起），增加底漆与面漆层结合力；2）消除底涂层的粗糙度，提高涂层的装饰性；3）增加涂层的厚度，提高整个涂层的耐水性和装饰性。

中间层涂料与底漆和面漆应有良好的配套性，良好的打磨性，湿打磨后应得到平滑的表面。中间涂层涂料按功能分：通用底漆（底漆二道浆，二道浆）、腻子二道浆（喷用腻子）、腻子、封底漆（显影层）。中间涂层一般都采用喷涂法和自动静电涂装法。

（3）打磨。涂过腻子的物体表面，干燥后粗糙不平，必须采用打磨的办法消除，以达到表面平整，使涂层之间结合得更牢固。打磨还可使底漆、面漆及中间层更加平整光滑或增加漆膜之间的附着力。

打磨方法有：

1）干打磨法：采用砂纸、浮石细石粉等直接打磨，不进行润滑。一般腻子及中间层通常采用砂布（80~120目）进行干打磨。

2）湿打磨法：采用水、肥皂水或松香水等溶剂润湿表面，采用水砂纸或浮石打磨。最后一道腻子中间层采用水砂纸打磨，水砂纸为150~200号。面漆用细粒度水砂纸（280

号以上）打磨；精细打磨或最后一道面漆打磨，应使用特细号水砂纸（400 号）。

（4）涂面漆和罩光。面漆应具有较好的耐外界条件作用，必须具有必要的色相和美观，它起到制品外衣和保护底涂层的作用，它的优劣直接影响制品的商品价值、装饰性和涂层的使用寿命。

面漆材料及其涂装道数选择主要取决于制品的外观装饰性和使用条件。面漆应涂装在确认涂层无缺陷且干透的底漆或中间涂层上。涂面漆一般采用空气喷涂，无空气喷涂，静电喷漆等涂装方法。

为了保护漆层（或贴花）、提高面漆层的光泽及装饰性，面漆层的最后一道涂清漆，这一工序称为罩光。

3.6.3　涂层干燥方法与制度确定

3.6.3.1　干燥方法的选择

在选择干燥方法时，应考虑涂料所要求的烘干温度和时间，工件的材料、尺寸和形状，当地的能源供应情况及综合经济效益等因素。

在涂装生产线中，目前主要有以下三种干燥方法：

（1）对流烘干。对流烘干包括：蒸汽烘干、燃气燃油烘干、电能烘干。对流烘干可以均匀地加热几何形状和结构复杂的工件，适用于各种形状和尺寸的工件。

（2）辐射烘干。辐射烘干包括：电能红外线烘干、燃气红外线烘干、光聚合干燥。辐射烘干只适用于外形简单、壁厚均匀的中小型工件，一般用于热固性树脂基涂料，也可用于油基－树脂基涂料的加速干燥。

（3）对流－辐射烘干。对流－辐射烘干适用于大中型复杂的工件，各种油性和水性涂料。

目前，应用最为普遍的是对流烘干。在对流烘干几种形式中，蒸汽烘干温度在 110℃以下，只适用于低温烘干的涂料，而且热惯性大，设备庞大复杂，一般较少采用。应用最为普遍的是电能烘干、燃油烘干和燃气烘干三种。

电能烘干，设备一次性投资少，设备操作简单，但耗电量大，一般只适用于电力资源充足，电费便宜的地区。在油漆烘干炉中，若工件尤其是塑料件与电热管直接接触，容易引起火灾，在生产管理中必须注意。

燃油烘干是一种间接加热方式，即用燃油燃烧器加热热交换器，炉内空气通过强迫循环流过热交换器而被加热，从而加热工件。燃油系统只需配备油箱、油管，设备投资少。使用时，一般需要每天给油箱加一次油，可由人工加油，也可用泵来加油，系统操作比较简单，而且燃油运行安全可靠。但是燃油烘干升温慢，热惯性大，由于燃烧后的尾气带走了一部分热量，一般热效率只有 70% ~75%，运行费用高。

燃气烘干可采用直接加热方式，即燃气直接与炉内空气混合，进入炉内循环。燃气系统一般需配备供气站，气站要求具有防雷击、防静电的设施及水泥地面不产生火花。通常气站离涂装线距离较远，管道系统复杂。由于燃气易燃易爆，对安全方面有更高的要求，应配备气体泄漏报警装置。所以整套系统耗资很大。燃气烘干具有其他加热方式所不能比拟的优点，就是升温快、热效率高（几乎为 100%）、热惯性小、运行费用低。

对于干燥方法的选择，可根据上面的介绍并结合各厂家的实际情况来确定。

3.6.3.2 干燥制度的确定

涂层的干燥制度即是涂料的固化技术条件，包括时间和温度，主要取决于涂料类型、被烘干物热容量和加热方式等。常用涂料的干燥条件如表 3-3 所示。金属制品的烘干温度一般为 80～300℃；受热相对容易变形的塑料和木材的烘干温度一般为 60～80℃。涂层干燥过程中，工件涂层的温度随时间变化而变化，通常分为升温、保温、冷却三个阶段，应合理设计每个阶段的温度和所维持的时间。涂层固化温度与时间的关系如图 3-5 所示。

表3-3 常用涂料的干燥规范

涂料类型	烘干温度/℃	烘干时间/min
硝基漆	60～80	10～30
醇酸树脂漆	90～100	30～60
丙烯酸树脂涂料	120～140	20～40
环氧粉末涂料	170～190	20～30
一般电泳涂料	170～190	20～40

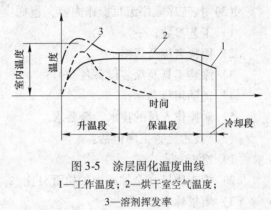

图 3-5 涂层固化温度曲线
1—工作温度；2—烘干室空气温度；
3—溶剂挥发率

3.7 涂装工艺文件的拟定

实际生产中，涂装工艺通过涂装零件或部位清单、涂装工艺卡、操作规程三个工艺文件来表示的。

3.7.1 涂装清单的内容

涂装清单的内容包括零件名称，零件号码，面积（尺寸）或质量，有无特殊要求等。其格式参见表 3-4。

表3-4 涂装零件清单

___厂	涂装零件一览表				工艺卡组号				设计涂装要求	简要涂装工艺	备注
	___分厂　___车间　___组				零件线路		更改				
序号	零件名称	零件号	面积	每套产品数量	由来	到达	依据	签名			
拟定	技术科长		厂长		共___页				共___页		

3.7.2 涂装工艺卡

涂装工艺卡是记载涂装工艺的操作顺序的工艺文件。工艺主管部门按照生产要求制定适合的工艺，并按规范格式填写工艺卡，作为指导生产的工艺文件和岗位责任指标。其具体内容有：

（1）涂装前对零件表面的技术要求（即对"白件"验收的质量标准）。

（2）按工序顺序编写操作内容，包括：

1）工艺参数；

2）用料名称及规格；

3）涂装工具及涂装设备各型号；

4）辅助用料名称；

5）对操作人员的技术等级要求。

（3）技术检查工序包括：

1）检查方式；

2）检查质量（全抽或半抽检百分比）；

3）质量标准。

在关键工序前后，设中间工艺检查和最终验收检查（如前处理质量、面漆检查、底漆层质量等）

表3-5是国内外汽车涂装普遍采用的涂装工艺卡实例，适用于中级轿车和轻型载重汽车车身涂装，其质量标准介于一、二级涂层之间，内容和编写方式在工业涂装中具有代表性。

表3-5 涂装工艺卡举例

厂序	分厂 车间 组（或线）	工艺卡组号		工序号		
		车漆艺1号	更改	更改依据		
				签名日期		
工序号	涂装及检验工序内容	设备，夹具和工具			材料		备注
		名称	图号	数量	名称	型号	
	进入涂装车间的白车身表面应无锈、无坑凹等						
1	将验收合格的白车身挂到漆前表面处理专用的运输链上	悬挂式运输链		1			
		气动升降台		1			
2	手工擦洗不易洗掉的拉延油、密封料、富锌底漆等				溶剂汽油		
3	进行去油、磷化处理	7室联合磷化机		1			
	去油：用60℃的清洗液冲洗或浸洗1.5~4min				清洗剂		

续表 3-5

工序号	涂装及检验工序内容	设备，夹具和工具			材 料		备注
		名称	图号	数量	名称	型号	
3	温水洗：用 40℃ 的温水冲洗 0.4～0.5min						
	水洗：用室温水冲洗 0.4～0.5min						
	磷化：用 50～60℃ 的磷化液喷射（或浸喷结合）处理 1～2min，浓度为 12～17 点				磷化液	2 号	
	水洗：用室温水冲洗 0.5min						
	水洗：用室温水冲洗（或浸洗）0.5～1min						
	纯水洗：用室温的去离子水冲洗 0.1min						
4	热风吹干：气温 100℃，2min	热风吹干室		1			
5	自然或强制冷却						
	用电泳法涂底漆	电泳槽		1	阴极电泳底漆	U-30 型	备有超滤装置
6	电泳时间：3min；电泳电压：200～350V；pH 值为 6.4～6.7	直流电源		1			
	固体分 18%～20%；槽液温度（27±1）℃	调温装置		1			
7	电泳后水洗，分四次清洗	四段水洗室		1			
	（1）在槽上用循环超滤液清洗，流入溢流槽						
	（2）用循环超滤液第二次清洗						
	（3）用新鲜的循环超滤液第三次清洗						
	（4）用去离子水淋洗	去离子水装置		1			
8	在 170～180℃ 烘干 15～25min	烘干室		1			
9	冷却。用目测法检查表面缺陷						
10	修正缺陷				水砂纸	240 号	
11	车声底板下表面喷涂防声、耐磨耐腐蚀涂料，在车声焊缝处压涂密封胶；擦净车身外表面	喷漆室高压无气大口径喷枪压涂枪		1 1 1	防声涂料密封胶		11 工序后车身转放在地板式运输链上
12	在车身外表面喷涂二道浆，黏度（20℃）22～24s（涂-4 杯）	静电喷漆室电喷枪		1 4	环氧－胺二道浆		

续表 3-5

工序号	涂装及检验工序内容	设备，夹具和工具			材　料		备注
		名称	图号	数量	名称	型号	
13	在 140℃ 下烘 25～30min	烘干室		1			
14	冷却后进行湿打磨（手工和机动结合）擦净	旋转打磨机			水砂纸	360～400 号	
15	用去离子水清洗	水洗装置		1			
16	烘干水分，140℃，7min						
17	擦净待涂漆面的表面	擦净室		1	能粘灰的纱布		
18	采用"湿碰湿"工艺喷涂面漆；本色氨基面漆两道，黏度（20℃）22～24s(涂-4杯)，膜厚 30～40μm；金属闪光丙烯酸面漆三道（两道色漆加一道罩光清漆）膜厚 50～60μm	上送下抽风喷漆室		1	各色氨基磁漆或闪光丙烯酸磁漆		
19	晾干 5～10min	晾干室		1			
20	在 140℃ 烘干 25～30min	烘干室		1			
21	自然或强制冷却						
22	最终技术检测						
	（1）不允许有尘埃、流痕、颗粒、凹坑、色不均等缺陷；目测法						
	（2）涂层硬度和厚度应符合技术要求，合格品发往装配内饰车间。外观不合格品返回或送往修补涂漆线返修，工艺为：湿打磨消除缺陷→烘干水分→修补部位补喷面漆→最终技术检查						

拟定		技术科长		检查科长	厂长	共　　页
						第　　页

3.7.3　操作规程

操作规程是涂装工艺卡的补充文件，详细记述了某关键工序或设备的工作原理、操作顺序、注意事项，以确保该工序的操作质量和安全生产，并指导使用和维护关键设备。漆前清洗、磷化处理、电泳涂漆、喷漆、烘干等工序及其主要设备，一般都编操作规程。

4 涂装设备设计与计算

设计内容提要

(1) 设备选择。

1) 说明设备选择原则和依据。

2) 说明主要生产工艺所选用的设备装置，如前处理设备、涂漆设备、粉末静电喷涂设备、烘干（固化）等的结构形式、性能、特点及主要规格，以及主要附属设备（附属设施，如抛丸清理的除尘装置、粉末静电喷涂的粉末回收装置、喷漆的漆雾净化装置等）的结构形式、特点等，加以说明。

3) 说明引进设备装置的理由、性能特点，以及其先进性、与国内同类设备进行比较、分析作出论证。

4) 关键工艺方案、重大设备、特殊装置等的选用，需进行多方案技术经济比较及论证。

5) 若选用设备需要考虑生产发展、产品转换及提高应变能力时，应加以说明。

6) 说明利用原有设备装置的情况。

(2) 设备计算。

1) 说明车间的生产设备、搬运及输送设备、辅助设备和工作地数量的计算方法和确定原则。

2) 分别计算确定各类生产设备的数量，列表计算或用计算式文字表达计算。辅助设备一般按工艺生产实际需要配备。

① 化学前处理线的主要槽。固定式槽如磷化槽，其数量根据年生产量按表 4-36 的格式计算。辅助槽按工艺生产实际需要配备。当采用悬挂输送机连续生产线时，先计算出输送机速度，然后依据各工序的工艺时间，计算出各工序工位的长度。

② 涂装作业当采用固定式台位生产时，如喷漆室、烘干室等，其设备数量按表 4-37 和表 4-38 的格式计算。当采用连续线生产时，先计算出输送机速度，然后依据各工序的工艺时间，计算出各工序工位的长度。

③ 当采用间歇线生产时，先计算出生产节拍，根据生产节拍（即生产出 1 台产品所需的时间）来计算各工位（或作业地）数量。

④ 当采用连续线生产时，悬挂输送机的速度按表 4-39 的格式计算。

3) 说明本车间设备总数量，其中包括利用设备数量（当有利用设备时）。详细的设备配备，说明见本车间设备明细表，图（编）号：×××。涂装车间工艺设备明细表形式如表 4-40 所示。

4.1 设备设计与选用原则

涂装设备主要包括涂装前处理设备、涂漆设备和涂层烘干设备。涂装设备设计与选用应遵循以下基本原则：

（1）实用性原则：设备应满足涂装工艺生产和产品质量要求，减少涂层缺陷，提高劳动生产率和材料利用率，适应产品特性、产量、涂料及涂装方法。

（2）创造性原则：在继承的基础上勇于创新，重点关注设备中不合理、不科学的部分。

（3）优化原则：多方案比较，从经济和技术等角度达到最优化。

（4）可靠性原则：进行可靠性设计，保证设备在规定工作条件下，在规定时间内，完成规定动作与功能。

（5）安全性原则：开展安全性设计，保证设备的强度和刚度，实现防火、防爆等。

（6）经济性原则：设备造价适中，效率高，合格率高，达到技术先进且经济、有效。

（7）节能原则：增强节能意识，积极发展、推广节能新技术、引进新材料和新设备。

（8）环保原则：提高环保意识，设备能有效实现"三废"处理。

涂装车间的各种工艺设备、辅助设备和公用设备的选型要环保、节能、经济、适用，功能不应过剩。本章涂装设备设计主要参考以下相关标准规范及设计手册：

GB 7692—1999《涂装作业安全规程涂漆前处理工艺安全及其通风净化》；

GB 17750—1999《涂装作业安全规程浸涂工艺安全》；

GB 50235—1997《工业管道工程施工及验收规范》；

GB 6514—1995《涂装作业安全规程涂漆工艺安全及其通风净化》；

GB 14444—2006《涂装作业安全规程喷漆室安全技术规定》；

GB 14443—2006《涂装作业安全规程涂层烘干室安全技术规定》；

GB 12367—2006《涂装作业安全规程静电喷漆工艺安全》；

GB 15607—1995《涂装作业安全规程粉末静电喷漆工艺安全》；

手册1：傅绍燕. 涂装工艺及车间设计手册；

手册2：胡宗武，石来德，徐覆冰. 非标准机械设备设计手册；

手册3：机械工业部第四设计院. 油漆车间设备设计。

4.2 涂装设备选用

在选择了合适的涂料体系后，便应按照规定的技术要求，选用合适的施工工艺和施工设备，把涂料涂覆在被涂物的表面上。要尽量减少涂层弊病，最大限度地提高涂料的利用率和涂装作业的劳动生产率，改善涂装作业环境和施工劳动条件，减少对环境的污染，得到具有最佳保护性和装饰性的涂层，以满足产品的使用条件要求。

（1）根据被涂工件表面状况及使用条件选择合适的前处理设备。要对被涂物表面进行适合于涂装作业的表面处理。在进行防腐涂装尤其在涂装富锌防锈底漆时，要求采用喷砂（或抛丸）设备进行喷砂（或抛丸）处理。而对产量较大的汽车、家用电器等则采用除油、除锈、磷化的前处理工艺和设备进行涂装前处理，以保证涂装质量。

（2）被涂物的形状、面积大小、生产数量、生产规模以及其表面形态。对形状较简单，数量适中的被涂物，可选用空气喷涂、高压无气喷涂、辊涂式淋涂等设备进行涂装施工。对形状复杂，体积较小，生产量大的被涂物则可选取建造合适的涂装生产线采用浸涂、电泳、自泳等涂装设备进行涂装施工。

（3）根据所用涂料的特性选择适宜的涂装设备进行涂装施工。高黏度厚膜型涂料应选用高压无气设备进行喷涂施工。需高温交联固化的涂料如电泳涂料、自泳涂料等对烘烤温度、烘烤时间都有较高的要求，所选设备的加热功率，控温设备以及加热方式都必须满足涂料的要求。

（4）被涂物的使用环境和条件以及对涂装质量和涂膜性能的要求。如要得到耐蚀性很好的涂膜，则可选用性能优良的阴极电泳涂料采用阴极电泳涂装设备进行施工。通常烘烤成膜涂料具有较好的涂膜性能可选用烘烤设备使涂膜固化完全，必要时可以提高涂层性能。

（5）要选用高效、节能设备。从涂装的经济效益来考虑，首先选用造价适中，涂装效率高，涂料利用率高，涂装合格率高、生产效率高的涂装设备。选用节能、高效的烘烤设备如远红外烘烤设备等。

4.3　前处理设备设计与计算

4.3.1　浸渍式涂前处理设备的结构组成

浸渍式前处理设备是配有各种不同附件的槽子。

4.3.1.1　槽体

槽体包括主槽和溢流槽两部分，主槽是完成工件表面前处理过程的部分。溢流槽的作用主要是控制槽液的高度，及时排出飘浮物以及保证槽液的不断循环（没有循环搅拌的浸渍槽设备的溢流槽不起循环作用）。

溢流时应设置过滤网，不让油污直接进入下水道，溢流槽的容积不宜过大，满足溢流排污即可，但有循环搅拌的溢流，其容量不超过循环泵的3min流量。

材料：钢板，聚乙烯板，玻璃钢，大理石，混凝土。

厚度：视材料的强度而定，原则上与槽体尺寸大小成正比。

4.3.1.2　衬里

在槽体内部衬一层耐蚀材料，以防止槽液对槽体的腐蚀，碱洗槽及其后的水洗槽一般不要进行衬里。酸洗槽、磷化槽及其后的水洗槽必须进行衬里。

衬里作用：提高防腐能力，降低成本，清洁美观，绝缘。

衬里材料：PVC板，橡胶，铅板，玻璃钢等。

衬里厚度：4～6mm。

4.3.1.3　槽液的加热装置

槽液的加热装置是利用蒸汽、电或其他热源将槽液加热到工作温度，并在工作时维持槽液在一定的温度范围内（前处理中，除油，水洗，磷化等均需要加热）。

（1）直接蒸汽加热：蒸汽与槽液直接接触。特点是，热效率高，简单省事。缺点是，冲稀槽液，特别不适合于磷化和加热。常用于热水洗及临时生产时用。

（2）间接蒸汽加热：采用蛇形管或列管式加热器将蒸汽和被加热槽液分开。特点是，热效率高。但多了一套管路，增加了管路的耐蚀密封问题。且蒸汽的表面温度较高，加热磷化时，要产生结垢，污垢渣难处理。

（3）电热管加热：电热管直接插入槽中加热，其热效率高，电加热管外壳应耐槽液腐蚀。在加热磷化液时，管壁上结有硬的磷酸盐垢，使加热效率大为下降。

（4）槽外加热：多数磷化槽加热采用。

在磷化槽外设热交换器，使磷化液在热交换器中做相对运动而达到交换热。

常用的是板式热交换器，热水和磷化液的温差控制在20℃以下，以尽量减少磷化结垢。保证达到理论热效率和管道的畅通。加热器使用后，当发现进出口压力差变大，表明热交换器内有结垢阻塞。此时应关闭加热系统，通入酸液进行去垢冲洗。

（5）蛇形管加热器是间接蒸汽加热装置中最常用的一种，结构简单，制造方便，根据其结构特点有以下的几种形式：单管连续弯曲的蛇形管加热器、肘管联接的蛇形管加热器、焊接的蛇形管加热器，见图4-1～图4-3。

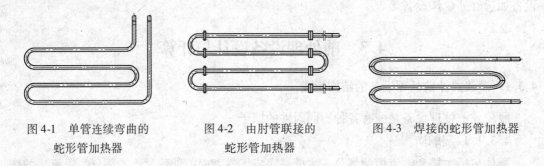

图 4-1　单管连续弯曲的　　　图 4-2　由肘管联接的　　　图 4-3　焊接的蛇形管加热器
　　　　蛇形管加热器　　　　　　　　蛇形管加热器

（6）排管加热器：蛇管加热器的变形，也比较常用。它是由多根水平管（较长）和垂直焊接而成的，见图4-4。其特点是不受结构上的限制而多波水平管，增加热交换器。另：底部有水封结构，蒸汽不易逸出而冷凝水易排出，使热效率变高。

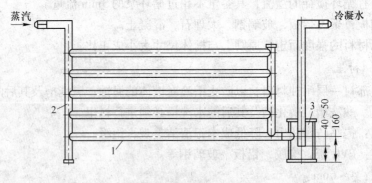

图 4-4　排管式热交换器
1—水平直管；2—垂直直管；3—水封结构

槽液温度往往是影响处理质量的主要因素，槽液温度的调节方式有两种：

（1）手动调节：用温度计测量槽液温度，调节蒸汽量或开关电源。

（2）自动调节：通过温度自动控制装置来进行，其原理是：槽液温度低于或高于规定值时，电接点温度计就向控制仪表发出信号，自动开关电磁阀，达到调节蒸汽通过量的目的，见图4-5。

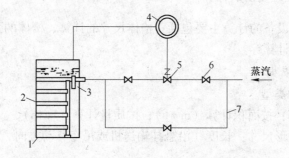

图 4-5　蒸汽加热温度自动控制装置原理图
1—槽体；2—加热器；3—电接点压力温度计；4—控制仪表；
5—电磁阀；6—阀；7—旁通阀

4.3.1.4　槽液的搅拌装置

搅拌的作用：不断更新与工件表面接触的槽液，从而加速工件表面化学反应速度，缩短时间和提高质量。

搅拌分类：依据方式不同分为机械搅拌、槽液循环搅拌、压缩空气搅拌。

（1）机械搅拌：通过机械作用来搅拌。特别适宜于清洗，除油工序。专门的机械搅拌器，由于其结构复杂，且要求槽子宽，故较少使用。

生产中常用机械搅拌方式有：

1）间隙式固定槽，借助于电葫芦在浸渍槽内将工件提降多次。

2）连续式生产，借助于运输链的不断前进，而更新周围的溶液。

（2）槽液的循环搅拌：通过泵使槽液不断地循环而达到搅拌的目的。通常是在槽外用热交换器加热、冷却或连续过滤中实现的。

为达到搅拌的目的，槽液每小时循环次数一般为 1 ~ 3 次。容积较小的可取大值（3 次/h）。容积较大的取最小值（1 次/h）。

（3）压缩空气循环搅拌：利用低压的压缩空气通过喷射管喷至槽液中而使槽液不断地得到搅拌，是一种普通而简单的搅拌方式。能十分均匀地搅拌槽液，但所用的空气需经过净化（空气净化器或油水分离器）。

压缩空气搅拌装置由空气净化器（或油水分离器）、搅拌喷射管等组成。

搅拌喷射管用材：碳钢，不锈钢，铅和 PVC 管。

管径：直径为 $\phi 20 \sim 25 mm$，管上开小孔的直径为 $\phi 3 mm$。

孔间距：80 ~ 100mm。

喷射管上的开的小孔角度可根据工件大小确定：

工件宽度较小：设计成垂直向上。

工件宽度较大：设计成与垂直面成 30° ~ 45°。

工件宽度很大时：设计成垂直向下或设计成两排喷射管。

喷射管安装：距槽底距离 25 ~ 75mm，压缩空气压力根据喷射管在液面下的深度确定，按每米深0.15kg/cm²考虑。

4.3.2　浸渍式表面处理设备的计算

浸渍式表面处理设备的计算主要包括：槽体尺寸的计算、槽体的强度与刚度计算、通风装置的计算和热力计算等。

4.3.2.1　计算依据

（1）采用设备的类型。

（2）最大生产率：按面积计算（m²/h）；按质量计算（kg/h）。

（3）挂件最大外形尺寸：长度（沿悬挂输送机或吊车移动方向，mm）；宽度（mm）；高度（mm）。

（4）处理工件的工艺条件：槽液主要成分；处理时间（min）；槽液工作温度（℃）。

（5）悬挂输送机速度（m/min）。

（6）加热热源：电力电压（V）；蒸汽绝对压力（MPa）。

（7）车间温度（℃）。

4.3.2.2　槽体尺寸的计算

A　主槽长度的计算

a　通过式浸渍设备主槽长度的计算

设备的主槽长度可采用计算法或作图法确定（参见图4-6和图4-7）。

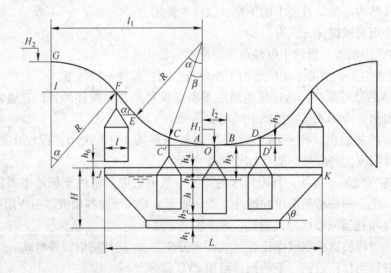

图4-6　通过式浸渍槽长度、高度计算图

计算法：按此法确定的长度是主槽应有的最小长度。

通过式浸渍设备的主槽长度按下式计算：

$$L = l + 2l_1 + l_2 - 2R\sin\alpha \tag{4-1}$$

式中　L——通过式浸渍设备的主槽长度，mm；

　　　l——挂件最大长度，mm；

　　　l_1——悬链输送机上升或下降段（AG段）的水平投影长度，mm，可按表4-1所列各式计算；

l_2——悬挂输送机所需的水平长度（AB 段），mm；

R——悬挂输送机垂直弯曲段的弯曲半径，mm；

α——悬挂输送机垂直弯曲段的升角，(°)。

表 4-1　水平投影长度计算

升角 $\alpha/(°)$	水平投影长度计算简式	升角 $\alpha/(°)$	水平投影长度计算简式
5	$11.4301h' + 0.0874R$	30	$1.7321h' + 0.5358R$
10	$5.6713h' + 0.1750R$	35	$1.4281h' + 0.6306R$
15	$3.7321h' + 0.2634R$	40	$1.1918h' + 0.7280R$
20	$2.7475h' + 0.3526R$	45	$h' + 0.8284R$
25	$2.1445h' + 0.4434R$		

挂件在最低位置时的悬链输送机轨顶标高 H_1(mm)

$$H_1 = h + h_1 + h_2 + h_5 \tag{4-2}$$

式中　h——挂件最大高度，mm；

h_1——浸渍设备主槽底座高度，mm，一般取 200~250mm；

h_2——最大高度挂件底面至槽底的最小距离，mm，一般取 250~550mm；

h_5——最大高度挂件顶面至悬链输送机轨顶间距离，mm，一般取 800~2100mm。

挂件在最高位置时的悬链输送机轨顶标高 H_2(mm)

$$H_2 = H + h_5 + h_6 + R(1 - \cos\alpha) + h \tag{4-3}$$

式中　H——浸渍设备主槽高度，mm；

h_6——最大高度挂件经过槽沿时，其底面至槽沿的最小距离，mm，一般取 150~250mm。

悬链输送机的升降高度 h'(mm)

$$h' = H_2 - H_1 = H + h_6 + R(1 - \cos\alpha) - (h_1 + h_2) \tag{4-4}$$

所需的悬链输送机水平部分长度 l_2(mm)

$$l_2 = vt - 0.0349R\beta = vt - 0.0349R \cdot \arccos\left(1 - \frac{h_3}{R}\right) \tag{4-5}$$

式中　v——悬链输送机速度，mm/min；

t——表面处理工艺时间，min；

h_3——最大高度挂件在主槽中水平移动时，浸没在槽液中的最小深度，mm，一般取 150~300mm。

应用式 (4-5)，对 $\arccos(1 - h_3/R)$ 取度 (°) 为计量单位。

作图法：此法直观简单，作图步骤如下（参见图 4-7）：(1) 确定标高 H_1。通过标高为 H_1 的 O 点作一水平线 $C'D'$；(2) 取 $OC' = OD' = 1/2vt$；(3) 通过 C'、D' 点分别作垂线并取 $CC' = DD' = h_3$；(4) 以 R 为半径，过 C、D 点分别作垂线与 $C'D'$ 线相切于 A 点和 B 点，则 AB 长即为悬链输送机所需的水平长度 l_2；(5) 作一与水平线夹角为 α 并与圈弧相切的直线；(6) 作一水平线使其距槽沿之高度为 $h + h_5 + h_6$，并与上述直线交于 F 点；

（7）以 R 为半径，过 F 点作切于上述直线的圆弧至水平，该处的水平线高度即为标高 H_2；（8）通过 F 点作一铅垂线，并画出 h_5、h_6 和挂件最大外形尺寸（$l \times h$），从而定出 J 点；（9）以同法定出 K 点，则 JK 长即为浸渍槽主槽长度 L。

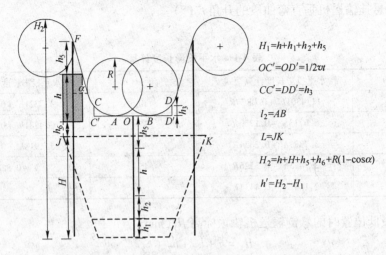

$$H_1 = h + h_1 + h_2 + h_5$$

$$OC' = OD' = 1/2vt$$

$$CC' = DD' = h_3$$

$$l_2 = AB$$

$$L = JK$$

$$H_2 = h + H + h_5 + h_6 + R(1-\cos\alpha)$$

$$h' = H_2 - H_1$$

图 4-7 　通过式浸渍槽尺寸作图法过程示意图

上面两种方法特别适用于工件的单点吊挂（指吊在悬链上）。若工件较长而采用两点吊挂时，也可用上述方法确定长度，但要补作轨迹图以修正主槽长度和高度（参见第 4 章中电泳涂装设备设计与计算）。若采用计算机画图，可先确定 H_1 和 H_2，然后根据所提供的工艺参数作图。通过计算机可作出比较理想的主槽长度和悬链所需水平长度。

b　固定式浸渍设备主槽长度的计算

固定式浸渍设备的主槽长度按下式计算（如图 4-8 所示）。

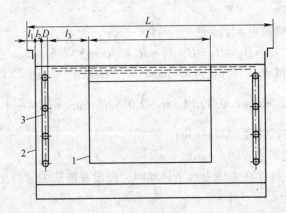

图 4-8 　固定式浸渍设备主槽长度计算图
1—工件；2—槽壁；3—加热器

$$L = l + 2(l_1 + l_2 + l_3 + D) \tag{4-6}$$

式中　L——固定式浸渍设备的主槽长度，mm；

　　　　l——挂件最大长度，mm；

l_1——槽壁衬里距加强筋外沿的纵向距离，mm；

l_2——加热器距槽壁衬里的最小纵向距离，mm，一般取 $100 \sim 150$ mm；

l_3——挂件距加热器的最小距离，mm，一般 $l_3 \geqslant 300$ mm；

D——加热器外径，mm。

但当长度方向不设置加热器时，D 和 l_2 为 0，l_3 则为挂件至槽壁衬里的纵向距离。

B　主槽宽度的计算（通过式和固定式设备相同）

主槽宽度 B 按下式计算（如图4-9所示）。

$$B = b + 2(b_1 + b_2 + b_3 + D)　　　　　　(4-7)$$

式中　B——浸渍式设备的主槽宽度，mm；

　　　b——挂件最大宽度，mm；

　　　b_1——槽壁衬里距加强筋外沿的横向距离，mm；

　　　b_2——加热器距槽壁衬里的最小横向距离，mm，一般取 $100 \sim 150$ mm；

　　　b_3——挂件距加热器的最小横向距离，mm，对于固定式一般取 $b_3 \geqslant 300$ mm；对于通过式一般取 b_3 为 $150 \sim 250$ mm；

　　　D——加热器外径，mm。

若采用槽外加热，则 D 和 b_2 为 0，b_3 则为挂件至槽壁衬里的横向距离。

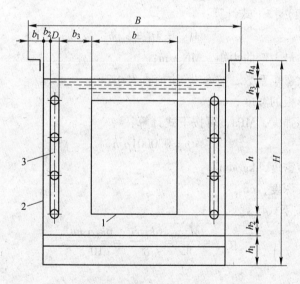

图4-9　浸渍式设备主槽宽度和高度计算图

1—工件；2—槽壁；3—加热器

C　主槽高度的计算（通过式和固定式设备相同）

主槽高度按下式计算：

$$H = h + h_1 + h_2 + h_3 + h_4　　　　　　(4-8)$$

式中　H——浸渍式设备的主槽高度，mm；

　　　h——挂件最大高度，mm；

　　　h_1——浸渍式设备槽体底面最高点与底座最低点之间的距离，mm，h_1 与底面断面形式和底座尺寸有关，应根据具体情况确定；

　　h_2——最大高度的挂件距槽底（槽底最高点）的最小距离，mm，一般 $h_2 = 250 \sim$
　　　　550mm；对于磷化设备，h_2 可适当加大；

　　h_3——最大高度的挂件浸没在槽液中的最小深度，mm，一般 $h_3 = 100 \sim 200mm$；

　　h_4——槽沿距液面的距离，mm，一般 $h_4 = 150 \sim 200mm$。

4.3.2.3　槽体强度与刚度的计算

　　槽液的正压力和侧压力是由钢板和水平、垂直加强筋承受的。因此槽体强度与刚度的计算应包括槽底、槽壁的厚度和水平、垂直加强筋断面尺寸的确定。

　　A　槽底板厚的计算

　　槽底板被支承筋分割成多个矩形面，承受槽液的均布荷载，设矩形面的长边为 l，短边为 b（图4-10）。且 $l > b$，则根据四边固定板的受力原理，其板中的最大弯曲力矩及最大弯曲应力发生在 b 方向固定端支座中点处。反之，$b > l$，则发生在 l 方向固定端支座中点处。

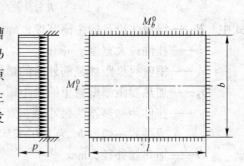

图4-10　四边固定矩形板

　　a　按强度要求计算板厚

　　板的最大弯曲力矩（按指宽度为1cm板条上承受的最大弯曲力矩）按下式计算：

$$M_{max} = M_b^0 = k_b p b^2 \tag{4-9}$$

式中　M_{max}——板的最大弯曲力矩，MN·m；

　　　　k_b——最大弯矩系数，按 b/l，比值查表4-2；

　　　　b——矩形板的宽度，cm；

　　　　p——液压强度，MPa，可按下式计算：

$$p = 0.0001\rho_y h \tag{4-10}$$

　　　　ρ_y——槽液密度，kg/dm^3；

　　　　h——槽液深度，cm。

板的最大弯曲应力按下式计算：

$$\sigma_{max} = \frac{M_{max}}{W} = \frac{6k_b p b^2}{\delta^2} = \frac{6k_b \rho_y h b^2}{10^4 \delta^2} \tag{4-11}$$

故板厚为：

$$\delta = \sqrt{\frac{6k_b p b^2}{[\sigma]}} = \sqrt{\frac{6k_b \rho_y h b^2}{10^4 [\sigma]}} \tag{4-12}$$

式中　δ——槽底板的厚度，m；

　　　$[\sigma]$——许用应力，MPa，对于钢可取 $[\sigma] = 160MPa$；对于硬聚氯乙烯塑料（工作温度为60℃时）可取 $[\sigma] = 2.5 \sim 3.1MPa$。

　　b　按刚度要求验算板厚

　　四边固定均布荷载板的最大挠度发生在中心，其公式为：

$$f_{max} = 12(1 - \mu^2) k_f \frac{p b^4}{E \delta^3} \leqslant [f] = 12(1 - \mu^2) k_f \cdot \frac{p_y h}{10^4} \cdot \frac{b^4}{E \delta^3} \tag{4-13}$$

故板厚为：

$$\delta = \sqrt[3]{\frac{12(1-\mu^2)k_1 pb^4}{E[f]}} = \sqrt[3]{\frac{12(1-\mu^2)k_1\rho_y hb^4}{10^4 E[f]}} \tag{4-14}$$

式中 μ——泊桑比，钢：$\mu = 0.25 \sim 0.33$；硬聚氯乙烯塑料：$\mu = 0.34 \sim 0.35$；

k_f——最大挠度系数，按 b/l 比值查表4-2；

E——材料的弹性模数，MPa，对于碳钢和不锈钢，$E = 0.21 \times 10^6$MPa；对于硬聚氯乙烯塑料：$E = 0.27 \times 10^4$MPa（60℃）；

$[f]$——许用挠度，m，对一般槽子的许用挠度，可取 $[f] = \frac{b}{100}$。

根据式（4-12）和式（4-14）计算的厚度，未包括钢板的腐蚀裕量和衬里厚度。

表 4-2 k_f、k_1、k_b 系数值

b/l	k_f	k_1	k_b
0.50	0.00253	0.0570	0.0829
0.55	0.00246	0.0571	0.0814
0.60	0.00236	0.0571	0.0793
0.65	0.00224	0.0571	0.0766
0.70	0.00211	0.0569	0.0735
0.75	0.00197	0.0565	0.0701
0.80	0.00182	0.0559	0.0664
0.85	0.00168	0.0551	0.0625
0.90	0.00153	0.0541	0.0588
0.95	0.00140	0.0528	0.0550
1.00	0.00127	0.0513	0.0513

注：当 b/l 或 $l/b < 0.5$ 时，其 k_f、k_1、k_b 可近似地取用比值为 0.50 时的相应系数值。

B 槽壁板厚的计算

槽壁同样被水平垂直加强筋分割成多个矩形面，并承受槽液的三角形荷载，而且沿高度方向的矩形面，最上边矩形承受三角形荷载，下部矩形面承受梯形荷载。为简化计算，可近似地将三角形荷载折算成均匀荷载，如图4-11所示。折算后，即可利用式（4-12）和式（4-14）进行计算。

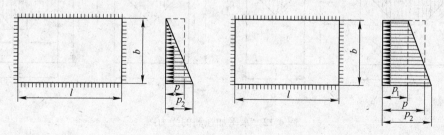

图 4-11   三角形荷载折算成均匀荷载

a　三角形荷载折算法

三角形荷载折算成均匀荷载可按下式计算：

$$p = \frac{2}{3} p_1 \qquad (4-15)$$

式中　p——折算后的平均液压强度，MPa；

　　　p_1——槽液深度为 h_1 处的液压强度，MPa。

与之相对应的槽液深度，即折换后的平均槽液深度

$$h = \frac{2}{3} h_1$$

b　梯形荷载折算法

梯形荷载折算成均匀荷载按下式计算：

$$p = p_1 + \frac{2}{3}(p_2 - p_1) \qquad (4-16)$$

式中　p——折算后的平均液压强度，MPa；

　　　p_1——槽液深度为 h_1 处的液压强度，MPa；

　　　p_2——槽液深度为 h_2 处的液压强度，MPa。

与之相对应的槽液深度，即折换后的平均槽液深度

$$h = h_1 + \frac{2}{3}(h_2 - h_1)$$

C　槽壁水平加强筋断面尺寸的确定

槽壁水平加强筋构受力情况如图 4-12 所示。当 $l > b$ 时，水平加强筋受梯形荷载；当 $l \leqslant b$ 时，水平加强筋受三角形荷载。

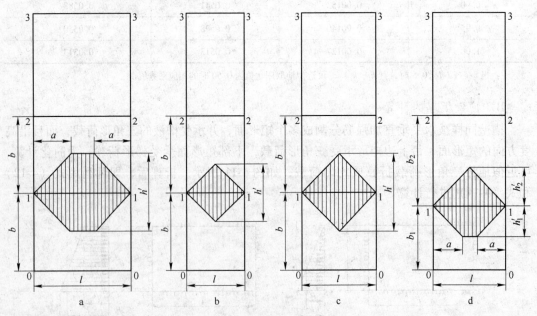

图 4-12　水平加强筋的受力图

a—$l > b$ 时 $(h' = b)$；b—$l < b$ 时 $(h' = l)$；c—$l = b$ 时 $(h' = l = b)$；d—$b_2 > l > b_1$ 时 $\left(h'_1 = \frac{1}{2} b_1 \, h'_2 = \frac{1}{2} l \right)$

计算时，近似地认为水平加强筋为两端简支梁。

a　梯形荷载时（$l > b$ 时）的水平加强筋计算

（1）按强度要求计算水平加强筋的截面系数。

梯形荷载时，最大弯曲力矩按下式计算：

$$M_{\max} = \frac{pl^2}{24}(3 - 4e^2) \tag{4-17}$$

式中　$M_{\max}$——水平加强筋在梯形分布载荷下所承受的最大弯曲力矩，$MN \cdot m$；

　　　l——水平加强筋的长度，m；

　　　e——比值，$e = \dfrac{a}{l}$；

　　　p——水平加强筋荷载，MN/m，可按下式计算：

$$p = 0.0001\rho_y hh' \tag{4-18}$$

　　　ρ_y——槽液密度，kg/dm^3；

　　　h——液面至此水平加强筋深度，cm；

　　　h'——水平加强筋梯形荷载图高度，m。

水平加强筋的截面系数为：

$$W = \frac{M_{\max}}{[\sigma]} = \frac{pl^2(3 - 4e^2)}{24[\sigma]} = \frac{\rho_y hh'l^2(3 - 4e^2)}{24 \times 10^4[\sigma]} \tag{4-19}$$

式中　W——水平加强筋的截面系数，m^3；

　　　$[\sigma]$——许用应力，MPa，对于钢可取 $[\sigma] = 160MPa$；对于硬聚氯乙烯塑料（工作温度为60℃时）可取 $[\sigma] = 2.5 \sim 3.1MPa$。

（2）按刚度要求计算水平加强筋的惯性矩。

梯形荷载时，最大挠度按下式计算：

$$f_{\max} = \frac{pl^4}{240EJ}\left(\frac{25}{8} - 5e^2 + 2e^4\right) \tag{4-20}$$

式中，$f_{\max}$ 为水平加强筋的最大挠度，m。

则水平加强筋惯性矩为：

$$J = \frac{pl^4}{240E[f]}\left(\frac{25}{8} - 5e^2 + 2e^4\right) \tag{4-21}$$

式中　J——水平加强筋的惯性矩，m^4；

　　　$[f]$——许用挠度，m，一般 $[f] = \dfrac{l}{200}$。

根据截面系数 W 和惯性矩 J 即可确定水平加强筋（一般为槽钢和角钢）的断面尺寸。

b　三角形荷载时（$f \leqslant b$ 时）的槽壁水平加强筋计算

（1）按强度要求计算水平加强筋的截面系数。

三角形荷载时，最大弯曲力矩按下式计算：

$$M_{\max} = \frac{pl^2}{12} \tag{4-22}$$

式中，$M_{\max}$ 为水平加强筋的最大弯曲力矩，$MN \cdot m$。

水平加强筋的截面系数为：

$$W = \frac{M_{\max}}{[\sigma]} = \frac{pl^2}{12[\sigma]} \tag{4-23}$$

式中，W 为水平加强筋的截面系数，m^3。

（2）按刚度要求计算水平加强筋的惯性矩。

三角形荷载时，最大挠度按下式计算：

$$f_{\max} = \frac{pl^4}{120EJ} \tag{4-24}$$

式中，$f_{\max}$ 为水平加强筋的最大挠度，m。

则惯性矩为：

$$J = \frac{pl^4}{120E[f]} \tag{4-25}$$

式中，$[f]$ 为许用挠度，m，一般 $[f] = \frac{l}{200}$。

同样可根据截面系数 W 和惯性矩 J 确定水平加强筋的断面尺寸。

当水平加强筋沿高度方向不等矩配置时，因同一水平筋上，下部负荷情况不同（可同时为梯形荷载和三角形荷载），计算时，可先分别计算弯矩和挠度然后相加。

D　垂直加强筋断面尺寸的确定

垂直加强筋经常和槽底支承筋构成"U"形框架。受力最大的是槽长中部的加强筋，一般受着液体侧压力、水平加强筋的反力以及槽底支承筋变形而引起的支座反力等（图4-13）。

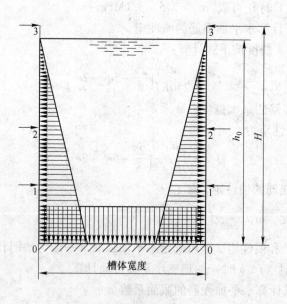

图4-13　垂直加强筋受力图

由于计算比较复杂，设计时，为了简化计算，可将1、2处的水平加强筋反力忽略不计。另外，油漆车间浸渍槽的容积一般都较大，因此不论槽体长短，为了简化计算，可近似地按底部固定，槽沿3为自由端的情况计算（即槽沿3处反力为零）。

a　按强度要求计算垂直加强筋的截面系数

最大弯矩按下式计算：

$$M_{max} = M_0 = \frac{p_0 H^2}{6} \tag{4-26}$$

式中　M_{max}——垂直加强筋的最大弯曲力矩，MN·m；

　　　H——垂直加强筋高度，m；

　　　p_0——垂直加强筋荷载，MN/m，可按下式计算：

$$p_0 = 0.0001 \rho_y h_0 l \tag{4-27}$$

　　　ρ_y——槽液密度，kg/dm³；

　　　h_0——槽液深度，cm；

　　　l——相邻两条垂直加强筋距离，m。

垂直加强筋的截面系数为：

$$W_0 = \frac{M_{max}}{[\sigma]} = \frac{p_0 H^2}{6[\sigma]} \tag{4-28}$$

式中，W_0 为垂直加强筋的截面系数，m³。

b　按刚度要求计算垂直加强筋的惯性矩

垂直加强筋的总挠度应为将垂直筋看作固定于 O 点的悬臂梁时在自由端产生的挠度以及由于支座转角所引起的垂直筋变形之和（图4-14）。

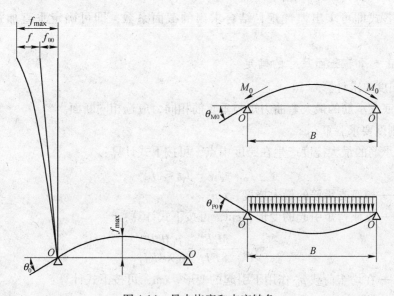

图4-14　最大挠度和支座转角

因此，总挠度可按下式计算：

$$f_{max} = f + f_{\theta 0} \leqslant [f] \tag{4-29}$$

式中　f_{max}——垂直加强筋的最大总挠度，m；

　　　$[f]$——许用挠度，m，一般 $[f] = \frac{H}{200}$；

　　　f——垂直加强筋作悬臂梁时在自由端产生的挠度，m，可按下式计算：

$$f = \frac{p_0 H^4}{30 E J_1} \qquad (4\text{-}30)$$

J_1——垂直加强筋的惯性矩，m^4。

$f_{\theta 0}$——由于支座转角而引起的变形，m，可按下式计算：

$$f_{\theta 0} = \theta_0 H \qquad (4\text{-}31)$$

θ_0——支座转角（弧度），可按下式计算：

$$\theta_0 = \theta_{M0} - \theta_{p0}$$

θ_{M0}——对支座在弯矩作用下，槽底支承筋在支座 O 点产生的转角（弧度），可按下式计算：

$$\theta_{M0} = \frac{M_0 B}{2 E J_2} = \frac{p_0 H^2 B}{12 E J_2} \qquad (4\text{-}32)$$

J_2——槽底支承筋的惯性矩，cm^4；

B——槽底支承筋的长度，cm；

θ_{p0}——在均布荷载 p_0 作用下，槽底支承筋在支座 O 点产生的转角（弧度），可按下式计算：

$$\theta_{p0} = \frac{p_0 B^3}{24 E J_2} \qquad (4\text{-}33)$$

p_0 的计算同式（4-27）相同。

由上面各式即可求出惯性矩，结合求出的截面系数，即可确定垂直加强筋的断面尺寸。

E　槽底支承筋断面尺寸的确定

a　按强度要求计算

因为槽底支承筋的最大弯曲力矩与垂直筋相同，应选相同断面。

b　按刚度要求验算

槽底支承筋的最大挠度产生在跨度中点，可按下式计算：

$$f_{\max} = f_{M0} - f_{p0} \leqslant [f] \qquad (4\text{-}34)$$

式中　$f_{\max}$——槽底支承筋的最大挠度，cm；

f_{M0}——支座弯矩引起的变形，cm，可按下式计算：

$$f_{M0} = \frac{M_0 B^2}{8 E J_2} = \frac{p_0 H^2 B^2}{6 \times 8 E J_2} \qquad (4\text{-}35)$$

f_{p0}——在均布荷载 p_0 作用下引起的变形，cm，可按下式计算：

$$f_{p0} = \frac{5 p_0 B^4}{384 E J_2} \qquad (4\text{-}36)$$

$[f]$——许用挠度，cm，一般 $[f] = \dfrac{B}{200}$。

4.3.2.4　通风装置的计算

A　通过式浸渍设备的通风计算

每小时的通风量按下式计算：

$$Q = 3600Fv \tag{4-37}$$

式中　Q——通过式浸渍设备每小时的通风量，m^3/h；

　　　F——通过式浸渍设备挂件出入口面积之和，m^2；

　　　v——挂件出入口的空气流速，m/s，一般 $v = 0.5 \sim 0.75 m/s$。

根据风量和管道阻力选择风机，因此类设备通风系统阻力较小，一般可选择低压离心风机即可满足要求。

B　固定式浸渍设备的通风计算

a　条缝式槽边通风量的计算

因条缝式有不同截面形式和单、双侧之分，所以其通风量的计算公式也不同，可按表4-3 所列各式计算。

表4-3　条缝式槽边通风量计算公式

条缝形式	计算公式
高截面单侧抽风	$Q = 2vLB\left(\dfrac{B}{L}\right)^{0.2} \times 3600$
低截面单侧抽风	$Q = 3vLB\left(\dfrac{B}{L}\right)^{0.2} \times 3600$
高截面双侧抽风	$Q = 2vLB\left(\dfrac{B}{2L}\right)^{0.2} \times 3600$
一侧高截面或靠墙的双侧抽风	$Q = 2.5vLB\left(\dfrac{B}{2L}\right)^{0.2} \times 3600$
低截面双侧抽风	$Q = 3vLB\left(\dfrac{B}{2L}\right)^{0.2} \times 3600$

注：v—浸渍槽液面风速，m/s，可按表4-4选择；L—浸渍槽长度，m；B—浸渍槽宽度，m。

表4-4　浸渍槽液面建议风速

用途	槽液中主要有害物	槽液温度/℃	风速 $v/m \cdot s^{-1}$
酸洗除锈	硫酸	70~90	0.40
碱洗除油	氢氧化钠、碳酸钠	70~90	0.30
磷化	马日夫盐、磷酸二氢锌	60~95	0.30
钝化	重铬酸钾	50~80	0.35
热水洗	水蒸气	60~90	0.25

b　带吹风的槽边通风量的计算

每小时的吹风量按下式计算：

$$Q_1 = 300K_{te}LB^2 \tag{4-38}$$

式中　Q_1——每小时的吹风量，m^3/h；

　　　L——浸渍槽长度，m；

B——浸渍槽宽度，m；

K_{te}——槽液的温度系数，按表 4-5 选用。

表 4-5　温度系数值

槽液温度/℃	20	40	60	70～95
K_{te}	0.50	0.75	0.85	1.00

每小时的抽风量按下式计算：

$$Q_2 = 6Q_1 \qquad (4\text{-}39)$$

式中，Q_2 为每小时的抽风量，m^3/h。

各类槽边抽风罩，均已标准化，其型号的选择可根据浸渍槽的规格，槽边抽风形式，通风量和抽风罩断面尺寸进行确定。

4.3.2.5　热力计算

浸渍式设备的热力计算应首先计算槽液工作时和升温时的热损耗量，然后确定热能消耗量和加热器等。

A　工作时热损耗量的计算

工作时（热平衡状态下）总的热损耗量包括：槽壁的散热，加热工件的热损耗量，槽液蒸发时的热损耗量和每小时因工作时损耗而需补充新鲜槽液的热损耗量等。每小时总的热损耗量可按下式计算：

$$Q_h = k(Q_{h1} + Q_{h2} + Q_{h3} + Q_{h4}) \qquad (4\text{-}40)$$

式中　Q_h——工作时总的热损耗量，kJ/h；

Q_{h1}——通过槽壁散失的热损耗量，kJ/h；

Q_{h2}——加热工件的热损耗量，kJ/h；

Q_{h3}——槽液蒸发时的热损耗量，kJ/h；

Q_{h4}——补充新鲜槽液的热损耗量，kJ/h；

k——其他未估计到的热量损失系数，$k = 1.1 \sim 1.2$。

a　通过槽壁散失的热损耗量的计算

每小时通过槽壁散失的热损耗量按下式计算：

$$Q_{h1} = 3.6KF(t_c - t_{c0}) \qquad (4\text{-}41)$$

式中　K——槽壁的传热系数，$W/(m^2 \cdot K)$，对于 80～100mm 矿渣棉保温层厚度的槽壁，$K = 0.7 \sim 1.0$；

F——槽壁（侧壁和底板）的表面积之和，m^2；

t_c——槽液工作温度，℃；

t_{c0}——车间温度，℃。

b　加热工件时热损耗量的计算

每小时加热工件的热损耗量按下式计算：

$$Q_{h2} = Gc_1(t_c - t_{c0}) \qquad (4\text{-}42)$$

式中　G——按质量计算的最大生产率，kg/h；

c_1——工件的比热容，$kJ/(kg \cdot K)$。

c 槽液蒸发时热损耗量的计算

每小时槽液蒸发时的热损耗量按下式计算：

$$Q_{h3} = (\alpha + 0.0174v)(p_2 - p_1)F\gamma \tag{4-43}$$

式中　α——周围空气在温度为 15~30℃时的重力流动因素，按表4-6选取；

v——槽液面的空气流速，m/s，参见表4-4选取；

p_1——相应于周围空气温度下饱和空气的水蒸气分压力，Pa；

p_2——相应于槽液蒸发表面温度下饱和空气的水蒸气分压力，Pa，蒸发表面温度可按表4-7选取；

F——槽液蒸发表面积，m^2；

γ——槽液的气化潜热，kJ/kg。

表4-6　重力流动因素 α 值

水温/℃	<30	40	50	60	70	80	90	100
α	0.022	0.028	0.033	0.037	0.041	0.046	0.051	0.06

表4-7　周围空气为 $t_c = 20$℃，$\psi = 70\%$ 时的蒸发表面温度

槽液温度/℃	20	25	30	35	40	45	50	55	60	65	70	75	80	85	90	95	100
蒸发表面温度/℃	18	23	28	33	37	41	45	48	51	54	58	63	69	75	82	90	97

d 补充新鲜槽液的热损耗量的计算

平均每小时补充新鲜槽液的热损耗量按下式计算：

$$Q_{h4} = V_1 \rho_y c_2 (t_c - t_{c0}) \tag{4-44}$$

式中　V_1——平均每小时补充新鲜槽液的容量，dm^3；

ρ_y——槽液密度，kg/dm^3；

c_2——槽液的比热容，kJ/(kg·K)。

B 槽液从初始温度升温到工作温度时的热损耗量计算

槽液加热时的总热损耗量除考虑加热槽液的热损耗量外，还应同时考虑槽壁的散热和加热槽液对液面蒸发的热损耗量等因素。因此，升温时，每小时总的热损耗量可按下式计算：

$$Q'_h = \frac{V \rho_y c_2 (t_c - t_{c0})}{t} + \frac{1}{2}(Q_{h1} + Q_{h3}) \tag{4-45}$$

式中　Q'_h——槽液升温时总的热损耗量，kJ/h；

V——浸渍槽的有效容积，dm^3；

t——升温时间，h，参见表4-8选取。

表4-8　槽液升温时间

浸渍槽的有效容积/m^3	1~5	5~10	10~15	15~20	>20
升温时间/h	0.5~1.0	1.0~2.0	2.0~3.0	3.0~4.0	4.0~6.0
二次升温时间/h	0.5	0.5~1.0	1.0~1.5	1.5~2.0	2.0~3.0

C　热能消耗量计算

a　蒸汽消耗量计算

升温时每小时的蒸汽消耗量按下式计算：

$$G_\gamma = \frac{Q'_h}{\gamma'} \qquad (4\text{-}46)$$

式中　G_γ——升温时每小时的蒸汽消耗量，kg/h；

　　　Q'_h——升温时的总热损耗量，kJ/h；

　　　γ'——蒸汽的潜热，kJ/kg。

工作时每小时的蒸汽消耗量按下式计算：

$$G'_\gamma = \frac{Q_h}{\gamma'} \qquad (4\text{-}47)$$

式中　G'_γ——工作时每小时的蒸汽消耗量，kg/h；

　　　Q_h——工作时的总热损耗量，kJ/h。

b　电功率的计算

升温时的电功率按下式计算：

$$P = \frac{Q'_h}{3600} \qquad (4\text{-}48)$$

式中　P——升温时所需的电功率，kW；

　　　Q'_h——升温时的总热损耗量，kJ/h。

工作时的电功率按下式计算：

$$P' = \frac{Q_h}{3600} \qquad (4\text{-}49)$$

式中　P'——工作时所需的电功率，kW；

　　　Q_h——工作时的总热损耗量，kJ/h。

D　加热器的计算

a　蒸汽加热器的计算

蒸汽加热器的计算包括加热器换热面积和长度的计算。在计算加热器的换热面积时，必须选取最大的热损耗量作为计算热量。

加热器的换热面积可按下式计算：

$$F = \frac{Q_{hmax}}{3.6K(t_{c1} - t_{cm})} \qquad (4\text{-}50)$$

式中　F——蒸汽加热器的换热面积，m²；

　　　Q_{hmax}——最大的热损耗量，kJ/h；

　　　K——加热器的传热系数，W/(m²·K)，参见表4-9选取；

　　　t_{c1}——饱和蒸汽的温度，℃；

　　　t_{cm}——槽液的平均温度，℃，可按下式计算：

$$t_{cm} = \frac{t_c + t_{c0}}{2}$$

表4-9 换热过程传热系数 K 平均值

放热介质	传热材料	吸热介质	K 值/W·$(m^2·K)^{-1}$
蒸汽	钢	水	872
蒸汽	铅	水	582
蒸汽	化工搪瓷	水	465
蒸汽	钢管外裹石墨玻璃钢	水	349
沸腾液体	钢	冷液体	233
未沸腾液体	钢	冷液体	116~233
未沸腾液体	保温层结构	空气	0.98
液体	钢	空气	9.3~17.4

加热器总长度按下式计算：

$$L = \frac{F}{\pi D} \tag{4-51}$$

式中 L——蒸汽加热器的总长度，m；

D——蒸汽加热器的外径，m。

加热器管的直径可根据蒸汽通过量、蒸汽压力、蒸汽流速等因素进行确定。当管径小，其蒸汽通过量不能达到计算的最大蒸汽消耗量时，应采取多个蒸汽进口。表4-10为饱和蒸汽的允许流速，表4-11为饱和蒸汽在不同管径，不同压力、不同流速条件下的重量流量，可供选择管径时参考。

表4-10 饱和蒸汽的允许流速

公称直径 D_g/mm	15~20	25~32	40	50~80	100~150
允许流速 v/m·s^{-1}	10~15	15~20	20~25	25~35	30~40

表4-11 不同管径饱和蒸汽的重量流量 (kg/h)

公称直径 D_g/mm	流速 v/m·s^{-1}	压力 p/MPa					
		0.1	0.2	0.3	0.4	0.5	0.6
15	10	7.8	11.3	14.9	18.4	21.8	25.3
	15	11.7	17	22.4	27.6	32.4	37.6
	20	15	22.7	29.8	30.8	43.7	50.5
20	10	14.1	20.7	27.1	33.5	39.8	46
	15	21.1	31.1	38.6	50.3	57.7	69
	20	28.2	41.4	54.2	67	79.6	92
25	15	34.4	50.2	65.8	81.2	96.2	111
	20	45.8	66.7	87.8	108	128	149
	25	57.3	83.3	110	136	161	186

续表 4-11

公称直径 D_g/mm	流速 v/m·s^{-1}	压力 p/MPa					
		0.1	0.2	0.3	0.4	0.5	0.6
32	15	60.2	88	115	142	169	195
	20	80.2	117	154	190	226	260
	25	100	147	193	238	282	325
	30	120	176	230	284	338	390
40	20	105	154	202	249	283	343
	25	132	194	258	311	354	428
	30	158	232	306	374	444	514
	35	185	268	354	437	521·	594
50	20	157	229	301	371	443	508
	25	197	287	377	465	554	636
	30	236	344	452	558	664	764
	35	270	400	530	650	776	865
70	20	299	437	572	706	838	970
	25	374	542	715	880	1052	1200
	30	448	650	858	1060	1262	1440
	35	525	762	1005	1240	1478	1685
80	25	528	773	1012	1297	1480	1713
	30	630	926	1213	1498	1776	2053
	35	738	1082	1415	1749	2074	2400
	40	844	1237	1620	1978	2370	2740
100	25	784	1149	1502	1856	2201	2547
	30	940	1377	1801	2220	2640	3058
	35	1099	1608	2108	2600	3083	3568
	40	1250	1832	2396	2980	3514	4030

b 电加热管数量的计算

在计算时，必须选取最大的电功率作为计算功率。电加热管的数量可按下式计算：

$$n = \frac{P_{max}}{P_1} \tag{4-52}$$

式中 n——电加热管的数量，个；

  P_{max}——最大的电功率，kW；

  P_1——电加热管单件功率，kW，设计时可参考有关电加热管产品样本确定。

E 传热系数的计算

传热系数可按下式计算：

$$K = \frac{1}{\frac{1}{\alpha_1} + \frac{1}{\alpha_2} + \sum \frac{\delta}{\lambda}} \tag{4-53}$$

式中　K——传热系数，$W/(m^2 \cdot K)$；

　　　α_1——由较热介质至器壁的给热系数，$W/(m^2 \cdot K)$；

　　　α_2——由器壁至较冷介质的给热系数，$W/(m^2 \cdot K)$；

　　　λ——每层器壁的导热系数，$W/(m^2 \cdot K)$；

　　　δ——每层器壁的厚度，m。

　　给热系数与许多因素有关，如流体的种类、特性等，不可能导出一个普通公式，一般只能借助实验数据和经验公式进行确定。各种介质的给热系数可参见表4-12。

表4-12　换热过程给热系数 α 的平均值

名　称	给热系数 $\alpha/W \cdot (m^2 \cdot K)^{-1}$
未沸腾的静止液	400~500
未沸腾的搅动液	2000~4000
沸腾液体	4000~6000
正在凝结的蒸汽（$v = 1~6m/s$）	6000~13000
静止空气	3~8

　　由此可知，传热系数 K 也与许多因素有关，为便于设计计算，其 K 值可参考表4-9进行选择。

4.3.2.6　槽壁保温层厚度的计算

槽壁保温层的厚度可按下式计算：

$$\delta = \frac{\lambda(t_c - t_{c2})}{\alpha(t_{c2} - t_{c0})} \times 1000 \tag{4-54}$$

式中　δ——槽壁保温层的厚度，mm；

　　　λ——保温材料的热导率，$W/(m \cdot K)$，可按表4-13选取；

　　　t_c——槽液工作温度，℃；

　　　t_{c2}——保温层外壁表面温度，℃，一般 t_{c2} 控制在20℃左右；

　　　t_{c0}——车间温度，℃；

　　　α——保温层外表面向周围空气的给热系数，$W/(m^2 \cdot K)$，可按下式计算：

$$\alpha = [8.4 + 0.06(t_{c2} - t_{c0})] \times 1.163 \tag{4-55}$$

表4-13　保温材料的热导率

材料名称	热导率 $\lambda/W \cdot (m \cdot K)^{-1}$
膨胀蛭石	<0.07
膨胀珍珠岩	0.037~0.076
普通矿渣棉	0.041~0.047
水玻璃矿棉板	0.082
玻璃棉板及管套	0.052~0.064

4.3.3　喷淋式前处理设备的结构组成

　　喷淋式前处理设备主要结构包括储备槽、泵、喷淋系统、通风系统及包裹喷淋系统的壳体等。根据设备本身结构的不同，可分为单室多工序、垂直封闭式、垂直输送式及通道式表面处理设备等。

　　单室多工序前处理设备只有一个喷射室，所完成的工序一般不超过 3～4 道。单室多工序表面处理设备结构紧凑，占地面积小。在完成全部处理过程中，不需要移动工件，因而输送设备简单。喷射处理的工艺时间，可根据实际要求灵活调整，但设备结构较复杂。该设备适用于车间面积较小和生产批量不大的各类工件的表面处理。

　　垂直封闭式前处理设备没有用来防止槽液飞溅窜水的过渡段，喷射区的长度仅决定于工件，与输送装置的移动速度无关。在生产率相同的条件下，设备的长度较短，占地面积较小，适用于中小批量工件的前处理，通常与烘干设备连接成脱脂机组。

　　垂直输送式前处理设备能充分利用车间的有效高度，在生产率相同的条件下，占地面积比其他类型设备均小。由于各喷射区完全隔离，并且有充足的滴水时间，可以完全防止冲洗液的飞溅和窜水混合。设备入口垂直向下，设备内蒸汽溢出量很小，抽风量及热损失都很小。但该设备输送装置结构复杂，不便于与其他输送设备联线，冲洗液易滴落在输送机的链轮和链条上，造成污染和锈蚀。该设备适用于生产批量较大的中小型零件的表面处理。

　　通过式前处理喷淋设备（如图 4-15 所示）：

　　（1）储液槽：槽体容易取下列三种情况中最大的一种：

　　1）每分钟喷射量的 3 倍。

　　2）停止加料时，每小时工件液浓度下降不超过 1/4。

　　3）停止加热时，每分钟液温下降不超过 0.3°。

　　槽体还设置有：附槽，挡渣板，排渣口，防水板和过滤网。

　　（2）设备的壳体：为一整体结构，形状如一封闭隧道，两端留有门洞。

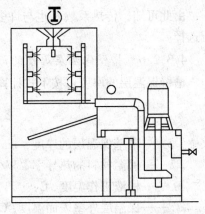

图 4-15　喷射式清洗机剖面图

　　（3）喷射系统：包括喷管，喷嘴和水泵。整个喷射区的图样应连续完整无空档，保证工件的表面能均匀的接触到处理液。

　　喷管和喷管，喷嘴和喷嘴之间的距离为 250～300mm 应交叉排布。喷嘴与工件的距离 ≤250mm。

　　（4）加热装置：与浸渍设备相同。

　　（5）通风装置：设备进出口抽风，防止喷射区内槽液蒸汽扩散到车间内；在表调和磷化间送风，在磷化后抽风，用于抑制磷化酸雾出现的不良影响。

4.3.4　喷射表面处理设备的计算

　　设备的计算包括设备外形尺寸的确定、水泵风机的选择及热交换装置的计算。

4.3.4.1 计算依据

（1）采用设备的类型。

（2）最大生产率：按面积计算（m²/h）、按质量计算（kg/h）。

（3）挂件最大外形尺寸：长度（沿输送机移动方向）（mm）、宽度（mm）、高度（mm）。

（4）处理工件的工艺条件：工艺流程、处理时间（min）、槽液工作温度（℃）。

（5）输送机的技术特性：类型、移动速度（m/min）、挂具的中心距（mm）。

（6）加热热源：电力电压（V）、蒸汽绝对压力（MPa）。

（7）车间温度（℃）。

4.3.4.2 设备尺寸的计算

以多室联合清洗机为例，需要确定的主要外形尺寸如图 4-16 所示。

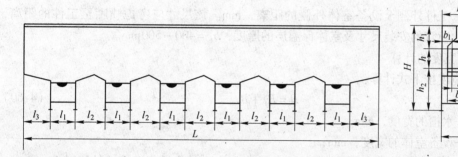

图 4-16 多室联合清洗机尺寸计算图

A 设备长度的计算

设备长度按下式计算：

$$L = \sum l_1 + \sum l_2 + 2l_3 \tag{4-56}$$

式中 L——设备长度，mm；

$\sum l_1$——各喷射区段的长度（一般等于各水槽长度）之和，mm；

$\sum l_2$——各泄水过渡段长度之和，mm；

l_3——工件进出段的长度，mm，一般取 1200~1500mm。

各喷射区段长度，可按下式计算：

$$l_1 = 1000 v \tau_1 + (0 \sim 300) \tag{4-57}$$

式中 l_1——喷射处理段长度，mm；

v——输送机移动速度，m/min；

τ_1——各喷射处理区的处理时间，min。

各泄水过渡段的长度 l_2 应保证两相邻喷射区的槽液不相互窜水混合。对于高度大于宽度的工件，若喷嘴出口压力小于 2MPa 时，可取 2000~2500mm，若喷嘴压力大于 2MPa 时，其长度应酌情增大。当两相邻喷射区为水洗段，为减少设备的长度，过渡段的长度可取 1400~2000mm。

各泄水过渡段的长度，可按下式计算：

$$l_2 = 1000v\tau_2 + 2l \tag{4-58}$$

式中　l_2——各泄水过渡段长度，mm；

　　　τ_2——工件的滴水时间，mm；

　　　l——工件长度，mm。

B　设备宽度的计算

设备宽度的计算包括设备室体宽度的计算和水槽宽度的计算。

a　设备室体宽度的计算

设备室体的宽度按下式计算：

$$B_1 = b + 2b_1 \tag{4-59}$$

式中　B_1——设备室体的宽度，mm；

　　　b——工件的最大宽度，mm，当工件对称吊挂时，b 为工件实际的最大宽度，若非对称吊挂时，按吊挂中心至工件外沿最大距离的 2 倍计算；

　　　b_1——工件外侧至设备室体外侧的距离，mm。该尺寸应考虑喷嘴至工件的距离，喷管的安装尺寸及室体保温层的厚度，$b_1 = 400 \sim 500\text{mm}$。

b　水槽宽度的计算

水槽的宽度按下式计算：

$$B = B_1 + B_2 \tag{4-60}$$

式中　B——水槽的宽度，mm；

　　　B_1——设备室体的宽度，mm；

　　　B_2——水槽伸出端的宽度，mm，$B_2 = 600 \sim 800\text{mm}$。水槽为独立式结构时 $B_2 = 0$。

C　设备高度的计算

设备高度按下式计算：

$$H = h + h_1 + h_2 \tag{4-61}$$

式中　H——设备的高度，mm；

　　　h——工件高度，mm；

　　　h_1——轨顶至工件顶端的距离，mm，$h_1 = 700 \sim 1500\text{mm}$；

　　　h_2——工件底部至地坪的距离，mm，当水槽设置在地坪上时 $h_2 = 1400 \sim 1600\text{mm}$，当水槽埋在地坪之下时，$h_2 = 300 \sim 400\text{mm}$。

水槽的高度 H'，一般为 $900 \sim 1200\text{mm}$。

4.3.4.3　门洞尺寸的计算

在保证工件顺利通过的条件下，应尽量减小门洞的断面尺寸，以减少设备的热量损失。

A　门洞宽度的计算

门洞的宽度按下式计算：

$$b_0 = b + 2b_2 \tag{4-62}$$

式中　b_0——门洞的宽度，mm；

　　　b——工件的最大宽度，mm；

　　　b_2——工件和门洞之间的间隙，mm，一般取 $b = 80 \sim 120\text{mm}$。

B　门洞高度的计算

门洞的高度可按下式计算：

$$h_0 = h + h_3 + h_4 \tag{4-63}$$

式中　h_0——门洞的高度，mm；

　　　h——工件的高度，mm；

　　　h_3——工件的底部至门洞下底边的间隙，mm，一般取 $100 \sim 150$mm。

　　　$h_4 = 80 \sim 120$mm。

4.3.4.4　水泵流量的计算

水泵流量的计算，按下述步骤进行：

（1）根据喷洗工艺要求，选择各喷射区喷嘴的类型。

（2）根据工件外形尺寸和喷嘴与喷管之间的距离，用作图法确定各喷射区喷嘴的数量。

（3）确定各喷射区喷嘴出口压力及喷水量。

（4）按下式计算各喷射区水泵的流量。

水泵流量按下式计算：

$$Q = nq \tag{4-64}$$

式中　Q——水泵流量，m^3/h；

　　　n——各喷射区安装的喷嘴总数，个；

　　　q——在规定压力下，每个喷嘴的喷水量，m^3/h。

各喷射区的喷嘴总数 n，应根据下列条件作图而定：安装喷嘴环形管的外形应将工件包围，喷嘴到工件的最小距离不得小于 250mm，喷嘴之间的距离为 $250 \sim 300$mm，算出每环即每排喷管上所安装的喷嘴数量；根据喷射区段的长度，按每排喷管之间的距离为 $250 \sim 300$mm，算出喷射区段内所安装的喷管排数，即可算出个喷射区段安装的喷嘴总数 n。

喷嘴的喷水量 q，一般需采用实验数据或经验数据给予确定。表4-14为几种喷嘴的喷水量。

表 4-14　几种喷嘴的喷水量

喷嘴类型			孔口直径范围 /mm	$p = 0.1$MPa 喷水量/$L \cdot min^{-1}$	$p = 0.3$MPa 射流扩散角度/(°)
V 型	雾化型	小流量扁平射流型	$0.38 \sim 2.4$	$0.11 \sim 3.4$	$25 \sim 110$
		标准流量扁平射流型	$0.2 \sim 5.2$	$2.3 \sim 15.8$	$15 \sim 95$
		大流量扁平射流型	$6.4 \sim 8.7$	$23 \sim 45$	$15 \sim 95$
	射流型	标准流量	$1.0 \sim 5.3$	$0.68 \sim 18.1$	实心射流
		大流量	$6.4 \sim 8.7$	$23 \sim 45$	实心射流
螺旋型			$0.89 \sim 9.5$	$0.45 \sim 37$	$p = 0.15$MPa $58 \sim 92$
角型			$1.1 \sim 9.5$	$0.23 \sim 23$	$p = 0.15$MPa $58 \sim 82$

磷化用 W 型喷嘴,每个喷嘴喷水流量约为 0.385m³/h(喷嘴孔径 4mm,喷射压力为 0.1~0.2MPa)。脱脂、水洗及表调用喷嘴,每个喷嘴喷水流量约为 0.7m³/h(喷射压力为 0.1~0.2MPa)。

在没有实验数据的情况下,喷嘴的喷水量 q,可按下式计算:

$$q = 10\mu F \sqrt{2gH} \tag{4-65}$$

式中　q——喷嘴的喷水量,m³/s;

　　　μ——喷嘴出口处的流量阻力系数,一般取 $\mu = 0.35 \sim 0.43$;

　　　F——喷嘴的出口面积,m²;

　　　H——喷嘴出口中心的压力,MPa;

　　　g——重力加速度,m/s², $g = 9.8$m/s²。

式(4-65)也可用如下形式表示:

$$q = 0.0125\mu d^2 \sqrt{p} \tag{4-66}$$

式中　q——喷嘴的喷水量,m³/s;

　　　d——喷嘴出口直径,mm;

　　　p——喷嘴出口中心压力,MPa。

4.3.4.5　管道阻力和水泵扬程的计算

A　管道阻力的计算

喷射管道由主管道和若干支管组成。计算管道阻力时,应选择离离水泵最远阻力最大的一条管道进行阻力计算。管道总的阻力可按下式计算

$$\Delta H = \Delta H_t + \Delta H_p \tag{4-67}$$

式中　ΔH——管道的总阻力,MPa;

　　　ΔH_t——管道的沿程阻力损失,MPa;

　　　ΔH_p——管道的局部阻力损失,MPa。

管道的沿程阻力损失,一般数值很小,可以忽略不计,若管道较长时,可按表 4-15 计算。

表 4-15　不同流量的水管直径及 1000m 长的沿程阻力损失

流量 /m³·h⁻¹	水煤气管径/mm							
	50		70		80		100	
	流速 /m·s⁻¹	1000ΔH_t /kPa	流速 /m·s⁻¹	1000ΔH_t /kPa	流速 /m·s⁻¹	1000ΔH_t /kPa	流速 /m·s⁻¹	1000ΔH_t /kPa
7.5	0.99	503	0.60	142	0.42	61.3	0.24	15.8
10.8	1.41	998	0.85	274	0.6	117	0.35	29.8
14.3	1.88	1770	1.13	468	0.81	198	0.46	50.1
21.6	2.82	3990	1.70	1040	1.21	421	0.69	105
28.8	—	—	2.27	1850	1.61	748	0.92	178
38.6	—	—	—	—	2.21	1410	1.27	324
46.8	—	—	—	—	2.62	1970	1.50	452

续表 4-15

流量 /m³·h⁻¹	水煤气管径/mm							
	50		70		80		100	
	流速 /m·s⁻¹	$1000\Delta H_t$ /kPa	流速 /m·s⁻¹	$1000\Delta H_t$ /kPa	流速 /m·s⁻¹	$1000\Delta H_t$ /kPa	流速 /m·s⁻¹	$1000\Delta H_t$ /kPa
54.0	—	—	—	—	—	—	1.73	602
72.0	—	—	—	—	—	—	2.31	1070
90.0	—	—	—	—	—	—	2.89	1670
93.6	—	—	—	—	—	—	3.00	1810

管道的局部阻力损失可按下式计算:

$$\Delta H_p = 10^{-2} \sum \zeta \frac{\varphi^2 \rho_y}{2g} \tag{4-68}$$

式中　ΔH_p——管道局部阻力损失,kPa;

　　　ζ——局部阻力系数,可根据表 4-16 选择;

　　　φ——局部阻力处的流体速度,m/s;

　　　ρ_y——流体的密度,kg/m³;

　　　g——重力加速度,m/s², $g = 9.8 \text{m/s}^2$。

一般情况下,从水泵到喷嘴的阻力损失不大于 49kPa。

表 4-16　局部阻力系数

名称	简　图	局部阻力系数 ζ				
		规　格		偏心渐缩管	渐放管	渐缩管
		D/mm	d/mm			
异径管	渐放 v_1 d D v_2　渐缩 v_2 D d v_1　偏心渐缩 v_2 D d v_1　注:管长 $L = 2(D-d)+150$	100	75	0.16	0.03	0.16
		150	100	0.17	0.08	0.17
		200	100	0.18	0.19	0.19
			150	0.17	0.06	0.17
		250	100	0.19	0.27	0.20
			150	0.18	0.18	0.19
		300	100	0.20	0.32	0.20
			150	0.19	0.26	0.20

B　水泵扬程的计算

水泵的扬程等于管道的总的阻力损失,喷嘴出口压力以及水泵出口至管道终端高度差所产生的压力之和。水泵扬程按下式计算:

$$H_p = \Delta H + \Delta H_t + \Delta H_v \tag{4-69}$$

式中　H_p——水泵的扬程，MPa；

　　　ΔH——管道总的阻力损失，MPa，可按式（4-67）计算；

　　　ΔH_t——喷嘴出口压力，MPa。对清洗工序，一般可取 0.15~0.20MPa。对除油、除锈工序，可取 0.20~0.30MPa；

　　　ΔH_v——水泵出口至管道终端的高度差所产生的压力，MPa，对密度与水相近似的液体，其压力等于高度之差值，若流体和水的密度相差较大，应作相应的换算。

选择水泵型号时，根据上述扬程的计算，从水泵特性曲线或性能表，求得相应的流量。选择的水泵流量，应能满足喷嘴喷水量的要求，给出水泵型号、流量、扬程、转速、电动机功率、泵台数。

4.3.4.6　通风装置的计算

设备通风计算，包括槽液蒸气混合气从门洞处溢出量的计算和通风机通风量的计算。

A　蒸气、空气混合气溢出量的计算

蒸气、空气混合气溢出量的计算，分两种情况：

第一情况是当设备不设置风幕时，设备内的蒸汽，空气混合气在热差的作用下，能从门洞溢出，溢出量按下式计算：

$$G' = 1.92 b_0 \sqrt{h_0^3} \sqrt{\frac{(\rho_1 - \rho_2)\rho_1\rho_2}{(\sqrt[3]{\rho_1} + \sqrt[3]{\rho_2})^3}} \tag{4-70}$$

式中　G'——蒸气、空气混合气的溢出量，kg/s；

　　　b_0——门洞的宽度，m；

　　　h_0——门洞的高度，m；

　　　ρ_1——设备外空气的密度，kg/m³，根据设备外空气的温度，按标准大气压确定；

　　　ρ_2——设备内蒸气、空气混合气的密度，kg/m³，根据低于槽液温度 20~25℃的空气温度，按标准大气压确定。

第二种情况是当设备设置空气幕时，设备内蒸气、空气混合气的溢出量等于从门洞进入设备的空气量。其数值按下式计算：

$$G' = \frac{2}{3}\mu\frac{f}{2}\sqrt{2gh'(\rho_1 - \rho_2)\rho_3} \tag{4-71}$$

式中　G'——蒸气、空气混合气的溢出量，kg/s；

　　　μ——在空气幕的作用下，蒸气、空气混合气通过门洞的流量系数，按表 4-17 选用；

　　　f——门洞开口面积，m²；

　　　g——重力加速度，m/s²，取 $g = 9.8$m/s²；

　　　ρ_3——门洞处蒸气、空气混合气的密度，kg/m³，当设备内蒸气、空气混合气的温度不高于 60℃时，ρ_3 可根据低于该温度 10~15℃的空气，按标准大气压确定；

　　　h'——从门洞下部到门洞中性线位置高度，m，可按下式计算：

$$h' = \frac{f}{2b_0} \tag{4-72}$$

表 4-17   在单侧或双侧空气幕作用下通过大门的流量系数 μ

$e = \dfrac{G_h}{G_j}$	单侧空气幕 $\dfrac{F_k}{F} = \dfrac{b_k}{b_0}$				双侧空气幕 $\dfrac{F_k}{F} = \dfrac{2b_k}{b_0}$			
	1/40	1/30	1/20	1/15	1/40	1/30	1/20	1/15
空气幕射流与大门平面成45°角								
0.5	0.235	0.265	0.306	0.333	0.242	0.269	0.306	0.333
0.6	0.201	0.226	0.270	0.299	0.223	0.237	0.270	0.299
0.7	0.170	0.199	0.236	0.269	0.197	0.217	0.242	0.267
0.8	0.159	0.181	0.208	0.238	0.182	0.199	0.226	0.243
0.9	0.144	0.162	0.193	0.213	0.169	0.186	0.212	0.230
1.0	0.133	0.149	0.178	0.197	0.160	0.172	0.195	0.215
空气幕射流与大门平面成30°角								
0.5	0.269	0.300	0.338	0.361	0.269	0.300	0.338	0.367
0.6	0.232	0.263	0.303	0.330	0.240	0.263	0.303	0.330
0.7	0.203	0.230	0.272	0.301	0.221	0.240	0.272	0.301
0.8	0.185	0.205	0.245	0.275	0.203	0.222	0.245	0.275
0.9	0.166	0.186	0.220	0.251	0.187	0.206	0.232	0.251
1.0	0.151	0.174	0.202	0.227	0.175	0.192	0.219	0.237

注：G_h—空气幕送出的空气量，kg/s；G_j—经门洞进入的空气量，kg/s；F_k—喷嘴面积，m^2；F—门洞面积，m^2；b_k—空气幕喷嘴宽度，m；b_0—门洞宽度，m。

B   通风机通风量的计算

确定通风机的通风量，除考虑将溢出的蒸气、空气混合气全部抽出之外，还应考虑从门洞处吸入的空气量。通风机的通风量可按下式计算：

$$G = AG'\eta \tag{4-73}$$

式中 G——通风机的通风量，kg/s；

A——考虑从门洞处吸入的空气量的系数，一般可取 $1.6 \sim 2.0$；

G'——蒸气、空气混合气的流出量，kg/s；

η——阻塞系数，可取 $0.75 \sim 0.80$。

4.3.4.7   热力计算

设备的热力计算，是确定槽液加热升温时和工作时的热损耗量，以确定加热器的热交换面积。

A 工作时热损耗量的计算

设备工作时，即热平衡状态下每小时总的热损耗量可按下式计算：

$$Q_h = (Q_{h1} + Q_{h2} + Q_{h3} + Q_{h4} + Q_{h5})k \tag{4-74}$$

式中 Q_h——设备工作时，总的热损失量，kJ/h；

Q_{h1}——通过壁板和槽壁散失的热损耗量，kJ/h；

Q_{h2}——加热工件和输送机移动部分的热损耗量，kJ/h；

Q_{h3}——经门洞排出的空气、蒸汽混合气中的空气的热损耗量，kJ/h；

Q_{h4}——经门洞排出的空气、蒸汽混合气中的蒸汽的热损耗量，kJ/h；

Q_{h5}——排出槽液的热损耗量，kJ/h；

k——热量损失系数，作为补偿未估计到的热量损失，一般取 1.1~1.2。

a 通过壁板和槽壁散失的热损耗量的计算

每小时通过壁板和槽壁散失的热耗量可按下式计算：

$$Q_{h1} = 3.6FK(t_c - t_{c0})\psi \tag{4-75}$$

式中 F——壁板或槽壁的表面积，m^2；

K——传热系数，$W/(m^2 \cdot K)$，对于 50mm 厚的矿渣棉壁板，传热系数 $K = 1.2$~$1.4W/(m^2 \cdot K)$，对于 80~100mm 厚的矿渣棉水槽槽壁 $K = 0.7$~$1.0W/(m^2 \cdot K)$；

t_c——壁板内侧的温度，℃，可按槽液工作温度计算；

t_{c0}——车间平均温度，℃，一般可取 15~20℃；

ψ——备用系数，取 1.5。

b 加热工件和输送机移动部分的热损耗量的计算

每小时加热工件和输送机移动部分的热损耗量可按下式计算：

$$Q_{h2} = (G_e C_e + G_c C_c)(t_e - t_c') \tag{4-76}$$

式中 Q_{h2}——加热工件和输送机移动部分的热损耗量，kJ/h；

G_e——输入设备内工件的质量，kg/h；

G_c——输送机移动部分的质量，kg/h；

C_e——工件的比热，$kJ/(kg \cdot K)$；

C_c——输送机移动部分的比热，$kJ/(kg \cdot K)$；

t_e——各喷射区的温度，℃，等于各处理区槽液的工作温度；

t_c'——进入各喷射区的工件和输送机移动部分的初始温度，℃。

c 经门洞排出的空气、蒸汽混合气中的空气热损耗量的计算

每小时经门洞排出的空气，蒸汽混合气中的空气热损耗量可按下式计算：

$$Q_{h3} = nG'C_a(t_{c1} - t_{c0}) \tag{4-77}$$

式中 Q_{h3}——经门洞排出的空气、蒸汽混合气中空气热损耗量，kJ/h；

n——门洞数；

G'——门洞处溢出的蒸汽、空气混合气的质量，kg/h；

C_a——空气的比热，$kJ/(kg \cdot K)$；

t_{c1}——溢出混合气的温度，℃，其数值应比进出口端槽液的温度低 20~25℃；

t_{c0}——车间的平均温度,℃。

d　经门洞排出的蒸汽、空气混合气中的蒸汽热损耗量的计算

每小时经门洞排出的蒸汽、空气混合气中的蒸汽热损耗量可按下式计算:

$$Q_{h4} = 0.9nG'(q_{v2} - q_{v1})r \qquad (4-78)$$

式中　Q_{h4}——经门洞排出的蒸汽、空气混合气中的蒸汽热损耗量,kJ/h;

0.9——校正系数;

q_{v2}——当排出混合气温度为 t_{c1},饱和度为 90% 时,每千克混合气中水蒸气的含量,kg;

q_{v1}——当车间温度为 t_{c0},饱和度为 60% 时,每千克车间空气中水蒸气的含量,kg;

r——水蒸气的气化热,kJ/kg。

e　排出的槽液热损耗量的计算

每小时排出槽液的热损耗量可按下式计算:

$$Q_{h5} = G'_w C_w (t_c - t_{c2}) \qquad (4-79)$$

式中　Q_{h5}——排出槽液的热损耗量,kJ/h;

C_w——槽液的比热容,kJ/(kg·K);

t_c——槽液的工作温度,℃;

t_{c2}——补充槽液的初始温度,℃;

G'_w——消耗或补充的槽液量,kg/h。

对于槽液的消耗量,一般工件 $1m^2$ 面积的带出量约在 0.2kg 以下,若考虑飞溅、蒸发等槽液损失可取 $0.5kg/m^3$。对于碱液、酸液和磷化液即可按 $0.5kg/m^2$ 计算进行补充。对于冲洗工序,为保持冲洗水一定的清洁度,需不断地更换和补充。第一次冲洗,可按 $15kg/m^2$ 计算,第二次冲洗,可按 $10kg/m^2$ 计算。若补充水从第二次冲洗水槽溢流至第一次冲洗水槽,补充水量可按 $10 \sim 15kg/m^2$ 计算。

B　槽液加热升温时的热损耗量的计算

设备在工作之前,需把槽液加热到规定的工作温度,此时,设备未达到热平衡状态,加热槽液的热损耗量仅包含槽液升温及槽壁散热所损失的热量。每小时加热槽液的热损耗量可按下式计算:

$$Q'_h = \frac{G_w C_w (t_c - t_{c3})}{\tau} + \frac{1}{2} Q_{h1} \qquad (4-80)$$

式中　Q'_h——槽液加热升温时的热损耗量,kJ/h;

G_w——被加热的槽液质量,kg;

C_w——槽液的比热容,kJ/(kg·K);

t_{c3}——槽液的初始温度,℃,其数值为下班停止供气若干小时后的槽液温度,可根据停气时的温度和停气小时数根据图 4-17 确定;

τ——升温时间,h,槽体的容积小于 $4m^3$ 的水槽,可取 $0.5 \sim 1.0h$,大于 $4m^3$ 时,可取 $1.0 \sim 1.5h$。

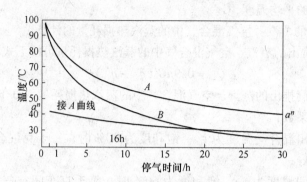

图 4-17　水槽停气后降温曲线

A—槽子容积 >3000L；*B*—槽子容积 ≤3000L

C　热能消耗量的计算

热能消耗量应包括蒸汽消耗量的计算和电能消耗量的计算。具体计算方法可参见本章中浸渍式表面处理设备的热能消耗量的计算。

D　加热器的计算

计算加热器时，应将各喷射区（槽）正常工作时，每小时的热损耗量与开始工作前每小时加热槽液的热损耗量进行比较，取最大热损耗量作为热交换器的计算热量。各槽热量损耗按下述原则进行确定。

a　正常工作时各槽热量损耗的确定

（1）壁板和槽壁的散热损失和槽液气化热量损失，根据各槽容量大小，按比例分配。

（2）加热工件和输送机移动部分的热量损失，根据各区（槽）的实际热量损失分配，在计算热量损失时，只计算工件的吸热，不计算工件的散热。

（3）加热空气的热量平均分配在第一区和最后一区，若最后一区为冷水时，分配在倒数第二区。

（4）排出槽液而带走的热量，按式（4-79）分别计算分配。

b　槽液升温时，各槽热量损失的确定

开始工作前槽液升温的热量损失仅包括槽液加热和壁板的散热损失。壁板的散热损失根据各槽容量的大小按比例分配。

c　加热器的计算

这里仅介绍板式加热器热交换面积的计算方法。

加热器的热交换面积可按下式计算：

$$F_{\mathrm{h}} = \frac{Q_{\max}}{3.6\mu K \Delta t_{\mathrm{cm}}} \qquad (4-81)$$

式中　F_{h}——加热器的热交换面积，m^2；

　　　$Q_{\max}$——最大的热损耗量，kJ/h；

　　　μ——考虑加热器管子结垢的系数，对普通钢管可取 $\mu=0.67\sim0.70$，对磷化液加热管可取 $\mu=0.50$；

　　　K——传热系数，$W/(m^2\cdot K)$，可取 $K=1163\sim2908W/(m^2\cdot K)$；

Δt_{cm}——加热器的平均温度,℃,可按下式计算:

$$\Delta t_{cm} = \frac{1}{2}\big[(t_{cm} - t_{c3}) + (t_{m2} - t_c)\big] \tag{4-82}$$

t_{cm}——加热介质的初始温度,℃;

t_{c3}——槽液的初始温度,℃;

t_{m2}——加热介质的终止温度,℃;

t_c——槽液的工作温度,℃。

4.4 喷漆设备设计与计算

4.4.1 喷漆设备的设计

4.4.1.1 喷漆器械

常用的喷枪有空气雾化喷枪和高压无空气喷枪两类可选。空气雾化喷枪按涂料供给方式又分为吸上式、重力式及压送式三种。小批量喷漆工作建议选用吸上式和重力式喷枪,大批量的喷漆工作选压送式。大批量生产场合应选用自动喷涂装置。常用自动喷涂装置有四种类型:固定式自动喷涂机、往复式自动喷涂机、多功能仿形自动喷涂机;机械手自动喷涂机。供漆装置一般由涂料贮罐、输漆装置、搅拌器、输漆管道组成。根据漆液在贮罐与喷枪之间的流动形式,供漆装置分为循环式供漆装置与非循环式供漆装置两大类。压缩空气净化装置用于喷漆的压缩空气必须经净化处理,除去其中的油、水分和其他杂质。一般标准要求达到固体粒子尺寸小于$5\mu m$;浓度低于$5mg/m^3$;压力露点$-20 \sim -40℃$;含油量低于$0.01mg/m^3$。喷漆用压缩空气净化装置有冷冻式干燥过滤净化装置和吸附式净化装置两类。

4.4.1.2 喷漆室

喷漆室是处理漆雾的设备。根据喷漆室的实际使用情况,在确定喷漆室总体设计方案时,应遵循如下的设计原则:

(1)喷漆工作应当在密闭或半密闭的室内进行,避免漆雾扩散到车间的其他地方。

(2)喷漆时产生的漆雾,应当从喷漆区域直接排出,以减小漆雾的扩散。

(3)从喷漆区域排出的污染空气,应立即处理,使漆雾和空气分离,以减小对设备的污染。

(4)操作人员应处在喷漆区之外或新鲜空气流通的位置,尽量减小漆雾对操作者的影响。

(5)室内应有充足的光线,保证能清楚观察被涂工件。此外,还应保证室内具有足够的空间,使操作者有可能对任何需要喷漆的部位喷漆。

(6)室体的结构设计和部件设计,必须符合安全要求,符合防火、防爆等安全规范。

喷漆室的种类很多,按其抽风的气体流动方向,可分为横向抽风、纵向抽风和底部抽风的形式。按漆雾的过滤方式,喷漆室可分为干式和湿式两大类。湿式过滤方式在喷漆室中使用广泛,特别是大批量生产的喷漆室,基本上都是采用这种方式。喷漆室的分类、输送方式、特点及使用范围见表4-18。

表 4-18　喷漆室的分类、输送方式、特点及使用范围

分类		输送方式	特点	使用范围
气流方向	结构形式			
横向抽风	台式	转盘	横向抽风、采用干式或喷淋式过滤器	各种外形的小型工件，单件或小批生产
	死端式	转盘、小车、单轨吊车	横向抽风、采用干式或各类湿式过滤器	各种外形的小型或中等工件、单件或小批生产
	通过式	单轨吊车、悬挂输送机	单面操作，横向抽风，采用喷淋式或水帘过滤器，工件连续或周期移动	各种外形的小型、中等工件，成批或大量生产
		悬挂输送机	双面操作，横向抽风，采用喷射或水帘过滤器，工件连续移动	小型或较长中等工件，成批流水生产
底部抽风	死端式	转盘、小车、单轨吊车	上部送风和底部抽风，采用喷淋式或水帘过滤	各种外形的中等或大型工件，单件小批生产
	敞开式	台车	底部抽风，无室体，采用湿式过滤器	高度为 2m 以下的大型工件，单件或小批生产
		台车	上部送风和底部抽风，采用喷淋式过滤器	高度大于 2m 的大型工件，单件或小批生产
	通过式	悬挂输送机	上部送风和横向抽风，采用喷淋或水帘过滤器、工件连续移动	各种外形的小型和中等工件，成批流水生产
		地面输送机	上部送风和底部抽风，采用文丘里式或水旋过滤器	复杂外形的大型工件，成批流水生产
纵向抽风	移动式	工件不动	室体移动，周期性纵向抽风，采用喷淋式过滤器	列车车厢类外表面，小批量生产
	通过式	地面输送机	双面操作，纵向抽风，采用喷淋式过滤器	简单外形的中等或大型工件，流水生产

各类喷漆室的主要结构可分为室体、漆雾过滤装置、供水装置、通风装置及照明装置等部分。

A　室体

室体可分为密闭和半密闭式两种。密闭式仅有一个出入口，供运送工件和操作者出入，多用于死端式喷漆室。半密闭式室体两端有门洞，供工件运送用。正面设有开口，供操作者喷漆使用。半密闭式室体多用于通过式喷漆室。

室体的空间尺寸应保证操作者能够对工件的任何部位进行喷涂。在允许的条件下，空间尺寸宜宽敞。室体的断面形状和开口方向要与气流流向相适应，应尽可能避免产生局部涡流，以减小漆雾污染室壁。

室体由室壁、室顶和地面栅格等组成。

小型喷漆室的室壁可全部采用钢板制作，不需要骨架。大、中型喷漆室的室壁一般用型钢制成骨架，在骨架内侧焊 1.5～2mm 厚的钢板。为了施工和运输方便，大型室壁也可作成装配式。室壁作为悬挂输送机轨道支柱时，需要进行刚度核算。室壁应当平整，用于

增加室壁刚度的型钢应焊接在外壁，使室的内壁为平面。室壁钢板在拼接时，宜采用对接并且将焊缝磨平。这样便于在内壁张贴蜡纸或涂上涂料脱落剂，使黏附在室壁的涂料容易从壁板上剥落下来。为了减小通风量和提高漆雾的处理效率，在保证使用要求条件下，室壁上的操作口和门洞尺寸不宜过大，若工件尺寸变化很大时，可设置活动拉门来调节门洞的断面。

室顶设置在室壁之上，为了减少漆雾污染悬链，一般在室顶的轨道处设置保护罩。若在室顶上沿轨道开一条长缝，让室外少量空气从该缝流入室内，防止污染的效果会更好。为了便于采光，室顶上可安装较大的玻璃窗。玻璃与室顶宜用橡皮条固定，以防因风机震动而损坏。大型顶部送风喷漆室，室顶设有空气分配室，将送风装置送来的空气均匀、匀速地送入喷漆室中。

地面栅格多用于底部抽风的室体，设置在地下水槽上。它能使漆雾及操作者带入的尘土直接落入水槽，需保持操作地面的清洁。栅格间距为 30~50mm，高度 30~50mm，用 3~4mm 厚的扁钢焊接制成。地面栅格宜作成数片拼装结构，便于取出更换清理。

B　漆雾过滤装置

漆雾过滤装置可分为干式和湿式两大类。

(1) 干式过滤装置有折流板和滤网两种。折流板用 1.5~2.0mm 厚的钢板制作。折流板亦可用硬纸板制作，使用一段时间，黏附漆雾较多后可废弃，更换新板。折流板间隙之间的空气流速可取 5~8m/s，间隙宽度为 34~50mm。这种条件下的压力损失约为 60~120Pa。滤网型过滤器是把玻璃纤维或纸质纤维制成的滤网固定在框架两面，成为垫状。设计时可根据过滤空气流速为 1m/s 左右来确定滤网面积及网孔大小，滤网的阻力损失约为 100~150Pa。为了提高漆雾的过滤效率，可将折流板过滤装置同滤网过滤器重叠使用。

(2) 湿式过滤装置有淌水装置、喷淋式过滤装置、水帘式过滤装置、水旋式过滤装置和文氏管型过滤装置等。

1) 淌水装置的淌水板与导水罩之间的间隙，可根据通风量按 3~4m/s 的流速确定。为了减少堵塞，喷管的喷水孔直径不应小于 8mm，喷水孔间的距离不大于 80mm。

2) 喷淋式过滤装置是由清洗室壳体和喷水系统组成。清洗室壳体为钢结构，其长度为喷漆室的长度，其宽度由喷管的排数确定。喷水系统是清洗漆雾的主要部分。为了增长对漆雾的清洗时间，在清洗壳体内，可设置 2~3 排喷嘴，每排喷嘴用挡板隔开，使气流曲折流动，进行多级清洗。喷水方向和漆雾的流动方向相反时，清洗漆雾的效果较好，但必须设有较密的喷管，否则水帘之间不相重叠，造成间隙，便部分漆雾得不到清洗。若喷水方向和漆雾流向成一定夹角时，漆雾则不易从间隙中通过。为了使相邻嘴形成的水雾相重叠。喷嘴之间的距离为 400~500mm，喷管之间距离不大于 350mm，喷嘴的喷水口直径可根据清洗漆雾的水量确定。喷水系统采用的喷嘴一般为梳形旋流喷嘴。

3) 水帘式过滤装置可设计为多级水帘和蜗形水帘两种结构。多级水帘过滤器的结构由水帘装置和漆雾冲洗槽两个独立部分组成，冲洗槽内最佳的气体流速为 5~6.5m/s。蜗形过滤器要求静压 350~400Pa。

4) 水旋式过滤装置安装在喷漆室格栅下面，由注水管、洗涤水槽、水旋器、气水分离室四部分组成。注水管安装在洗涤水槽两侧底部，用支管向水槽注水。支管直径 80~100mm，按一定间距均匀布置。洗涤水槽用钢板制作，长度及宽度同喷漆室长宽尺寸。在注水管出口处装有挡板及溢流板。水旋器沿洗涤槽中心线均匀布置，间距为 800 ~ 1200mm。水旋器溢水口高于洗涤槽底 70 ~ 100mm，溢水口装有高度调节环。

5）文氏管型过滤装置安装在喷漆室格栅下，由注水管、洗涤水槽、文丘里管、气水分离室四部分组成。注水管、洗涤槽、气水分离室结构同水旋式过滤装置。为了减少地坑深度，文氏管水平放置，其收缩管呈 90°弯角。文氏管纵向长度为喷漆室长度；喉管宽度为 200 ~ 300mm，装有调节板，可调节喉管断面宽度。空气在喉管处风速为 20 ~ 25m/s，在此风速下溢流到文氏管的水被雾化，充分洗涤净化漆雾。

C　送风装置

送风装置用于顶部送风、底部排风的大型喷漆室，可提高排出漆雾的效果，应具有适当温度、湿度、洁净度的喷漆环境。

送风装置包括空气过滤器、加热器、表冷器、淋水室、消声器、风机等。通常采用组装式工业空调送风机组。它由各功能段和中间维修段组装而成。根据环境空气状态和喷漆室供气要求确定组合形式。

空调送风装置一般安装在厂房端部平台上，从室外进风，设进风室。进风室宽度 2 ~ 3m，进风口设铁丝网及百叶窗，进口风速 3 ~ 4m，地面设排水地漏。

排风装置一般由气水分离器、通风机、风管等组成。气水分离是用来防止清洗漆雾的水滴进入吸风管道，设置在通风装置的吸口处，有挡板分离器和折流分离器两种。水旋喷漆室和文氏喷漆室的挡板气水分离器，设在喷漆室底部，挡板垂直安装。冲击式无泵喷漆室的挡板气水分离器，其挡板应向边壁倾斜。折板气水分离器多用于喷淋式漆雾过滤装置的气水分离。排风机形式可根据流量和风压，选用防爆型离心风机或轴流风机。通风机的配套电动机宜采用防爆型。大型喷漆室，特别是设有自动灭火装置的喷漆室，其排风装置需设防火挡板。

根据涂装作业自动化水平、送风风量及能耗、地域特征等选择喷漆室理想的送排风系统：普通送、排风组合的系统；全热交换送、排风组合的系统；有回风的送、排风组合的系统；分区送、排风组合的系统。

D　供水装置

供水装置由水槽、水泵、管路系统等组成。用于侧向抽风和纵向抽风喷漆室的水槽，一般用普通钢板焊接而成，设置在漆雾过滤装置之下的地坪上；用于底部抽风喷漆的水槽，一般用钢筋混凝土浇灌而成，设置在喷漆室体下部车间地坪下，槽沿铺设格栅。对于文氏及水旋喷漆室，水槽较大，一般用钢筋混凝土浇灌而成，设置在喷漆室附近车间地坪之下，四周设栏杆。当车间有几个喷漆室时，可集中设一个水槽。水槽与喷漆室地坑用地沟相连，地沟排水坡度 1% ~ 3%，地沟设盖板。水槽的回水落差控制在 1000mm 左右。

在水槽中应设置上水管、放水管、溢流管及漆渣过滤器等。当水槽容积为 2 ~ 5m³ 时，上水管直径可取 25 ~ 40mm，若要求自动上水时，可采用浮球装置。放水管口应设置在水槽最低处。由于漆雾淤渣容易堵塞下水道，除在放水口设置滤网外，对于直接与下水道接通的放水管的管口直径应在 80 ~ 100mm 范围内。对于高于地坪的钢结构水槽放水管的直径应大于 50mm，而且不能小于上水管的直径。溢流管的直径一般和放水管的直径相同。溢流管和放水管共用一个出水口，用阀门只控制放水管即可。

在设计水槽时，上水口、下水口、溢流口和水泵吸口应集中设置在水槽某一处，用过滤器或挡板与水槽其他部分隔开。水槽过滤装置可采用金属过滤网，按网目大小分级设置，第一级网孔为 1.51 ~ 0.85mm，第二、第三级的网孔适当减少。此外可采用卵石过滤器，其结构是在厚度约 100mm 的金属网内，装粒度 20 ~ 30mm 的卵石。

水槽的有效容积应为水泵每小时流量的 8% ~ 12%。水泵可采用卧式离心泵或立式液下泵。采用卧式泵时，宜采用倒灌式安装，水泵的吸口应低于水面 350 ~ 400mm。采用液下泵时，电动机宜高于地坪。

E 照明装置

根据照明的方式，照明装置有自然采光和人工照明两种。自然采光多用于无室喷漆室。人工照明装置的光源一般有荧光灯和白炽灯两种。喷漆室内所设置的照明灯一律为防爆型。安装在室内的灯具电器接头必须采用安全接线盒。灯具在安装时应注意防止漆雾污染，一般可装设在玻璃灯罩之内，也可以将灯具安装在喷漆室顶部玻璃天窗之上，此时需另外设置防尘罩以防止灰尘污染玻璃，影响照明。喷漆室所需要的光通量可根据喷漆室地坪面积计算。

F 漆渣处理装置

漆渣处理装置设在循环水槽中。为处理方便，需在水中加入漆雾凝聚剂。对于小型、喷涂量小的喷漆室，采用人工打捞方式处理漆渣。对于大型、喷涂量大的喷漆室，宜采用自动漆渣处理装置分离处理漆渣。

4.4.2 喷漆设备的计算

喷漆室的计算包括：室体尺寸的计算、门洞及操作口尺寸的计算、通风量的计算、漆雾过滤器及气水分离器的计算、空调送风装置的计算、排风装置的计算、湿式喷漆室的水力计算和照明装置的计算等。

4.4.2.1 计算依据

计算依据有：

（1）采用喷漆室的类型；

（2）最大生产率（面积计，m^2/h）；

（3）工件最大外形尺寸：长度（沿输送机运动方向，mm）、宽度（mm）、高度（mm）；

（4）工件喷涂面积（m^2），其中，手工喷涂面积（m^2）；

（5）喷涂遍数；

（6）喷涂方式（人工、自动、人工加自动）；

（7）输送机技术特性：类型（地面或悬挂式）、运行速度（mm/min）。

4.4.2.2 室体尺寸的计算

A 喷漆室长度的计算

a 通过式喷漆室长度的计算

通过式喷漆室的长度按下式计算：

$$L = \left(l_1 + \frac{S\tau v}{n} \right) N + 2l_2 \tag{4-83}$$

式中 L——通过式喷漆室的长度，mm；

   l_1——所采用的自动喷涂机作业空间长度尺寸，mm，一般固定式喷涂机取 $l_1 = 2000 \sim 3000$mm；机械手及移动式喷涂机取 $l_1 = l + (2000 \sim 3000)$mm，$l$ 为喷枪在喷漆室长度方向上的行程，mm；

   S——工件的手工喷漆面积，m^2；

   τ——手工喷涂 $1m^2$ 工件表面积所需的时间，min/m^2。一般取 $\tau = 1 \sim 1.5min/m^2$；

   v——输送机的移动速度，mm/min；

   l_2——工件至出入口的距离，mm，对窄工件，取 $l_2 = 600 \sim 800$mm，对宽工件，取 $l_2 = 1500 \sim 2000$mm；

   n——同一工件上操作工人密度；

   N——在同一喷漆室内喷涂涂层遍数。

为使喷漆室长度系列化，对于小型喷漆室如水帘喷漆室等，推荐其长度为2200mm、3400mm、4200mm 三种尺寸；对大型喷漆室，如水旋、文氏喷漆室，推荐其长度为3000mm 的倍数。用式（4-83）计算的长度数值，可按上述尺寸系列圆整。

应当指出，上式计算长度时，未单独考虑"湿碰湿"两遍涂装时的中间晾干时间。对于小工件，在一个喷漆室内只安排一遍喷漆，需"湿碰湿"喷两遍的工件，采用两个喷漆室，中间设一晾干室；对于大工件，生产中可安排两遍喷漆按同一作业次序顺序作业，对工件某一局部来说，两遍喷漆间有时间间隔，可不单独考虑晾干时间。

b 死端式喷漆室长度的计算

死端式喷漆室的长度按下式计算：

$$L = l + 2l_1 \qquad (4\text{-}84)$$

式中 L——死端式喷漆室的长度，mm；

   l——工件的最大长度，mm，若工件要求回转，l 应为工件最大回转直径；

   l_1——工件至两侧壁的距离，mm，取值同式（4-83）。

B 喷漆室宽度的计算

喷漆室的宽度（参见图4-18）按下式计算：

$$B = b + b_1 + b_2 + b_3 \qquad (4\text{-}85)$$

式中 B——喷漆室的宽度，mm；

   b——工件的最大宽度，mm，若工件要求回转，b 应为工件最大回转直径；

   b_1——工件外沿至操作口的距离，mm，对于小型转台喷漆室，$b_1 = 300 \sim 400$mm；对于横向抽风通过式喷漆室，$b_1 = 500 \sim 650$mm；对于操作者在室内进行喷漆的上部送风、底部抽风的喷漆室，$b_1 = 1500 \sim 2000$mm；有自动喷涂机时，考虑喷涂机安装宽度；

   b_2——工件外沿至漆雾过滤器之间的距离，mm，一般取 $b_2 = 500 \sim 850$mm；对于双面操作的喷漆室，$b_1 = b_2$；

   b_3——漆雾过滤器的宽度，mm，在计算室体总宽度时，可取 $b_3 = 1000$mm，待过滤器长度（一般等于喷漆室长度）确定后，必须根据过滤器横截面上允许的空气流速，对 b_2 进行核算，对于漆雾过滤器在室体底部的喷漆室，$b_3 = 0$。

C 喷漆室高度的计算

喷漆室的高度（参见图4-18）按下式计算：

$$H = h + h_1 + h_2 + h_3 + h_4 \qquad (4\text{-}86)$$

式中 H——喷漆室的高度，mm；

h——工件的高度，mm；

h_1——工件底部至喷漆室地坪的距离，mm，当采用悬挂输送时，对窄工件，可取 $h_1 = 300 \sim 800$mm，对宽工件（如汽车驾驶室等），可取 $h_1 = 1500 \sim 2000$mm；若采用台车运送工件或固定转台时，h 为台车的高度或固定转台的高度；

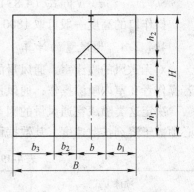

图4-18 室体宽度和高度计算图

h_2——工件顶部至喷漆室顶之间的距离，mm，一般取 $h_2 = 700 \sim 2000$mm，对窄工件取下限，宽工件取上限；有自动喷涂机时，应考虑喷涂机安装高度；

h_3——顶部送风喷漆室空气分配室静压室的高度，mm，一般取 $h_3 = 1700$mm；

h_4——顶部送风喷漆室空气分配室动压室的高度，mm，一般取 $h_4 = 1300$mm。

4.4.2.3 门洞及操作口尺寸的计算

以通过式喷漆室为例计算。

A 门洞尺寸的计算

a 门洞宽度的计算

门洞的宽度（参见图4-19）按下式计算：

$$b_0 = b + 2b_1 \qquad (4\text{-}87)$$

式中 b_0——门洞的宽度，mm；

b——工件的最大宽度，mm；

b_1——工件和门洞之间的间隙，mm，一般取 $b_1 = 100 \sim 200$mm。

b 门洞高度的计算

门洞的高度（参见图4-19）按下式计算：

$$h_0 = h + h_1 + h_2 \qquad (4\text{-}88)$$

式中 h_0——门洞的高度，mm；

h——工件的最大高度，mm；

h_1——工件下部至门洞底边的间隙，mm，一般取 $h_1 = 100 \sim 200$mm；

h_2——工件顶部至门洞上边的间隙，mm，一般取 $h_2 = 80 \sim 200$mm。

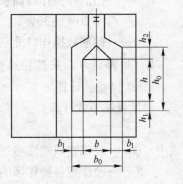

图4-19 门洞的宽度和高度计算图

B 操作口尺寸的计算

操作口的长度按下式计算：

$$l = \frac{S\tau v}{n} N \qquad (4\text{-}89)$$

式中 l——操作口的长度，mm；

S、τ、v、n、N 同式（4-83）的参数。

操作口的高度一般可取 1800~2200mm。

4.4.2.4　通风量的计算

对无送风的喷漆室，通风量的计算原则是不让含漆雾的空气从喷漆室扩散到车间内。若操作者在室内喷漆操作，通风量还必须保证室内含漆雾的空气浓度在允许的范围值内。

决定这类喷漆室通风量的因素是开口处的面积和溶剂的扩散速度，开口处的空气流速必须大于溶剂扩散速度，其数据可按表4-19选用。

表4-19　溶剂扩散速度和推荐的空气流速

喷漆方式	溶剂扩散速度/m·s⁻¹	开口处空气速度/m·s⁻¹
高压喷室	—	0.5~0.6
手工空气喷涂	0.7~0.8（涂层表面）	0.8~1.5

若操作者位于室外，从操作口喷漆，操作口的空气流速不低于 0.8m/s，若操作者靠近被涂表面，操作口的空气流速应提高到 1~1.5m/s；若操作者位于室内，则操作区任何点的空气流速不得小于 0.8~1.0m/s。

对于有送风的喷漆室，通风量计算包括送风量和排风量两部分。

送风量和排风量一般相等。但是，当强调车间环境清洁时，不允许喷漆室内漆雾及溶剂扩散至车间，此时，排风量稍大于送风量，喷漆室处于负压操作；当强调涂膜装饰性时，不允许车间内含灰尘的空气进入喷漆室内，此时，送风量稍大于排风量，喷漆室处于正压操作。

A　横向抽风喷漆室通风量的计算

横向抽风喷漆室的通风量按下式计算：

$$Q = 3600Sv \tag{4-90}$$

式中　Q——横向抽风喷漆室的通风量，m^3/h；

      S——门洞和操作口面积之和，m^2，考虑工件堵塞门洞，计算时，门洞的面积应减小 20%~30%；

      v——门洞或操作口处空气流速，m/s，按表4-19选取。

B　顶部送风、底部抽风喷漆室通风量的计算

a　送风量的计算

送风量按下式计算：

$$Q = 3600 \sum S_i v_i \tag{4-91}$$

式中　Q——顶部送风喷漆室送风量，m^3/h；

      S_i——喷漆室各操作区的地坪面积，m^2；

      v_i——各区垂直于地坪的空气流速，m/s，一般手工喷涂取 $v = 0.4~0.6m/s$；自动喷涂取 $v = 0.3~0.5m/s$。

b　排风量的计算

排风量的计算包括正压操作和负压操作两种情况。

负压操作喷漆室排风量按下式计算：

$$Q = 3600(S_1 v_1 + S_2 v_2) \tag{4-92}$$

式中　Q——负压操作喷漆室的排风量，m^3/h；

　　S_1——喷漆室操作间的地坪面积，m^2；

　　v_1——垂直于地坪的空气流速，m/s，一般手工喷涂取 $v_1 = 0.4 \sim 0.6 m/s$，自动喷涂取 $v_1 = 0.3 \sim 0.4 m/s$；

　　S_2——门洞面积之和，m^2，考虑工件堵塞门洞，计算时门洞面积应减小 20% ~ 30%；

　　v_2——门洞处空气流速，m/s，按表4-19选取。

正压操作喷漆室排风量可按下式计算：

$$Q = (0.95 \sim 0.98)Q' \tag{4-93}$$

式中　Q——正压操作喷漆室的排风量，m^3/h；

　　Q'——喷漆室的送风量，m^3/h。

C　敞开式喷漆室通风量的计算

敞开式喷漆室的通风量按下式计算：

$$Q = 3600 S v \tag{4-94}$$

式中　Q——喷漆室的通风量，m^3/h；

　　S——格栅工作面的面积，m^2；

　　v——垂直于格栅工作面的空气流速，m/s，一般取 $v = 0.5 \sim 0.7 m/s$。

4.4.2.5　漆雾过滤器及气水分离器的计算

A　喷淋式水过滤器及折流板气水分离器的计算

a　喷淋式水过滤器及折流板气水分离器面积的计算

喷淋式水过滤器的出口，安装有折流板气水分离器，两者的外壳完全重叠连接，横截面积完全相等。横截面积可按下式计算：

$$S = 1.2Q/3600v \tag{4-95}$$

式中　S——喷淋式水过滤器的横截面积，m^2；

　　Q——通过水过滤器的空气流量，m^3/h；

　　v——气水分离器有效截面上的空气流速，m/s，一般取 $v = 2.5 \sim 3 m/s$；

　　1.2——气水分离器的有效截面系数。

b　喷淋式水过滤器及折流板气水分离器尺寸的计算

若水过滤器的宽度按不大于喷水管之间距离来确定时，则水过滤器的长度可按下式计算：

$$l' = S/n b_1 \tag{4-96}$$

式中　l'——水过滤器的长度，m；

　　S——水过滤器的横截面积，m^2；

　　n——喷水管排数；

　　b_1——喷水管之间的距离，m，一般 $b_1 \leqslant 0.35 m$。

水过滤器的宽度可按下式计算：

$$b' = nb_1 \tag{4-97}$$

式中　b'——水过滤器的宽度，m。

若取水过滤器的长度等于喷漆室长度时，则水过滤器的宽度可按下式计算：

$$b' = S/L \tag{4-98}$$

式中　b'——水过滤器的宽度，m；

　　　L——喷漆室的长度，m。

喷淋式水过滤器的高度，可按喷嘴射流的有效长度和喷漆室的高度确定。

折流板气水分离器的长度和宽度与过滤器的长度和宽度相同，高度不小于250mm。

B　多级水帘过滤器及挡板气水分离器的计算

a　多级水帘过滤器及挡板气水分离器面积的计算

在多级水帘过滤器的出口处，安装有和过滤器外壳完全重叠连接的挡板气水离器。所以，多级水帘过滤器的横截面积和挡板气水分离器的横截面积相等。

横截面积可按下式计算：

$$S = 1.1Q/0.5 \times 3600v \tag{4-99}$$

式中　S——多级水帘过滤器的横截面积，m^2；

　　　Q——通过多级水帘过滤器的空气流量，m^3/h；

　　　v——通过多级水帘过滤器的空气流速，m/s，一般可取 $v = 5 \sim 6.5 m/s$；

　　　1.1——多级水帘过滤器的有效截面系数；

　　　0.5——多级水帘过滤器的有效截面减小系数。

b　多级水帘过滤器尺寸的计算

$$l' = S/l \tag{4-100}$$

式中　l'——多级水帘过滤器的长度，m；

　　　l——过滤器的宽度一般为1m。

若取过滤器长度等于喷漆室长度，则过滤器的宽度可按下式计算：

$$b' = S/L \tag{4-101}$$

式中　b'——多级水帘过滤器的宽度，m；

　　　L——喷漆室的长度，m。

多级水帘过滤器的高度，可按喷漆室高度及结构需要确定。

挡板气水分离器的长度和宽度与过滤器的长度和宽度相同。高度可按挡板数及喷漆宽高度统一考虑确定。

C　水旋式过滤器及挡板气水分离器的计算

a　水旋器数量的计算

$$N = L/K \tag{4-102}$$

式中　N——水旋器的数量，个，计算值取整数；

　　　L——喷漆室的长度，m；

　　　K——水旋器的间距，m，一般 $K = 0.8 \sim 1.0m$。

b　水旋器直径的计算

水旋器的直径可按下式计算：

$$D = \sqrt{\frac{4Q}{3600N \cdot \pi \cdot v}} \times 1000 + 100 \, \text{mm} \tag{4-103}$$

式中 D——水旋器的直径，mm；

v——通过水旋器收缩口处空气流速，m/s，一般取 $v = 20 \sim 25 \, \text{m/s}$；

Q——喷漆室的排风量，m^3/h。

c 气水分离器面积的计算

$$S = Q/3600v \tag{4-104}$$

式中 S——气水分离器的横截面积，m^2；

Q——通过气水分离器的空气流量，m^3/h；

v——气水分离器横截面上的空气流速，m/s，一般取 $v = 2 \sim 3 \, \text{m/s}$。

d 挡板气水分离器尺寸的计算

水旋喷漆室挡板气水分离器的长度等于喷漆室的长度。气水分离器横截面的高度按下式计算：

$$h = S/L \tag{4-105}$$

式中 h——气水分离器横截面的高度，m。

气水分离器的宽度等于喷漆室室体宽度的一半。

D 文氏管过滤器的计算

a 文丘里管喉管截面积的计算

文丘里管喉管的截面积可按下式计算：

$$S = Q/3600v \tag{4-106}$$

式中 S——文丘里管喉管的截面积，m^2；

v——通过喉管的空气流速，m/s，一般取 $v = 20 \sim 25 \, \text{m/s}$。

b 文丘里管尺寸的计算

文丘里管喉管的截面长度等于喷漆室的长度，截面宽度可按下式计算：

$$b = S/L \tag{4-107}$$

式中 b——文丘里管喉管截面的宽度，m。

文丘里管的收缩管长度一般取 $300 \sim 400 \, \text{mm}$，收缩角度 $15° \sim 20°$。

文丘里管的扩张管长度按下式计算：

$$l = \frac{B}{2} - 1 \, \text{m} \tag{4-108}$$

式中 l——文丘里管扩张管的长度，m；

B——喷漆室的宽度，m。

扩张管的扩张角度一般取 $20° \sim 30°$。

4.4.2.6 送风系统的计算

A 空调送风装置的选择计算

空调送风装置数量可按下式计算：

$$N = 1.1Q/q_{max} \tag{4-109}$$

式中 N——空调送风装置数量，台，取整数值；

Q——喷漆送风量，m^3/h；

q_{max}——单台空调送风装置最大额定风量，m^3/h，一般取 $q_{max} = 2 \times 10^5 m^3/h$；

1.1——空气泄漏系数。

空调送风装置型号根据单台装置计算风量，查表 4-20 确定。

空调送风装置单台风量按下式计算：

$$q = 1.1Q/N \tag{4-110}$$

式中　q——单台装置风量，m^3/h。

表 4-20 为常用空调装置额定风量表。

表 4-20　YZ 型空调送风装置型号及额定风量

型　号	制定风量		风量选用范围/$10^4 m^3 \cdot h^{-1}$		表冷式空调外形断面尺寸
	$10^4 m^3/h$	m^3/s	表冷式	淋水式	（宽×高）/mm × mm
YZ1	1	3	0.6 ~ 1.0	1 ~ 1.4	1160 × 1500
YZ2	2	6	1 ~ 2	1.5 ~ 2.3	1860 × 1500
YZ3	3	8	2 ~ 3	2.4 ~ 4	1860 × 2300
YZ4	4	11	3 ~ 4	4 ~ 5.3	2360 × 2300
YZ6	6	17	4 ~ 6	5.4 ~ 8	2360 × 3400
YZ6A					3560 × 2300
YZ8	8	22	6 ~ 8	8 ~ 10	4560 × 2300
YZ9	9	25	6 ~ 9	9 ~ 12	3560 × 3400
YZ12	12	33	9 ~ 12	12 ~ 16	3560 × 4500
YZ12A					4560 × 3400
YZ16	16	44	12 ~ 16	16 ~ 21	4560 × 4500
YZ20	20	56	16 ~ 20	20 ~ 26	4560 × 5600

注：淋水室、喷水表冷槽等构件外形高度应再加上底槽高度 500mm。

　B　功能段组合方式及送、排风组合系统确定

　　功能段组合方式根据环境空气状况及喷漆室所要求的送风洁净度、空气温度、湿度确定。

　C　送风机的选择计算

　a　送风管尺寸的计算

　　送风系统风管一般采用矩形风管，其尺寸按下式计算：

$$S = ab = Q/3600v \tag{4-111}$$

式中　S——风管断面面积，m^2；

　a, b——风管断面尺寸，m；

　　Q——管道内通风量，m^3/h；

　　v——管道内空气流速，m/s，一般 $v = 8 \sim 12 m/s$。

送风管的规格可按表 4-21 选择。

表 4-21　矩形风管的动压、风速、流量和单位阻力

动压 /Pa	风速 /m·s⁻¹	外边长 a×b/mm×mm												
		630× 500	630× 630	800× 320	800× 400	800× 500	800× 630	800× 800	1000× 320	1000× 400	1000× 500	1000× 630	1000× 800	1000× 1000
38.528	8.0	8975 1.167	11322 1.006	7276 1.490	9113 1.233	11408 1.033	14392 0.877	18294 0.752	9102 1.387	11399 1.134	14271 0.939	1800 3.785	22885 0.662	28627 0.575
43.458	8.5	9536 1.305	12030 1.138	7731 1.668	9682 1.383	12120 1.158	15290 0.981	19440 0.844	9671 1.550	12110 1.266	15160 1.050	19130 0.883	24320 0.746	30420 0.648
48.762	9.0	10096 1.460	8186 1.864	8186 1.864	10252 1.543	12834 1.295	16191 1.098	2058 1.942	10240 1.735	12824 1.418	16054 1.175	20254 0.982	25745 0.829	32208 0.719
54.249	9.5	10660 1.619	8641 2.060	8641 2.060	10820 1.707	13552 1.432	17090 1.216	21720 1.040	10810 1.923	13540 1.570	16950 1.305	21380 1.089	27180 0.922	34000 0.795
60.200	10.0	11218 1.785	9095 2.278	9095 2.278	11391 1.886	14260 1.583	17799 1.342	22838 1.151	11387 2.121	14249 1.734	17838 1.437	22504 1.200	28606 1.014	35784 0.880
66.218	10.5	11780 1.952	9950 2.492	9950 2.492	11960 2.070	14970 1.736	14970 1.736	24010 1.266	11950 2.325	14960 1.903	18730 1.570	23630 1.315	30040 1.108	37570 0.961
38.528	8.0	8975 1.167	11322 1.006	7276 1.490	9113 1.233	11408 1.033	14392 0.877	18294 0.752	9102 1.387	11399 1.134	14271 0.939	18003 0.785	22885 0.662	28627 0.575
43.458	8.5	9536 1.305	12030 1.138	7731 1.668	9682 1.383	12120 1.158	15290 0.981	19440 0.844	9671 1.550	12110 1.266	15160 1.050	19130 0.883	24320 0.746	30420 0.648
48.762	9.0	10096 1.460	12737 1.258	8186 1.864	10252 1.542	12834 1.295	16191 1.098	20581 0.942	10240 1.735	12824 1.418	16054 1.175	20254 0.982	25745 0.829	32208 0.719
54.249	9.5	10660 1.619	13450 1.393	8641 2.060	10820 1.707	13550 1.432	17090 1.216	21720 1.040	10810 1.923	13540 1.570	16950 1.305	21380 1.089	27180 0.922	34000 0.719
60.200	10.0	11218 1.785	14153 1.538	9095 2.278	11391 1.886	14260 1.583	17990 1.342	22838 1.151	11378 2.121	14249 1.734	17838 1.437	22504 1.200	28606 1.014	35784 0.880
66.218	10.5	11780 1.952	14860 1.687	9950 2.492	11960 2.070	14970 1.736	18890 1.472	24010 1.266	11950 2.325	14960 1.903	18730 1.570	23630 1.315	30040 1.108	37570 0.961
72.842	11.0	12340 2.142	15568 1.846	10005 2.734	12530 2.263	15686 1.900	19789 1.611	25154 1.382	12516 2.545	15674 2.081	19622 1.724	24755 1.441	31467 1.217	39363 1.056
79461	11.5	12900 2.325	16280 2.011	10460 2.972	13100 2.462	16400 2.070	20690 1.746	26300 1.501	13080 2.766	16390 2.266	20510 1.874	25880 1.570	32900 1.324	41150 1.478
86.688	12.0	13462 2.531	16983 2.181	10914 3.230	13669 2.673	17112 2.245	21588 1.903	27441 1.633	13653 3.007	17099 2.459	21406 2.037	27005 1.702	34327 1.438	42941 1.247

动压 /Pa	风速 /m·s⁻¹	外边长 a×b/mm×mm											
		1250× 400	1250× 500	1250× 630	1250× 800	1250× 400	1250× 1000	1600× 500	1600× 630	1600× 800	1600× 1000	1600× 1250	2000× 800	2000× 1000
38.528	8.0	14239 1.057	17829 0.865	22496 0.712	28600 0.506	35780 0.506	22835 0.800	28812 0.650	36692 0.532	45826 0.532	57321 0.431	45806 0.490	57321 0.431	45806 0.490
43.458	8.5	15130 1.187	18940 0.971	23902 0.741	30390 0.667	38020 0.569	24260 0.893	30610 0.726	38920 0.598	48690 0.500	60900 0.432	48670 0.549	60890 0.451	76160 0.383

动压 /Pa	风速 /m·s⁻¹	外边长 $a \times b$/mm × mm											
		630 × 500	630 × 630	800 × 320	800 × 400	800 × 500	800 × 630	800 × 800	1000 × 320	1000 × 400	1000 × 500	1000 × 630	1000 × 800	1000 × 1000
48.762	9.0	16019 1.322	20058 1.080	25308 0.891	32175 0.741	40253 0.634	25689 1.001	32414 0.813	41208 0.666	51554 0.561	64483 0.479	51532 0.509	64470 0.509	80642 0.429
54.249	9.5	16910 1.461	21170 1.197	26710 0.991	33960 0.824	42490 0.706	27120 1.108	34210 0.902	43500 0.736	54420 0.618	68070 0.529	54390 0.677	68050 0.559	85120 0.471
60.200	10.0	17798 1.617	22286 1.323	28120 1.090	25749 0.907	44725 0.775	28543 1.224	36015 0.925	45787 0.815	57282 0.686	71652 0.586	57258 0.750	71683 0.623	89603 0.525
66.217	10.5	18690 1.776	23400 1.452	29530 1.197	37540 0.991	46960 0.853	29970 1.344	37820 1.089	48080 0.893	60150 0.755	75210 0.687	60120 0.824	75210 0.687	94080 0.579
72.842	11.0	19578 1.940	24515 1.588	30932 1.308	39324 1.088	49198 0.930	31398 1.194	48080 0.893	50365 0.978	63010 0.823	78817 0.703	62983 0.900	78797 0.748	98563 0.630
79.461	11.5	20470 2.109	25630 1.727	32340 1.422	41110 1.187	51430 1.010	32830 1.599	41420 1.295	52650 1.059	65870 0.703	82400 0.765	65850 0.981	82380 0.814	103000 0.687
86.688	12.0	21359 2.292	26743 1.876	33744 1.546	42899 1.286	53670 1.100	34252 1.936	43219 1.411	54944 1.155	68739 0.973	85982 0.831	68709 1.064	85960 0.884	107523 0.745

注：上行—风量，m³/h；下行—单位摩擦阻力，Pa/m。

b 送风系统阻力的计算

送风系统阻力按下式计算：

$$\Delta H = \Delta H_t + \Delta H_p \tag{4-112}$$

式中　ΔH——送风系统总的阻力，Pa；

　　　ΔH_t——送风系统沿程摩擦阻力，Pa；

　　　ΔH_p——送风系统局部阻力损失，Pa。

送风系统沿程摩擦阻力的计算：

$$\Delta H_t = h_1 L \tag{4-113}$$

式中　h_1——长度1m的等截面积风管的阻力，Pa，可由表4-21查取；

　　　L——风管长度，m。

送风系统局部吸力损失的计算：

$$\Delta H_p = \sum \zeta_1 \frac{\rho v_1^2}{2g} \times 10 \tag{4-114}$$

式中　ζ_1——局部阻力系数，可按表4-22查取；

　　　g——重力加速度，m²/s，$g = 9.8$m²/s；

　　　ρ——空气密度，kg/m³，一般 $\rho = 1.2$kg/m³；

　　　v_1——空气流过局部阻力处的流速，m/s。

送风系统几种局部阻力损失可直接由表4-23查取。系统阻力取值应比计算值增大10%～15%。

表 4-22　喷漆室的局部阻力系数

名　称		局部阻力系数 ζ	备　注
门洞及操作口		0.3	
格栅		2.5	间歇为 40~60mm
过滤器入口转角		3.5	
90°折板气水分离器		24	弯曲 5 次，板间距 25mm
120°折板气水分离器		10.4	弯曲 3 次，板间距 25mm
抽风罩		0.25	锥角为 120°
调节阀		0.3~7	单叶片，转角为 10°~40°
圆形、矩形弯头		0.25	弯曲半径等于直径，转角为 90°
带扩散器的伞形风帽		0.7	帽与管口的高为管径的 0.4 倍
挡板气水分离器	2 片	8~16	
	3 片	16~24	
矩形直角弯头		1.25	

表 4-23　送风系统几种局部阻力损失

局部阻力名称及规格		迎风速度/m·s^{-1}	局部阻力损失/Pa
进风百叶窗		5	30
进风室			40~50
初效过滤器		2~3	30~130
中效过滤器		2~3	50~150
淋水端	二排	2~3	40~90
	三排	2~3	55~110
d16 管表冷段	四排	2~3	70~140（100~170）
	六排	2~3	105~210（150~255）
	八排	2~3	140~280（200~340）
d16 管表冷段	四排	2~3	60~130（60~140）
	六排	2~3	90~200（90~210）
	八排	2~3	120~230（120~280）
d16 管表冷或加热端	六排中距 2.0	2~3	70~150（120~250）
	六排中距 2.5	2~3	65~130（110~200）
喷水表冷段	四排	2~3	70~170
	六排	2~3	110~250
	八排	2~3	145~340
d17 钢管加热段	一排	2~3	4~10
	二排	2~3	8~20
	三排	2~3	12~30
折片式消音端	端长 900	2~3	15~30
	1500	2~3	20~45
	2100	2~3	30~60
动压式空气分配层		0.4~0.6	30~130
静压式空气分配层		0.4~0.6	30~130

注：括号内数值为湿工况情况下的局部阻力损失。

风机应根据送风装置单台风量及系统阻力选择，确定风机的型号、流量、全压、转速及配套电动机型号与功率。

D　空调送风装置热力计算

喷漆室空调送风系统一般采用全新风系统，即普通送、排风系统。其加热量、加湿量和耗冷量按下列各式计算。

a　采用淋水加湿的系统

$$Q_1 = G(i_{2'} - i_{w'}) \tag{4-115}$$

$$Q_2 = 1.005G(t_{s'} - t_{2'}) \tag{4-116}$$

$$Q = G(i_w - i_2) \tag{4-117}$$

式中　Q_1——一次加热量，kJ/h；

　　　Q_2——二次加热量，kJ/h；

　　　Q——夏季耗冷量，kJ/h。

b　采用表冷器和蒸气加湿的系统

$$Q_2 = 1.005G(t_{s'} - t_{w'}) \tag{4-118}$$

$$W = G(d_{s'} - d_{w'}) \tag{4-119}$$

式中　W——加湿量，kg/h；

　　　G——送风量，kg/h。

夏季耗冷量与采用淋水室时相同。式（4-115）~式（4-119）中，i、t、d 分别为空气的比焓（kJ/kg）、温度（℃）和含湿量（g/kg）；下角号码：$2'$、2 为冬夏季"露点"，s' 为冬季送风，w'、w 为冬夏季室外计算参数。

4.4.2.7　排风系统的计算

在排风系统计算之前，必须根据喷漆室总排风量及喷漆室类型、周围设备情况确定排风方案，包括排风机类型、数量及安装位置。

根据经验，水帘、喷淋及干式喷漆室排风风量大，阻力损失小，可选择轴流式通风机；无泵喷漆室、水旋及文氏喷漆室排风风量大，阻力损失大，需选用中压离心通风机。

确定排风方案后，计算排风机数量、单台风机风量、排风管径、系统阻力，然后选择风机。

A　排风机数量风量的计算

$$N = Q/q_{max} \tag{4-120}$$

式中　N——排风机计算数量，台，取整数值；

　　　Q——喷漆室总的排风量，m^3/h；

　　　q_{max}——单台风机最大排风量，$m^3/(h \cdot 台)$，一般对轴流风机，$q_{max} = 30000 m^3/(h \cdot 台)$；对离心风机，$q_{max} = 60000 m^3/(h \cdot 台)$。

$$q = Q/N' \tag{4-121}$$

式中　q——单台风机风量，m^3/h；

　　　Q——喷漆室总排风量，m^3/h；

　　　N'——实际采用风机数量，台。

B 通风管断面尺寸计算

a 矩形风管面积计算

$$S = Q/3600v \tag{4-122}$$

式中 S——矩形风管面积，m^2；

v——管道内空气流速，m/s，矩形风管用在风机吸口侧时，$v = 4 \sim 8 m/s$；在风机出口侧时，$v = 8 \sim 12 m/s$；

Q——风机通风量，m^3/h。

b 圆形风管直径计算

$$D = \sqrt{\frac{4Q}{3600\pi v}} \tag{4-123}$$

式中 D——圆形通风管直径，m；

Q——风机通风量，m^3/h。

计算结果可按表4-24圆整。对轴流风机风管直径可等于风机外壳直径。

C 排风管道系统阻力的计算

排风管道系统阻力按下式计算：

$$\Delta H = \Delta H_t + \Delta H_p \tag{4-124}$$

式中 ΔH——排风管道系统总阻力，Pa；

ΔH_t——排风管道的沿程摩擦阻力，Pa；

ΔH_p——排风管道的局部阻力损失，Pa。

a 排风管道沿程摩擦阻力的计算

$$\Delta H_t = Lh_1 \tag{4-125}$$

式中 ΔH_t——排风管道沿程摩擦阻力，Pa；

Lh_1——见式（4-113），h_1可由表4-21和表4-24查取。

表 4-24 喷漆室通风管径的动压、风速、流量和单位阻力

动压 /Pa	风速 /m·s⁻¹	风管直径/mm									
		700		800		900		1000		1120	
		流量 /m³·h⁻¹	单位阻力 /Pa·m⁻¹	流量 /m³·h⁻¹	单位阻力 /Pa·m⁻¹	流量 /m³·h⁻¹	单位阻力 /Pa·m⁻¹	流量 /m³·h⁻¹	单位阻力 /Pa·m⁻¹	流量 /m³·h⁻¹	单位阻力 /Pa·m⁻¹
22.1	6.0	8285	0.52	10800	0.44	13680	0.38	16900	0.34	21170	0.30
25.9	6.5	8954	0.61	11700	0.52	14820	0.45	18300	0.40	22930	0.34
30	7.0	9643	0.70	12600	0.59	15960	0.51	19710	0.45	24890	0.40
34.5	7.5	10330	0.79	13500	0.68	17100	0.59	21120	0.52	26460	0.45
39.2	8.0	11020	0.90	14400	0.76	18240	0.66	22530	0.58	28220	0.51
44.3	8.5	11710	1.00	15300	0.86	19380	0.74	23490	0.66	29980	0.57
49.6	9.0	12400	1.12	16200	0.96	20520	0.83	25350	0.73	31750	0.64
55.3	9.5	13090	1.25	17100	1.06	21660	0.92	26750	0.81	33510	0.71
61.3	10.0	13780	1.37	18010	1.17	22800	1.01	28160	0.89	35280	0.78

续表4-24

动压/Pa	风速/m·s⁻¹	风管直径/mm									
		700		800		900		1000		1120	
		流量/m³·h⁻¹	单位阻力/Pa·m⁻¹	流量/m³·h⁻¹	单位阻力/Pa·m⁻¹	流量/m³·h⁻¹	单位阻力/Pa·m⁻¹	流量/m³·h⁻¹	单位阻力/Pa·m⁻¹	流量/m³·h⁻¹	单位阻力/Pa·m⁻¹
67.5	10.5	14460	1.51	18910	1.28	23940	1.11	29570	0.98	37040	0.86
74.1	11.0	15150	1.65	19810	1.40	25080	1.22	30980	1.07	38810	0.94
81.0	11.5	15840	1.80	20710	1.53	26220	1.33	32390	1.17	40570	1.02
88.2	12.0	16520	1.95	21610	1.66	27360	1.44	33790	1.27	42330	1.11
95.7	12.5	17220	2.11	22510	1.79	28500	1.56	35200	1.37	44100	1.20
103.5	13.0	17910	2.27	23410	1.93	29640	1.63	36610	1.48	45860	1.29
111.6	13.5	18600	2.44	24310	2.08	30780	1.81	38020	1.59	47620	1.39
120.1	14.0	19290	2.62	25210	2.23	31920	1.94	39430	1.17	49390	1.49
128.8	14.5	19970	2.81	26110	2.39	33060	2.07	40830	1.83	51150	1.59

b　排风管道的局部阻力损失的计算

$$\Delta H_p = \sum \zeta \frac{\rho v^2}{2g} \times 10 \qquad (4\text{-}126)$$

式中　ΔH_p——排风管道局部阻力损失，Pa；

ζ、ρ、v、g 见式（4-114），ζ 可由表4-25查取。

有关喷漆室的几种过滤器的局部压力损失也可直接按表4-25选取。

表4-25　几种过滤器的局部阻力损失

过滤器的形式	气体流速/m·s⁻¹	局部阻力损失 ΔH_p/Pa
干式折流板型	5~8	60~120
干式网络过滤器（16~18层）	约1	100~150
喷射式过滤器	3~4	50~70
多级水帘过滤器	5~6.3	270~450
蜗形水帘过滤器	5~6.5	350~400
水旋、文氏管型过滤器	20~25	800~1000

系统总阻力值在计算值上增加15%~20%。

D　排风机的选择

根据所计算的通风量和系统的阻力选择风机。按照安全规范，风机和电动机均应防爆。

4.4.2.8　湿式喷漆室的水力计算

A　总供水量的计算

$$G_w = Q\rho e \qquad (4\text{-}127)$$

式中　G_w——湿式喷漆室总的供水量，kg/h；

Q——喷漆室的排风量，m^3/h；

ρ——含漆雾的空气堆密度，kg/m^3，一般取 $\rho = 1.2kg/m^3$；

e——水空比，即处理 1kg 含漆雾的空气所需要的水量，kg/kg，可按表 4-26 选取。

表 4-26 喷漆室的水空比

喷漆室类型	喷漆室尺寸	水空比 $e/kg \cdot kg^{-1}$
喷淋式	小型	1 ~ 1.2
	中型	0.8 ~ 0.9
	大型	0.7 ~ 0.8
瀑布喷淋式	中型	1.5 ~ 2.5
多级水帘式	各种	1.6 ~ 2.5
水旋式	大型	1.4 ~ 1.6
文氏管式	大型	3 ~ 3.3

供给喷漆室的水应循环使用。新鲜水的补充量为：喷淋式每小时补充循环量的 1.5% ~ 3%，其他为循环水量的 1% ~ 2%。

B 水帘装置和过滤装置供水量的计算

喷漆室水帘（瀑布）装置的供水量可按下式计算：

$$G_{w1} = 3600L\delta v\rho_y \tag{4-128}$$

式中 G_{w1}——喷漆室水帘（瀑布）装置的供水量，kg/h；

L——淌水板的长度，m，一般等于喷漆室的长度；

δ——淌水板上水膜的平均厚度，m，一般取 $\delta = 0.003 ~ 0.005m$；

v——淌水板上水的流速，m/s，一般取 $v = 1m/s$；

ρ_y——水的密度，kg/m^3，$\rho_y = 1000kg/m^3$。

喷漆室漆雾过滤装置的供水量按下式计算：

$$G_{w2} = G_w - G_{w1} \tag{4-129}$$

式中 G_{w2}——喷漆室漆雾过滤装置的供水量，kg/h。

C 喷嘴（孔）和注水管数量的计算

（1）喷淋式水过滤器喷嘴数量的计算：

$$n = 1000G_{w2}/\rho_y q \tag{4-130}$$

式中 n——过滤器的喷嘴数量，个；

q——每个喷水孔的平均耗水量，L/h，可参见式（4-65）计算或按表 4-14 选取。

（2）水帘（瀑布）装置供水喷水孔数量的计算：

$$n = 1000G_{w1}/\rho_y q \tag{4-131}$$

式中 n——喷水孔的数量，个。

（3）文氏、水旋及多级水帘过滤器注水管数量的计算：

$$n = G_{w2}/3600\rho_y vS \tag{4-132}$$

式中 n——过滤器的注水管数，根；

v——注水管内水流速度，m/s，一般 $v = 1$ m/s；

S——每根注水管的有效截面积，m²，按管径 $30 \sim 100$ mm 计算。

D　水泵的选择

根据流量和扬程选择水泵。扬程可根据式（4-69）计算，但对溢流方式的水过滤器（如水旋、文氏及多级水帘过滤器），水泵的扬程仅大于管道系统总的压力损失和水泵出口至管道终端高度差所产生的压力即可。

4.4.2.9　照明装置的计算

喷漆室照明装置数量按下式计算：

$$N = EAD/F\mu \tag{4-133}$$

式中　N——所需灯管数量，支；

E——喷漆要求照度，lx，一般根据涂层精密程度选取（精密 $800 \sim 1000$ lx，较精密 $600 \sim 800$ lx，普通 $400 \sim 600$ lx）；

A——照射地面积，m²；

D——减光补偿率，据保养程度良、中、劣分别取 1.4、1.7、2.0；

F——每灯光通量，lm，40W 荧光灯 $F = 2850$ lm；

μ——喷漆室照明率，根据室指数按表 4-27 选取。

表 4-27　喷漆室室指数

室指数 k	照明率 μ	
	反射率 50%	反射率 30%
0.6	0.28	0.23
0.8	0.34	0.29
1.0	0.38	0.34
1.25	0.43	0.38
1.5	0.46	0.44
2.0	0.48	0.46

注：表中反射率值根据喷漆室壁颜色确定：白色墙壁 60%～80%；浅色墙壁 35%～55%。

表 4-27 中室指数为喷漆室形状系数，可按下式计算：

$$k = BL/H(B + L) \tag{4-134}$$

式中　k——喷漆室室指数；

B——喷漆室工作区宽度，m；

L——喷漆室工作区长度，m；

H——喷漆室工作区高度，m。

4.5　静电喷漆设备设计与计算

4.5.1　静电喷涂设备的设计

静电喷涂设备一般由静电喷涂室、高压静电发生器、静电喷枪装置、供漆装置、压缩空气精滤装置、工件传送装置、工件回转装置、送排风系统、照明系统、防灭火装置等组成。对于大型工件还设有喷枪升降机构。

4.5.1.1　室体

静电喷涂室按生产性质可设计为间歇式和连续通过式两种。间歇式死端喷涂室通常与手提式静电喷枪配合使用，其结构与手工喷涂室基本相同。目前广泛应用的是连续通过式静电喷涂室。通过式静电喷涂室主要由室体、通风装置和照明装置等组成。室体是静电喷涂室的主体，常设计为室式通过式和"Ω"形两种。室式通过式室体多为矩形。喷涂室两端留有门洞供工件出入，由于大都是自动涂装，只在室体的一侧或两侧设有常闭式门，供操作人员进入室体进行调节或检修。室体结构由钢材制成，除必要的柱、梁采用型钢外，室体的四壁和顶部宜采用薄钢板向外侧折边拼接而成，以使室体内壁平滑利于清理。室体正面设有操作窗、采光窗和进入静电喷涂室的小门。操作者可以在静电喷涂室外，通过操作窗观察工件进行静电喷涂的情况，并可拉开操作窗调节喷枪位置及喷枪的喷出量。在室内也常设置喷淋水管和塑料布幕。由设置在室壁上部的喷淋水管向塑料布幕喷水，将黏附在塑料布幕上的漆雾冲刷掉，还可在室内壁涂脱漆剂，室体底部设有循环水池。"Ω"形室体围壁可做成圆柱形，在圆柱面上只开一个门洞供工件进出。圆柱直径决定于工件的外形尺寸和悬链轨道的弯曲半径。"Ω"形室体为圆筒形，若刚度不足时，可用型钢沿圆柱面加强以承受传送链的水平分力。室体一般需用地脚螺栓固定在基础上。圆盘式静电喷涂室的电控操作台、高压静电发生器、供漆装置等辅助设备一般布置在喷涂室外围。亦可在喷涂室旁设一封闭型操作室，放置这些辅助设备。并在与喷涂室和车间相邻的壁板上开设观察窗和封闭门。若在操作室内设微正压过滤送风，并在与喷涂室相邻的壁板上侧设百叶窗，使送风量与喷涂室排风量相适应，则将更为安全可靠。静电喷涂室室体结构的设计原则如下：

（1）选用材料应符合防火安全要求。

（2）室体内壁应易于清理，一般用塑料板、瓷砖等组成，既具有绝缘性能又易于清理。也可用内贴蜡纸或塑料薄膜等。定期使用后可进行更换。

（3）室体应具有一定的强度和刚度。若大型通风装置是设于室顶的，宜另设钢结构平台，与室体构架脱开，以免通风装置的振动影响喷涂装置。

4.5.1.2　通风装置

静电喷涂室应设通风装置，通风装置可分为排风系统和送风系统。排风系统需符合劳动卫生、安全防火等规范。送风系统需满足静电喷涂所要求的环境作业条件。一般通风装置多为机械通风装置，由风机和风管组成。对于供轻型细长工件进行喷涂的喷涂室也有不采用机械通风装置的。排风系统应保证室内的断面风速应控制在 0.25 ~ 0.5m/s，大型室体取下限，中小型室体取上限。涂料溶剂的扩散速度一般小于 0.1m/s，据此静电喷涂室的门洞处风速可取 0.3 ~ 0.5m/s。根据雾化后溶剂的密度比空气大，故室体内的排风口宜置于下侧方，排风口的风速可取 0.8 ~ 1.0m/s，并注意不要使进排风短路形成涡流区。设置送风系统在冬季加温、加湿；夏季降温、降湿，使空气控制在一定的温湿范围内。当采用微孔送风方式时，垂直布置在喷涂室内角落的风管上的微孔，其总面积宜为风管截面积的 50% 以下。喷涂室内一般送风量大于排风量 5% 左右。

4.5.1.3 照明装置

静电喷涂的作业场需具有良好的采光，故静电喷涂室应尽量布置在车间自然采光较明亮的区域。当窗户面积为照射地面面积的 1/5 以上时，采光效果较好。涂装车间采光等级为 N 级，室内自然光照度不应低于 50lx，在光照不足的静电喷涂室内，需辅以人工照明。作为整体照明，光照度还应是均匀的。

4.5.1.4 高压静电发生器

高压静电发生器要有足够的输出电压及功率，并且工作稳定。输出电压宜为 60 ~ 100kV，功率消耗为 200W 左右，输出电流 30μA 左右。高压静电发生器须具有恒流运行特性，在已整定的工作电流下，当喷枪与工件间距离变化时，其电流值宜不超过整定值的 10%。电压可从零开始无级可调，当喷枪与工件距离缩短至临界值时能自动降压，直至使电压降为零。

4.5.1.5 静电喷枪

静电喷枪的选择应主要依据涂料和被涂工件的类型、特性，查找明确静电喷枪技术参数（电压、电流、涂料压力、压缩空气压力、尺寸、质量等），确定喷枪型号。旋杯式静电喷枪应用较为广泛，它是一种固定式的静电喷枪，大多用于中小工件和批量较大的自动静电喷涂室中。旋杯式静电喷枪需考虑绝缘性能，主要是枪身材料应具有良好的绝缘性。还应考虑旋杯与地坪和支架间有一定的绝缘距离，以减少泄漏电流与反漆现象。旋杯式静电喷枪的关键部件是旋杯，旋杯口径是设计和选用的一个主要参数，旋杯口径按工件尺寸选用值推荐如下：对于宽度尺寸小于 500mm 的工件：旋杯口径宜用 $\phi 50 ~ 70$mm；对于宽度尺寸近 1000mm 的工件宜用 $\phi 150$mm 旋杯，为使涂膜均匀，宜将 $\phi 75$mm，$\phi 100$mm 和 $\phi 150$mm 三种尺寸的旋杯组合使用。

圆盘式静电喷涂机主要包括：圆盘式静电喷枪、高压静电发生器、升降机构、供漆系统和控制系统等部分。喷盘的材料一般采用不锈钢或高强度铝合金制作。圆盘式静电喷涂的涂料输出量与圆盘直径及其转速有关，应根据经验数值确定。

4.5.1.6 升降装置

静电喷枪在升降装置上的位置是固定的，与工件的相对位置也是固定的。升降装置应运行平稳无明显颤动，其行程及速度应可调。一般上、下往复次数为 5 ~ 12 次/min。升降装置常用链条机械传动，亦有用气动或液压传动的。

4.5.1.7 供漆装置

静电喷涂对供漆装置的要求是：向静电喷枪提供均匀、连续、稳定的涂料并符合防火规定。供漆装置一般有三种形式可选：自流式、压力桶式和压力输送式。在汽车工业的涂装中，供漆装置应设计为自动化输漆系统。

4.5.1.8 安全装置

安全装置是静电喷涂设备的必要组成部分，以保证操作人员和设备的安全。另外静电喷涂设备还应符合有关的环境保护法规。静电喷涂室按规定为 2 级爆炸危险区域。在喷涂室门洞以外垂直和水平距离 3m 以内的空间为 3 级区域。所有置于静电喷涂室内的电气设备均应为防爆型，而置于该室外 3 级区域内的电气元件为封闭式的防水、防尘型。静电喷涂室必须设通风装置，静电喷涂室内的有机溶剂浓度应低于 25% 的爆炸下限浓度，人工操作的喷涂室内有害物质应低于国家规定的浓度。静电喷涂室必须设置灭火安全装置，并应安装火灾自动或半自动报警装置，该装置应与自动停止供料、切断电源装置、自动灭火装置等相联锁。静电喷枪应有限制电压的电子距离控制器。高压静电发生器的高压输出与高压电缆联接端应设置限流电阻，高压静电发生器应配置自动无火花放电器。静电喷涂室内的工件、喷枪支架、高压电缆屏蔽线和管道均应接地，其接地电阻值不大于 100Ω。带电体的带电区对大地的总泄漏电阻值应小于 $1 \times 10^8\Omega$。静电喷枪与接地设备、接地零件的最小间距应大于与工件间距的 3 倍。静电喷枪与工件间的最小距离，应按静电场电压选定，可取 $15 \sim 18\text{mm}/6\text{kV}$ 或 $25 \sim 30\text{mm}/10\text{kV}$，电场电压越高，其间距相应增加。高压发生器、喷枪及支架或往复升降装置、供漆装置及管道等都应有可靠的对地绝缘措施，其对地绝缘电阻应大于 $1 \times 10^{10}\Omega$。

4.5.2 静电喷漆设备的计算

4.5.2.1 计算依据

(1) 静电喷涂室的形式；

(2) 最大生产率（按喷涂面积计，m^2/h）；

(3) 挂件最大外形尺寸：长度（沿输送机运动方向，mm）、宽度（mm）、高度（mm）；

(4) 每挂最大面积（m^2）；

(5) 输送机设计速度（m/min）。

4.5.2.2 静电喷涂室室体尺寸的计算

对于通过式静电喷涂室，大多采用多支静电喷枪以固定位置布置，其室体尺寸计算如下所述。

A 室体长度的计算

静电喷涂室室体长度可按下述经验公式计算：

$$l = l_1(n-1) + 2l_2 \tag{4-135}$$

式中　l——室体的长度，mm；

l_1——各静电喷枪在长度方向上投影的距离，mm，当静电喷枪布置在输送机两侧时，宜取 $l_1 = 400 \sim 500\text{mm}$；当布置在同一侧时，按旋杯直径不同而取 $l_1 = 800 \sim 1200\text{mm}$；

l_2——静电喷枪距室体两端的距离，mm，一般取 $l_2 = 1500 \sim 2000\text{mm}$；

n——静电喷枪数量，是根据工件外形尺寸布置确定的，如工件形状复杂，可在长度方向以外的空间布置喷枪。但各枪在长度方向的投影距离亦应计入喷涂室的长度内，且这一距离如小于 800mm 时，宜按 800mm 计算。

B 室体宽度的计算

静电喷涂室室体宽度可按下述经验公式计算：

$$B = b + 2b_1 + 2b_2 + 2b_3 \tag{4-136}$$

式中　B——室体的宽度，mm；

b——挂件的最大宽度，mm；

b_1——挂件与静电喷枪间的距离，mm，一般取 $b_1 = 200 \sim 300mm$；

b_2——静电喷枪的长度，mm，一般按喷枪的旋杯至末端导电部分之间的距离在宽度方向的投影尺寸计算；

b_3——静电喷枪末端导电部分与室体侧壁间距离，mm，根据人员是否进入室体内调节而选取其尺寸，一般取 $b_3 = 800 \sim 1200mm$。

C 室体高度的计算

静电喷涂室室体高度可按下述经验公式计算：

$$H = h + h_1 + h_2 \tag{4-137}$$

式中 H——室体的高度，mm；

h——挂件的最大高度，mm；

h_1——挂件顶部至室顶的距离，mm，一般取 $h_1 = 1000 \sim 1200mm$；

h_2——挂件底部至喷涂室地坪的距离，mm，一般宜取 $h_2 = 700 \sim 1000mm$。

4.5.2.3 静电喷涂室门洞尺寸的计算

A 门洞宽度的计算

门洞宽度按下式计算：

$$b_0 = b + 2b_1 \tag{4-138}$$

式中 b_0——门洞的宽度，mm；

b——挂件的最大宽度，mm，若工件不对称则按悬挂中心至工件最大外边距离的 2 倍计算；

b_1——挂件与门洞间的间隙，mm，一般取 $b_1 = 100 \sim 200mm$。

B 门洞高度的计算

门洞高度按下式计算：

$$h_0 = h + h_3 + h_4 \tag{4-139}$$

式中 h_0——门洞的高度，mm；

h——挂件的最大高度，mm；

h_3——挂件底部至门洞下边的间隙，mm，一般取 $h_3 = 100 \sim 150mm$；

h_4——挂件顶部至门洞上边的间隙，mm，一般取 $h_4 = 80 \sim 120mm$。

4.5.2.4 静电喷涂室通风量的计算

手工静电喷涂的静电喷涂室通风量按门洞风速 0.3 ~ 0.5m/s 计算；自动静电喷涂的喷涂室通风量按下式计算：

$$Q = 3600Fv \tag{4-140}$$

式中 Q——静电喷涂室内的通风量，m^3/h；

F——静电喷涂室门洞面积之和，m^2；

v——门洞处的空气流速，m/s，一般取 $v = 0.3 \sim 0.4m/s$，对于 Ω 形静电喷涂室取 $v = 0.2 \sim 0.3m/s$。

4.5.2.5 圆盘式静电喷枪升降装置速度的计算

圆盘式静电喷枪升降装置的工作速度可按下述经验公式计算：

$$v_y = \frac{v'L_y n_y}{D_p}$$ (4-141)

式中 v_y——升降装置的工作速度，m/min；

v'——悬挂输送机的速度，m/min；

L_y——升降装置的行程长度，m；

n_y——要求升降装置周期运动的次数；

D_p——形成喷涂图形的当量直径，m，可按下述经验公式计算：

$$D_p = D_0 - h_p$$ (4-142)

D_0——静电喷枪喷涂图形的外端直径，m；

h_p——喷涂图形边缘最厚层的厚度，m。

升降装置行程的实用长度，一般应比挂件高度每端大30mm。

4.6 粉末静电喷涂设备设计与计算

4.6.1 粉末静电喷涂设备的设计

粉末静电喷涂设备主要有喷粉室、高压静电发生器、静电喷粉枪、供粉器、粉末回收装置。

4.6.1.1 喷粉室

喷粉室是粉末静电喷涂设备的重要装置，工件是在喷粉室内进行粉末喷涂的，喷粉室的结构合理与否会影响工件的喷涂质量，同时也影响粉末的回收效果。因此要求喷粉室能起到防止粉尘污染、改善环境、回收粉末及保证喷涂质量的作用。根据喷粉室的操作要求，设计喷粉室时，需要考虑以下几个方面：

（1）喷粉过程中要保证粉末不向室外扩散。

（2）尽量减少操作人员工作处的粉尘含量，要防止粉末向操作人员方向溢出。

（3）喷粉室要符合防火防爆安全规范，防止喷粉室中的粉末浓度达到粉末的爆炸极限值。

（4）为提高粉末涂覆效率，喷粉室要在保证工件喷涂时的粉末流速度。

（5）喷粉室要便于清理，使粉末不易在室中沉积，以便于改变喷涂粉末的颜色。

（6）室内要光线充足。

喷粉室包括室体、工件旋转装置、照明灯具以及通向粉末回收装置的接管段等。室体制作材料可以是碳钢、不锈钢或工程塑料。室体内壁要做得光滑，没有突出物，使粉末不易黏附，便于清扫。室体的底部需平整或向粉末回收装置的引风管方向倾斜。在喷涂工件时，喷粉室是个独立的绝缘体，悬挂链轨道与室体脱开，以避免室体内部静电感应，以减少粉末在室体内表面上的沉积，提高粉末在工件上的沉积效率。喷粉室中的吊挂装置必须接地。一般工件可在喷粉室中进行旋转。在喷粉室中，被涂工件周围的理想风速是0.3～0.6m/s，风向最好是从喷枪的后方吹向被涂工件的周围。喷粉室的照明可用日光灯，但要与室体壁板隔开并密封，日光灯采用防爆型。

4.6.1.2 高压静电发生器

高压静电发生器电压高低必须可调。高压静电发生器要绝对的安全可靠性。即使在电极与工件发生短路时也不会发生火花放电，以防止粉末起火和爆炸。

4.6.1.3　静电喷粉枪

为了达到理想的喷涂效果，在喷粉枪的设计时应注意如下要求：

（1）喷枪设计要有好的带电机构及扩散机构。

（2）要尽量满足喷涂不同大小、不同形状工件的需要。

（3）能适应不同工件的供粉量。

（4）要有可调节喷涂图形的机构，使之能喷圆柱形、圆锥形、扇形、平面形等图形。同时图形大小也需可调。

（5）要求喷枪使粉末微粒有最大的带电效果。使之喷涂均匀，分布性能优越，沉积效率高。

（6）喷枪要有最大的安全可靠性，对手提式喷枪，更要周密考虑电气安全问题。

（7）喷枪还要操作简单，质量轻，制造维修方便，造价低等。

静电喷粉枪种类很多，可按其用途选择：手提式喷粉枪、固定式自动喷粉枪及圆盘式喷粉枪等。也可按带电方式选择：外带电喷粉枪和内带电喷粉枪两种。

4.6.1.4　供粉系统

良好可靠的供粉系统需要满足以下的供粉要求：

（1）为了保证涂层厚度的均匀，供粉量要均匀、稳定，在固定式自动喷粉系统中更是如此。

（2）为适应不同涂料、不同工件、不同涂层厚度的喷涂要求。供粉量必须可以调节。一般手提式喷粉系统喷粉量调节范围在 50～300g/min 左右；固定自动喷粉系统喷粉量调节范围要大些，在 50～1000g/min 左右。

（3）供粉系统结构要简单，便于清理，以利于更换不同颜色的粉末。

（4）输粉过程中，要保证粉末涂料的洁净和不夹带油分、水分，以防止粉末涂料混入杂质及结块，影响喷涂的质量。

供粉系统由供粉器、输粉管、调压阀、电磁控制阀及压缩空气管道等部分组成。在粉末静电喷涂的供粉系统中，使用的供粉器种类较多，通常有压力容器式、螺杆或转盘的机械输送式、文丘里空气抽吸式可选。

供粉器的粉末是通过输粉管输送到喷粉枪的。文丘里抽吸式供粉器使用的输粉管长度受供气压力的限制，一般应在 3～6m 之间。输粉管要内部光滑，以减小粉末输送时的摩擦阻力。要考虑粉末在输粉管内输送时产生的摩擦静电感应所带的电荷极性。输送环氧粉末的输粉管不宜采用聚四氟乙烯和硅橡胶的材料。因为摩擦产生的电荷都是与喷涂装置的电荷极性相反的，一般可采用软聚氯乙烯作为输粉管的材料。

4.6.1.5　粉末回收装置

粉末的回收可分为湿法和干法两大类。在粉末静电喷涂的回收中主要采用干法。目前，在静电粉末喷涂的回收系统中，采用较多的是旋风分离式回收装置。旋风离心分离式回收装置有扩散式旋风分离回收器、龙卷风式旋流回收器等多种形式可选。

粉末回收装置设计与选择时应与喷粉室进行相应组合，以适用不同颜色的粉末静电喷涂的需要。根据情况可选择：多个喷粉室与多个回收装置分别单独配合；一个喷粉室与多个回收装置结合；交替使用的喷粉室与多个回收装置结合；喷房回收一体化组合的形式。

4.6.2　静电粉末喷涂设备的计算

4.6.2.1　计算依据

（1）最大生产率。按喷涂面积计算（m^2/h）；

（2）工件最大外形尺寸：长度（沿悬挂输送机移动方向，mm）、宽度（mm）、高度（mm）；

（3）最大工件的喷涂面积（m^2）；

（4）悬挂链的枪送速度（m/min）；

（5）挂具的中心距（mm）。

4.6.2.2　喷粉枪数量的计算

喷粉枪的数量可按下式计算：

$$n = G/g \tag{4-143}$$

式中　n——喷粉枪的数量，支；

　　　g—— 一支喷粉枪的喷粉量，g/min；

　　　G——总的喷粉量，g/min，可按下式计算：

$$G = \frac{vS\delta\rho_y}{T_k\eta} \tag{4-144}$$

　　　v——悬挂链输送速度，cm/min；

　　　S——最大挂件的喷涂面积，m^2；

　　　δ——涂层厚度，μm；

　　　ρ_y——粉末涂料的密度，g/cm^3；

　　　T_k——挂具的中心距，cm；

　　　y——喷涂沉积效率，%。

4.6.2.3　喷粉室尺寸的计算

A　喷粉室的长度计算

手工喷粉室，其长度可按下式计算：

$$L = 50n + 1500\text{mm} \tag{4-145}$$

式中　L——喷粉室的长度，mm；

　　　n——喷粉枪的数量，支。

在生产线上通过式喷粉室的长度可按下式计算：

$$L = L_1(n-1) + 2L_2 \tag{4-146}$$

式中　L——喷粉室的长度，mm；

　　　L_1——各喷粉枪之间距离，mm，一般取 800mm；

　　　L_2——喷粉枪与室体两端距离，mm，一般取 1500～2000mm；

　　　n——在长度方向上喷粉枪安装个数。

喷粉枪的数量按工件表面积所需的粉末量核定，当复杂的工件表面需要充分喷涂时，喷粉枪可在长度方向以外（如在高度方向上布置等）布置。计算时，仍按长度方向投影距离和喷枪数量来确定喷粉室的长度。在增加补喷工位时，其所加喷枪数一起核算。这样喷粉室的长度也相应加长。

　　B　喷粉室宽度的计算

喷粉室宽度按下式计算：

$$B = b + b_1 + b_2 + b_3 \qquad (4\text{-}147)$$

式中　B——喷粉室的宽度，mm；

　　　　b——工件的最大宽度，mm；

　　　　b_1——工件与喷枪之间的距离，mm，一般取 100 ~ 250mm；

　　　　b_2——喷粉枪的长度，mm，一般取 350 ~ 450mm；

　　　　b_3——喷粉室吸风侧与工件之间距离，mm，一般取 500 ~ 1000mm。

　　C　喷粉室高度的计算

喷粉室的高度按下式计算：

$$H = h + h_1 + h_2 \qquad (4\text{-}148)$$

式中　H——喷粉室高度，mm；

　　　　h——工件的最大高度，mm；

　　　　h_1——喷粉室地坪至工件底部的距离，mm，一般取 800 ~ 1000mm；

　　　　h_2——工件顶部至喷粉室顶部的距离，mm，一般取 1000 ~ 1200mm。

4.6.2.4　通风装量的计算

　　（1）按照喷粉室开口处的空气流速计算通风量，其最小通风量可按下式计算：

$$Q = 3600F'v \qquad (4\text{-}149)$$

式中　Q——喷粉室的通风量，m^3/h；

　　　　F'——喷粉室的开口面积之和，m^2；

　　　　v——喷粉室开口处的空气流速，m/s，一般要求 $v = 0.3 \sim 0.6\text{m/s}$，取 $v = 0.3\text{m/s}$。

　　（2）按照粉末涂料的爆炸极限计算通风量，为了安全，设计中喷粉室的粉末浓度 ρ 一般取 15g/m^3，其通风量可按下式计算：

$$Q = 60G/\rho \qquad (4\text{-}150)$$

式中　G——总的喷粉量，g/min。

　　根据以上两种计算方法，取其大值，然后再验算开口处风速。

　　（3）验算喷粉室开口处的风速，喷粉室开口处的空气流速可按下式计算：

$$v' = Q/3600F' \qquad (4\text{-}151)$$

式中　v'——喷粉室开口处的空气流速，m/s；

　　　　F'——喷粉室的开口面积之和，m^2。

4.6.2.5　工件自转速度的计算

工件自转速度可按下式计算：

$$N = v/D \qquad (4\text{-}152)$$

式中　N——挂件的自转速度，r/min；

　　　　v——悬挂输送机的速度，m/min；

　　　　D——喷涂圆的直径（即工件外形圆直径），m。

实际计算时可使用挂件中心距 T_c 替代喷涂圆的直径。

若计算出的 N 不是整数，这时涂层可能不均匀，应调整输送机的传动速度，使每转一圈，工件恰好水平移动一个喷涂圆的直径距离（也就是说一把喷枪的喷射范围，在设计时等于挂具间距 T_c），故每一分钟转的圈数应等于喷涂的范围，即喷涂圆的直径 D 或者 T_c 的整数倍，即 N 取整数最好，工件的周边喷涂量恰好均匀，获得的涂层也就均匀。

4.7　电泳涂装设备设计与计算

电泳涂装设备可分为连续通过式和垂直升降作业式两大类型。对于连续通过式电泳涂装设备，工件是借助于悬挂输送机连续不断地进入电泳槽中进行电泳涂装，通常与其他工序（漆前处理、电泳后清洗、烘干等）组成一条连续生产流水线。此类设备槽体为船形，适合于大批量生产。对于垂直升降作业的电泳涂装设备，工件是借助于电葫芦（或其他类型的输送机）的垂直升降将被涂工件送入电泳槽中进行电泳涂装的，与其他工序一起组成间歇式流水线。此类设备槽体为矩形，一般适合于中等批量生产。

4.7.1　电泳涂装设备的设计

典型的电泳涂装设备由电泳槽、电泳槽循环搅拌系统、电极装置、极液循环系统、漆液温度调节装置、电源供给装置、涂料补给装置、通风装置及电泳后回收水洗装置、超滤装置等部分组成。此外，还附有转移槽供电泳槽检修或排除故障时作漆液转移贮存之用。

4.7.1.1　电泳槽体

电泳涂装的全部过程是在电泳槽体中完成的，根据工件的输送方式，槽体分为船形槽和矩形槽两种形式。连续通过式电泳槽一般为船形槽，其长度决定于工件长度、电泳时间、悬链速度、悬链轨道升角及弯曲半径，吊具形式等，其宽度取决于工件宽度、极间距；其高度取决于工件高度。周期作业式电泳槽一般为矩形槽，其长度、宽度、高度均决定于工件外形尺寸。但设计其长度和高度时，应考虑工件前后摇摆动作的余量。电泳槽体通常分主槽和辅槽两部分，由钢板及型钢焊接制成。槽体壁板材料一般采用 6～8mm 普通钢板，槽壁外侧用型钢作加强肋。槽内壁必须作绝缘处理，一般采用环氧树脂玻璃钢，要求干态下耐击穿直流电压为 20000V。除此之外，设计电泳槽体还需注意：

（1）在满足电泳涂漆工艺条件的前提下，应尽量减小主槽的容积，以缩短槽液的更新周期，减少漆液在槽内沉淀的可能性。

（2）主槽的横断面形状应与漆液搅拌流向相适应，以增强搅拌效果。

（3）主槽的纵断面应使漆液沿单一循环路线连续流动。液面流向与工件运行方向相同，为此，在入槽端应设置导流板。

（4）主槽底板向入槽端或向中部倾斜，其斜度为 10/1000～15/1000，并在槽底最低处设置漆液排放口。

（5）尽量避免槽内产生死角，在转角处应以圆弧或斜板过渡，过渡圆弧半径应大于 150mm。

（6）在主槽入槽端底部应设置沉积漏斗，将槽底的沉渣及时抽出过滤，而不至于搅拌到液面。

（7）辅槽的容积应为主槽容积的1/10，辅槽设置在出槽端，可以回收工件带出的余漆。辅槽的宽度等于主槽的宽度，长度应适应出槽喷洗的需要。

（8）主槽与辅槽之间应设置溢流堰，用以调整主槽的液面高度。主槽与辅槽液面高差应保证在100mm以内，以防止产生泡沫。液面高差可通过主槽与辅槽之间连通管上的阀门来调节。

（9）辅槽的底部应高于主槽底200～300mm以上，尖角部分用大圆弧过渡。

4.7.1.2　电泳室体

电泳设备应设封闭性室体，该室体包括与前处理设备相联的准备段室体、电泳槽上室体及电泳后清理段室体。室体的宽度由电泳槽的宽度和两侧维修走道的宽度决定；长度由工艺所规定的操作工位长度决定。确定喷洗段的长度时，要注意防止工位间窜水，过渡段的长度至少要大于一个工件的长度。室体的基本结构是以型钢为骨架，以薄钢板为壁板组成的封闭式结构。其骨架应具有足够的刚度和强度，以支撑机械化输送装置和工件及其自身的重量，材质为普通碳钢。壁板材质可分为镀锌钢板、不锈钢板或普通碳钢冷轧板，厚度为1.5～4mm，采用普通碳钢冷轧板时，电泳后喷洗段室体内壁要涂特种防腐涂料或黏结2～3mm环氧树脂玻璃钢衬里。

4.7.1.3　漆液循环搅拌系统

漆液循环搅拌系统由循环泵、过滤器、喷嘴及管路部分组成。漆液的循环次数应为电泳槽有效容积的4～6倍。要求24h连续进行漆液的循环搅拌。槽液表面的漆液流速应达到0.2m/s，槽底部的漆液流速应达到0.4m/s。循环泵有立式及卧式离心泵两种类型可选，其流量应保证电泳槽液的循环次数。扬程应大于管路系统的管路阻力、局部阻力、过滤器等系统元件阻力及搅拌喷嘴的出口压力之和，一般取0.03～0.35MPa。泵的材质视电泳漆类型而定，阴极电泳漆应采用0Cr18Ni9或1Cr18Ni12Mo2Ti不锈钢，阳极电泳漆可采用普通碳钢，电动机转速应在1450r/min左右。为去除电泳槽液中的杂物和漆液产生的沉淀，在循环搅拌系统中应安装过滤器，对漆液进行全量过滤。通常采用袋式过滤器对漆液进行过滤，应根据过滤漆液流量选择合适的滤袋数，及配套的过滤器型号及数量。电泳槽的底部应设置搅拌喷管，喷管排距一般为800～1500mm，喷嘴间距为350～500mm，喷嘴方向与工件运行方向相反，并与槽底成10°～15°斜下倾角，喷嘴与槽底部相距100～150mm。表面流的形成需使用扁平喷嘴，设置于液面下100～150mm，方向倾斜指向电泳辅槽，与电泳槽轴线成20°～30°角，布置长度约为主槽长度的1/3，喷嘴间距200mm。为了有效地排除汽车车身等工件底部凹腔中积聚的空气，在工件入槽处底部搅拌管中，设置一条向上喷射的喷管，喷管一般采用不锈钢材料，外部涂覆3mm厚环氧树脂玻璃钢绝缘层。喷管与外部管路联接时采用绝缘联接。电泳循环搅拌管路的设计原则是保证漆液在管路中不产生沉淀，为此，漆液在管内的流速应在适当的范围内，一般泵的吸口管道内流速应在2.0～2.5m/s，出口各管道内流速应在2.5～3.0m/s。为此，主管道和支管道之间应采用变径管过渡，以保持管内的流速。另外，尽量避免管路上产生死角和盲管，阀门尽可能采用球阀或蝶阀。管道及管件的材质根据电泳漆的种类而定，对阴极电泳漆采用1Cr18Ni9Ti或0Cr18Ni9不锈钢，对阳极电泳漆采用普通碳钢。在泵、过滤器等需维护的部件进出口处均应安装阀门，以便必要时断流进行维修。泵吸口前应安装过滤网以防叶轮损坏。搅拌循环管与槽内搅拌喷管联接的支路上应装有压力表和阀门，用于调整喷嘴出口压力。另外,管路设计应便于拆装,每段管道的长度不超过3m,采用法兰联接。

4.7.1.4　漆液转移装置

漆液转移装置是电泳设备必要的组成部分,包括转移槽、搅拌系统和清洗管路等。转移槽的有效容积应为电泳槽总容积的1.1倍。容积小于10m³的转移槽形状可做成立式圆柱形,大于10m³槽一般为矩形。转移槽的槽底应为斜面。在斜面最低处设置抽出管,保证将转移槽中的漆液全部排出。转移槽由型钢和钢板焊接而成,为了增强槽体的刚性,在槽体内可用型钢将侧壁联接。为了保证漆液的清洁度,应为全封闭结构,设置人孔盖,并设梯子供槽内检修。对阴极电泳漆的转移槽,内壁应衬2~3mm厚的环氧玻璃钢,用以防止漆液对槽壁的腐蚀。对于阳极电泳漆,槽内壁可涂刷防锈涂料。转移槽槽底设置搅拌喷嘴,向下倾斜约30°,搅拌管路的材料由漆液类型确定,对阳极电泳,可用普通碳素钢管;对阴极电泳可用工程塑料管或不锈钢管。搅拌管的喷嘴可用文丘里式喷嘴或扁平喷嘴,喷嘴间距约为350~400mm,喷管之间距离为1.4m左右。转移槽循环搅拌系统还应与电泳槽的热交换系统联接。转移槽内必须经常保持清洁,以便在突然事故发生时,电泳漆液能及时转移。要求漆液转移后立即将转移槽内余漆清理干净,为此,应设置清洗管路。清洗管路设置在槽顶四周围,在管路上向槽壁的方向钻直径4mm的小孔,孔距约120mm。清洗管路与车间的上水管和纯水管连接,转移后的余漆先用自来水冲洗,再用纯水洗净。

4.7.1.5　电极装置与极液循环系统

电极装置有隔膜电极和裸电极两种形式。隔膜电极一般布置在电泳槽的两侧,裸电极则一般布置在槽体底部。隔膜电极按照形状分主要有管状和板状两种形式。极液循环系统由极液槽、循环泵、循环管道及其附件等部分组成。循环泵将极液从极液槽中吸出,经管道送至隔膜电极,从隔膜电极溢流回极液槽。每个板状电极的极液注入量为8~10L/min,每个管状电极的极液注入量为2~4L/mim,极液循环泵的出口管路上应设置电导率控制仪,将极液的电导率控制在400~1000μS/cm的范围内。每个隔膜电极须单独设调节阀及流量计,以调节其极液流量。极液槽的材料为不锈钢或工程塑料。极液槽应设纯水注入管,并保证纯水能够及时供给。隔膜电极的极液注入、排出管须用塑料或橡胶软管与极液循环主管相连接。极液循环主管道可以用不锈钢管或工程塑料管制成,当使用不锈钢管时,应良好接地。

4.7.1.6　温度调节装置

温度调节装置主要由漆液循环管路、冷或热介质循环管路、热交换器及相应的控制仪表、阀门等组成。漆液的热交换循环有两种方式:一种是从主循环管路上引出一支管与热交换器相连,这种方式难以控制流入热交换器内的漆液流量,常用于小型的电泳槽中;另一种是设单独的泵为热交换循环供漆,这种方式易于调整参加热交换的漆液流里,但泵的流量应计入总的循环量之中。冷、热介质循环管路有开式和闭式两种方式选择,开式循环适用于既需要冷却又需要加热的场合,闭式循环适用于只需要冷却的设备。漆液温度的自动控制可以在热交换器的出口端设置自动三通合流阀来实现,该阀的控制信号来自热电阻监控漆液的温度信号。热交换器的形式有多种,电泳设备推荐采用板式热交换器,选择板式热交换器时,既要保证足够的换热面积,又要尽量提高热交换器的板间漆液流速,以免漆液在其中沉淀。通过选择合适的板片数和流程方式可确定换热器的型号。

4.7.1.7 漆液补给装置

电泳槽内漆液固体分的允许变化范围为 ±1%，当超过此范围时，要补充原漆进行调整。漆液的补给方式及加料装置决定于电泳漆的类型。依据低压、高压阳极电泳漆液，完全中和、不完全中和阴极电泳漆液来选择、设计补给方式和加料装置。

4.7.1.8 电源供给装置

电泳涂装设备的电源供给装置包括电源接地装置、工件通电装置、整流电源和电源导电机构等部分。电源接地的方法有工件接地和极板接地两种。不论采用哪种接地方法，槽体外壁均需接地，内壁应有绝缘衬里，对阴极电泳要求衬里干态下耐电压 20kV 以上，对阳极电泳要求其干态下耐电压 5kV 以上。工件施加电压的方式可选择带电入槽和入槽后通电两种，根据工作电压的变化情况又设置为定电压法和分段加压法两种。整流电源的输出电压应大于工作电压的 0.5 倍，并且从零到最大值可无级调压。其输出电流，应大于电泳最大电流的 0.5 倍。整流电源应具有可调的缓慢升压功能，以防止电流脉冲损坏涂层和电气设备，一般从零到工作电压的升压时间为 10 ~ 15s。整流电源输出的直流电压要稳定，电压脉动幅度不能超过平均电泳电压的 5%，电压调定的精度在 ±3% 以内。工件的导电机构根据入槽方式的不同有不同的设计。

4.7.1.9 超滤装置

电泳涂漆设备中必须设置超滤装置。超滤器可选择板式、螺旋式（卷式）、管式（多管式）、中空纤维式等形式，应关注操作压力，透过液流量，超滤膜面流速、运行成本、投资成本、清洗方便程度等。根据超滤装置的漆液循环流量与电泳槽搅拌循环流量的关系，超滤装置的组装可以选择独立组装形式、超滤系统和搅拌系统相结合的组装形式和"馈给—泄流"组装形式等三种形式。

4.7.1.10 电泳通风装置

对于中小型电泳设备的通风，可采用简单的通风装置，即在电泳槽罩上设置排风机进行排风，保持两端工件出入口的空气流速为 0.6 ~ 0.8m/s，防止有害气体扩散到电泳段以外。排风机选用离心或轴流风机，风机全压应大于 300Pa。这种抽风装置效果差，门洞尺寸大时，仍有部分有害气体溢出。对于汽车车身等大型的电泳涂漆设备，应采用上部送风，电泳槽两侧抽风的通风装置。抽风量按电泳槽罩空间容积每分钟换气 0.5 次计算，送风量等于抽风量，抽风机应选用离心风机，风机全压大于 500Pa。

4.7.1.11 电泳后水洗设备

对于电泳后水洗，可用超滤装置将水洗设备组成封闭回路，还可以将涂膜表面带走的余漆进行回收，减少涂料损耗。电泳后水洗方式有喷射式和浸渍式两种。喷射方式用于形状简单工件的清洗；浸渍式适用于形状复杂的工件，从而内腔和缝隙处能被清洗干净。为了减少清洗水或超滤透过水量，一般不采用单级清洗方式，对形状简单的工件采用两级或多级喷洗。对形状复杂的工件采用喷浸结合的多级情况。多级清洗采用逆向供水方式，级数越多，清洗水用量越少。清洗的级数由生产纲领、清洗水消耗量和允许清洗设备的长度确定，清洗时间对于喷射式水洗为 30 ~ 60s，对浸渍式水洗则由输送机轨道转弯半径和输送速度确定。

　　水洗设备由水槽、喷洗室，喷洗管路等部分组成。浸漆式水槽有船形槽和矩形槽两种。槽体壁板用碳素钢板制作，内衬环氧玻璃钢 2～3mm，用以防锈和防腐，也可用不锈钢板制成。水槽内设有搅拌管路，结构形式同电泳槽体，每小时搅拌量为槽体容积的 1～2 倍。喷射式水槽有开式和闭式两种。阴极电泳喷射式水槽可用不锈钢和碳素型钢制作，阳极电泳可用碳素钢材制作。喷洗管路包括出槽喷洗管路和循环喷洗管路。出槽喷洗管路设置在电泳辅槽上方，工件出槽时，立即对涂膜进行清洗，间隔时间不长于 1min，否则涂膜干燥，难以洗净余漆。用新鲜超滤水出槽喷洗时，喷嘴的数量按 $0.25L/m^2$ 超滤水消耗量计算，用 UF1 槽液出槽喷洗时，喷嘴数量按小于超滤透过水的补充量计算。喷嘴为雾化型。循环喷洗管路设置在喷洗室内，供工件循环喷洗。喷嘴的安装要使喷射水流覆盖在整个工件表面上。一般可采用旋涡喷嘴，V 形喷嘴或螺旋喷嘴。喷嘴出口压力不小于 0.08MPa。但压力过大会损坏涂膜。

4.7.2　电泳涂装设备的计算

4.7.2.1　设计计算依据

（1）最大生产率：按质量计（kg/h）、按涂漆面积计（m^2/h）；

（2）挂件最大外形尺寸（mm）：长度 L×宽度 W×高度 H；

（3）最大挂件质量（kg/件）；

（4）最大挂件表面积（m^2/件）；

（5）悬链速度（m/min）；

（6）电泳漆液材料及漆液施工参数；

（7）工序及其参数。

4.7.2.2　主槽尺寸的确定

A　主槽的断面尺寸

主槽的断面尺寸可根据被涂工件的断面尺寸和工件与槽壁之间合理的间距来确定，如图 4-20 所示。

被涂工件与槽壁之间的间距与被涂工件的种类有关，表 4-28 为常见被涂工件的间距范围。

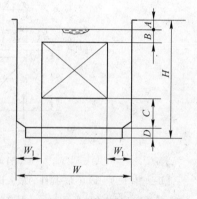

图 4-20　主槽的断面尺寸

表 4-28　常见被涂工件的间距范围　　　　　　　　　　（mm）

被涂工件类型	W_1	A	B	C	D
汽车车身	550	200	300～400	650	300
建筑构件	500	150	200	450	250
家用电器	350	125	150	400	200
各类零件	300	125	125	375	150

当被涂工件的宽度大于 1600mm 时，间距 B 的值应适当增大。

B　主槽长度

a　矩形主槽的长度

矩形主槽的长度可由工件的长度、工件与槽壁的间距等作图确定，如图 4-21 所示。

一般工件，工件长度方向与槽壁的间距 L_1 与表 4-28 中 W_1 值相同。对于汽车车身等类的工件，要求倾斜入槽或在槽内有前后摇摆动作时，L_1 的值应取到 550~650mm。

　　b　船形主槽的长度

船形主槽的长度可根据工件电泳的全浸时间、输送机轨道的高差、升角、转弯半径等作图确定。图 4-22 为工件单点吊挂的槽体长度图。

作图法过程如下：

（1）确定高度 $H_2 = h + h_1 + h_2 + h_5$。通过 O 点作一水平线 $C'D'$。

（2）取 $OC' = OD' \geq 1/2vt$。式中，v 为悬挂输送机的移动速度，mm/min；t 为电泳时间，min。$C'D'$ 长度与工件长度无关。

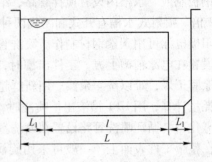

图 4-21　矩形槽长度确定

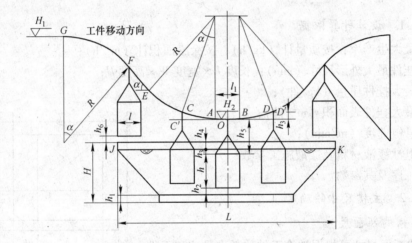

图 4-22　单点吊挂的槽体长度图

L—槽体长度，mm；l—挂件的最大长度，mm；H—槽体高度，mm；h—挂件的最大高度，mm；h_1—槽体底板距地面的高度，mm，一般取 $h_1 = 100~300mm$；h_2—挂件距槽体底板的距离，mm，一般取 $400~600mm$；h_3—挂件浸没漆液中的深度，mm，一般取 $h_3 = 200~400mm$；h_4—漆液面至槽沿的距离，mm，一般取 $h_4 = 150~200mm$；h_5—挂件顶部至轨顶的距离，mm，一般取 $h_5 = 800~1500mm$；h_6—挂件出槽时与槽沿间的最小距离，mm，一般取 $h_6 = 150~300mm$；R—悬挂输送机垂直转弯半径，mm；α—悬挂输送机升角，（°）；H_1—挂件在最高位置时的悬挂输送机轨顶标高，mm；H_2—挂件在最低位置时的悬挂输送机轨顶标高，mm；l_1—挂件全浸时悬挂输送机水平段的长度，mm

（3）通过 C'、D' 点分别作垂线并取 $C'C = D'D = h_3$。

（4）过 C、D 点以 R 为半径分别作圈弧与 $C'D'$ 线相切于 A 点和 B 点，则 AB 长即为悬挂输送机所需的水平长度 l_1，并根据悬挂输送机垂直弯曲段的升角 α。在该圆弧上定出 E 点。

（5）通过 E 点作一与水平线夹角为 α 的直线并与圈弧相切。

（6）作一水平线使其距槽沿之高度为 $h + h_5 + h_6$ 并与直线交于 F 点。

（7）过 F 点以 R 为半径作圆弧至水平，即为 H_1 高度。

（8）通过 F 点作一垂线，并画出挂件最大外形尺寸（长×高），从而定出 J 点。

（9）以同法定出 K 点，则 JK 长即为电泳涂漆设备的主槽长度 L。

图 4-23 为工件双点吊挂的槽体长度图。

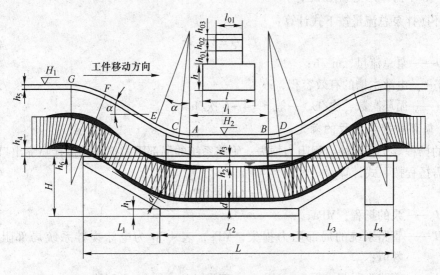

图 4-23   工件双点吊挂槽体长度图

L—槽体长度，mm；H—槽体高度，mm；l—工件长度，mm；h—工件高度，mm；h_{01}，h_{02}，h_{03}—吊具铰接点尺寸，mm；l_{01}—两吊点间的距离，mm；h_1—槽底板距地面高度，mm，一般取 $h_1 = 300 \sim 400$mm；h_2—工件顶部浸没漆液中的深度，mm，一般取 $h_2 = 250 \sim 400$mm；h_3—漆液面线距槽沿的高度，mm，一般取 $h_3 = 200$mm；h_4—工件入槽前在水平位置时与槽沿间的最小距离，mm，一般取 $h_4 = 400 \sim 600$mm；h_5—积放式悬挂输送机牵引轨与承载轨间的中心距，mm；h_6—工件入槽时与槽沿间的最小距离，mm，一般取 $h_6 = 250 \sim 300$mm；α—悬挂输送机升角，(°)；H_1—工件在最高位置时悬挂输送机的轨标高，mm；H_2—工件在最低位置时悬挂输送机的轨顶标高，mm；d—工件运行轨迹与槽体底板间的最小距离，mm，一般取 $d = 450 \sim 600$mm；l_1—工件全浸时悬挂输送机水平段的长度，mm

图中 CD 段水平投影的长度应等于或大于工件移动速度和电泳时间的乘积，水平投影的长度随工件的长度增加而增加。输送机轨道的垂直转弯半径及升角，可根据悬挂输送机的类型和工件吊挂方式按表 4-29 确定。输送机轨道的垂直转弯半径取小值。升角取大值时，所得出槽体长度为小值。

表 4-29   轨道垂直转角半径及升角

输 送 形 式		垂直转弯半径/mm		最大升角/(°)	
		最小值	推荐值	单点吊挂	双点吊挂
普通悬挂输送机	$t = 80$mm	1500	2000	45	—
	$t = 100$mm	2250	3000	40	—
	$t = 160$mm	3500	4000	35	30
积放式悬挂输送机	$t = 75$mm（3in）	2000	2000	30	—
	$t = 100$mm（4in）	3000	3000	30	—
	$t = 150$mm（6in）	6000	6000	30	$22 \sim 30$
轻型悬挂输送机		600	800	45	
钢丝绳悬挂输送机		300	400	45	

4.7.2.3　循环搅拌系统的计算

A　循环搅拌泵总流量的计算

循环搅拌泵总流量按下式计算：

$$Q = Vn \tag{4-153}$$

式中　Q——泵总流量，m^3/h；

　　　V——电泳主槽的有效容积，m^3；

　　　n——循环次数，次/h，一般 $n = 4 \sim 6$ 次/h。

B　循环搅拌泵扬程的确定

泵的扬程等于管道的沿程阻力损失、管路系统的局部阻力损失及搅拌喷嘴出口压力之和。所需扬程按下式计算：

$$H_p = \Delta H_t + \Delta H_p + p \tag{4-154}$$

式中　H_p——泵的扬程，MPa；

　　　ΔH_t——管路系统的局部阻力损失，MPa，表 4-30 为电泳搅拌系统局部阻力损失数值；

　　　ΔH_p——管路沿程阻力损失，MPa，一般取 $\Delta H_p = 0.1 \sim 0.2$MPa；

　　　p——搅拌喷嘴出口压力，MPa，一般取 $p = 0.12 \sim 0.14$MPa。

表 4-30　局部阻力损失概算数值

名　称	局部阻力/MPa	备　注
网格过滤器	$0.01 \sim 0.06$	0.06MPa 为终压降
袋式过滤器	$0.01 \sim 0.08$	0.08MPa 为终压降
板式热交换器	$0.02 \sim 0.06$	—
阀门及管件	$0.04 \sim 0.08$	阀门、管件总和

循环泵的选型可根据式（4-153）和式（4-154）计算出的流量、扬程，选择立式或卧式离心泵，确定泵的型号，并考虑多台泵联用以满足循环系统的要求。

C　喷嘴数量的计算

喷嘴数量按下式计算：

$$n = \frac{V \times 1000}{q_0 \times 60} \tag{4-155}$$

式中　n——搅拌喷嘴数量，只；

　　　V——电泳主槽有效容积，m^3；

　　　q_0——喷嘴的流量，L/min。

4.7.2.4　整流器容量的计算

整流器的容量根据电泳的电压和电流进行选择。电泳电压决定于涂料类型、工件材质、工件外形复杂程度和极间距。对于阴极电泳，施工电压一般在 $200 \sim 350$V 之间；对于低压型阳极电泳，施工电压在 $50 \sim 100$V 之间，高压型阳极电泳，施工电压在 $150 \sim$

250V 之间。电泳电流则根据不同的通电方式进行计算。

A　连续通电入槽

由于工件是连续通电入槽，工件出入槽的面积可以认为是相等的，所以电流是均匀的，其电流强度可按下式计算：

$$I = \frac{f_a \delta \rho \times 10^3}{3600q}$$　　　　（4-156）

式中　I——电泳时的电流强度，A；

　　　f_a——按涂漆面积计算的生产率，m^2/h；

　　　δ——电泳涂层的厚度，μm，一般 $\delta = 20\mu m$；

　　　ρ——电泳涂层的干膜密度，g/cm^3，一般 $\rho = 1.3 \sim 1.4 g/cm^3$；

　　　q——涂料的库仑效率，mg/C，对阴极电泳涂料 $q = 20 \sim 30 mg/C$，对阳极电泳涂料 $q = 10 \sim 20 mg/C$。

B　单个工件入槽后通电

单个工件入槽后通电，是指在有效电泳时间内，只有一个工件进行电泳的情况。

平均电流强度可按下式计算：

$$I_{CP} = \frac{S_1 \delta \rho \times 10^3}{qt}$$　　　　（4-157）

式中　I_{CP}——平均电流强度，A；

　　　S_1——每一挂工件的涂漆面积，m^2；

　　　t——电泳时间，s，一般取 $t = 120 \sim 180s$。

最大电流强度按下式计算：

$$I_{max} = k_0 I_{CP}$$　　　　（4-158）

式中　I_{max}——最大电流强度，A；

　　　k_0——无量纲，一般取 $k_0 = 4$，当整流器具有缓慢启动功能时，取 $k_0 = 2$。

平均电流与最大电流的关系见图4-24a。其入槽后通电的最大电流为平均电流的2倍。

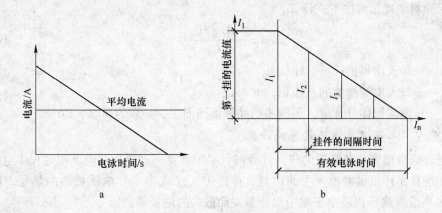

图 4-24　电泳电流曲线

a—单个工件入槽后通电电流和电泳时间的关系；b—连续入槽后通电电流强度计算图

C　多个工件连续入槽后通电

这种情况是指在工件连续入槽后通电进行电泳时，在有效的电泳时间内，存在一件以上的工件同时进行电泳。

（1）平均电流强度：其平均电流强度 I_{CP} 可按式（4-157）进行计算。

（2）总电流强度：在工件连续入槽后通电的情况下，由于涂膜完全形成后，工件变成绝缘体，所以在有效电泳时间内，其电流强度可以看成与电泳时间成直线关系。第一挂工件电流最大，最后一挂为零，如图 4-24b 所示。

总电流强度可按下式计算：

$$I = n_{\mathrm{m}}\left(\frac{I_1 + I_{\mathrm{n}}}{2}\right) \tag{4-159}$$

式中　n_{m}——在有效电泳时间内进行电泳的挂件数，$n_{\mathrm{m}} \geqslant 2$；

I_1——第一挂工件的电流值，A，I_1 可按下式计算：

$$I_1 = \frac{2S_1 \delta\rho \times 10^3}{qt} \tag{4-160}$$

S_1——第一挂工件电泳涂漆面积，m^2；

I_{n}——最后一挂工件的电流强度，A，$I_{\mathrm{n}} = 0$。

4.7.2.5　涂料更新周期的计算

涂料更新周期可按下式计算：

$$T_0 = \frac{VC_{\mathrm{R}}k \times 10^6}{S_{\mathrm{m}}\delta\rho} \tag{4-161}$$

式中　T_0——涂料更新周期，月；

C_{R}——槽液固体分，一般阴极电泳漆取 $C_{\mathrm{R}} = (19 \pm 1)\%$，阳极电泳漆取 $C_{\mathrm{R}} = (12 \pm 1)\%$；

k——电泳漆利用率，一般为 95% 以上；

S_{m}——每个月电泳涂漆总面积，$m^2/$月。

4.7.2.6　涂料消耗量的计算

每天涂料消耗量可按下式计算：

$$m = \frac{S_{\mathrm{d}}\delta\rho \times 10^{-3}}{C_0} \tag{4-162}$$

式中　m——每天涂料消耗量，kg/天；

S_{d}——每天电泳涂装的总面积，$m^2/$天；

C_0——原漆固体分含量，根据漆的品种不同而定，一般为 40%~70%。

4.7.2.7　漆液温度调节装置的计算

在进行漆液温度调节装置的热力计算时，必须计算下列热量：电沉积过程中电能转换的热量，搅拌循环机械摩擦产生的热量、挂件带入（或带走）电泳槽内的热量、槽壁的传热（吸热或散热）以及由于槽中水分蒸发而散失的热量等。

在计算热交换器时，一方面需计算工作时热平衡状态的总热量，另一方面还需计算槽中漆液工作温度与初始温度差值的热容量（按每小时计算，对于大型电泳涂装设备可按

4~8h 计算)。两者相比，取其大值，作为热交换器的计算热量。

另外，对于既需要冷却又需要加热电泳槽液的温度调节装置，因通常采用同一热交换器，计算时，选取其最大热交换量作为热交换器的计算热量。

在进行初次投槽时的热平衡计算和分析时需注意，无论冬季还是夏季，生产时均需降温。但初次投槽的季节不定，若在冬季，则需对槽液加热，应设升温加热系统，若在夏季时，则需对槽液冷却。由于正常生产时无论冬夏均需冷却，所以冷却装置的能力应主要以生产时的最大冷却量来确定。因电泳漆初次投槽时，需要有 24~48h 的熟化周期，方可进行生产，一般槽液的温度可在 4~8h 内达到工作温度，由此可确定初次投槽时所需的加热量或冷却量。

A 工作时热平衡状态的总热量

工作时热平衡状态总热量的计算如下：

$$Q_h = Q_{h1} + Q_{h2} + Q_{h3} + Q_{h4} + Q_{h5} \tag{4-163}$$

式中 Q_h——工作时的总热量，kJ/h；

Q_{h1}——电沉积过程中电能转换的热量，kJ/h；

Q_{h2}——循环搅拌机械摩擦产生的热量，kJ/h；

Q_{h3}——挂件带入电泳槽内的热量，kJ/h；

Q_{h4}——槽壁传递的热量，kJ/h；

Q_{h5}——槽中水分蒸发而散失的热量，kJ/h。

(1) 电沉积过程中电能转换的热量 Q_{h1} 按下式计算：

$$Q_{h1} = q_h \cdot f_q \tag{4-164}$$

式中 q_h——每平方米工作表面积在电泳过程中放出的热量，kJ/m²，$q_h = 670 \sim 710$kJ/m²；

f_q——按涂漆表面积计算的生产率，m²/h。

(2) 循环搅拌机械摩擦产生的热量 Q_{h2} 可按下式计算：

$$Q_{h2} = 3600 \sum P\eta \tag{4-165}$$

式中 $\sum P$——循环搅拌机械的电机总功率，kW；

η——循环搅拌机械的效率，取 50%。

(3) 挂件带入电泳槽内的热量 Q_{h3} 按下式计算：

$$Q_{h3} = Gc_1(t_{e1} - t_{e2}) \tag{4-166}$$

式中 G——按质量计算的生产率，kg/h；

c_1——工件的比热容，kJ/(kg·K)；

t_{e1}——工件的初始温度，℃；

t_{e2}——槽液工作温度，℃。

(4) 槽壁传热 Q_{h4} 按下式计算：

$$Q_{h4} = 3.6K_cA_1\Delta t_e \tag{4-167}$$

式中 K_c——电泳槽壁热导率，W/(m²·K)，取 10.6~19.7W/(m²·K)；

A_1——电泳槽壁的表面积，m²；

Δt_e——车间温度与漆液工作温度差值，℃。

（5）槽中漆液由于水分蒸发而散失的热量 Q_{h5} 按下式计算：

$$Q_{h5} = q_w A_2 \gamma \tag{4-168}$$

式中　q_w——每平方米漆液表面积每小时蒸发的水分量，kg/(m²·h)，取 0.18~0.22kg/(m²·h)；

　　　A_2——电泳槽的漆液表面面积，m²；

　　　γ——水的汽化热，kJ/kg。

B　工作温度与初始温度的差值热容量

槽中漆液工作温度与初始温度差值的热容量 Q'_h 的计算如下：

$$Q'_h = V\rho c \Delta t_e \times 10^3 \tag{4-169}$$

式中　V——电泳槽的有效容积，m³；

　　　ρ——电泳漆的密度，kg/dm³；

　　　c——电泳漆液的比热容，kJ/(kg·K)；

　　　Δt_e——电泳漆液初始温度与工作温度之差，℃。

C　热交换器水消耗量

热交换器水消耗量 G_w 按下式计算：

$$G_w = \frac{1.1 Q_{hmax}}{c_2 (t_2 - t_1)} \tag{4-170}$$

式中　G_w——热交换器的水消耗量，kg/h；

　　　Q_{hmax}——热交换器的计算热量，kJ/h；

　　　c_2——水的比热容，kJ/(kg·K)；

　　　t_2——热交换器出口水温，℃；

　　　t_1——热交换器入口水温，℃。

注：正值为冷却，负值为加热。

D　热交换器换热面积

热交换器换热面积 S 按下式计算：

$$S = \frac{1.1 Q_{hmax}}{3.6 k_t \Delta t_{em}} \tag{4-171}$$

式中　S——热交换器换热面积，m²；

　　　k_t——热交换器的热导率，W/(m²·K)，对于板式，取 1528~1861W/(m²·K)；

　　　Δt_{em}——热介质的平均温度差，℃。

注：正值为冷却，负值为加热。

4.7.2.8　超滤装置的选型计算

超滤装置的选型计算主要是超滤器透过液量的计算，根据所得透过液量值和漆液的种类，选择合适的超滤器型号、数量及组装形式。

A　一级超滤清洗系统透过液量的计算

一级超滤清洗系统参见图4-25。

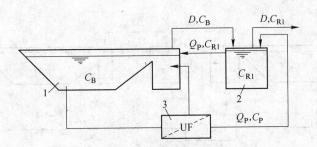

图 4-25　一级超滤清洗系统
1—电泳槽；2—超滤水洗槽；3—超滤器

其透过液量 Q_P 按下式计算：

$$Q_P = \frac{C_B - C_{R1}}{C_{R1} - C_P} \tag{4-172}$$

式中　Q_P——超滤透过液流量，L/h；
C_B——电泳槽液的固体分含量，%，对阴极电泳 $C_B = 18\% \sim 20\%$，对阳极电泳，$C_B = 10\% \sim 15\%$；
C_{R1}—— 一级超滤清洗水的固体分允许含量，%，一般 $C_{R1} = 1\% \sim 1.5\%$；
C_P——透过液的固体分含量，%，C_P 随超滤膜的种类、槽液的浓度及膜面流速等参数的不同而不同，一般取 $C_P = 0.3\% \sim 0.5\%$。

工件表面带出的涂料量（不包括成膜涂料量）D（L/h）可按下式计算：

$$D = d f_q \tag{4-173}$$

式中　d——工件单位表面积所带出的涂料量，L/m^2，对不同涂料、不同形状和尺寸的工件，工件表面带出的涂料量是不同的，一般应根据实际情况测得，在没有实测数据的情况下，参照表 4-31 选取；
f_q——按涂漆表面积计算的生产率，m^2/h。

表 4-31　工件表面带出涂料量经验数据

工 件 特 征	带出量/L · m^{-2}
尺寸较小，形状简单，除水很干净	0.02 ~ 0.03
尺寸较小，形状复杂，除水一般，无兜带水	0.2 ~ 0.1
尺寸较大，形状简单，除水很干净	0.15 ~ 0.1
尺寸较大，形状复杂，除水一般，无兜带水	0.3 ~ 0.2

B　二级超滤清洗系统透过液的计算

二级超滤清洗系统参见图 4-26。

其超滤透过液量 Q_P 按下式计算：

$$Q_P = \theta D \tag{4-174}$$

$$\theta = \frac{C_P - C_{R2} + \sqrt{(C_{R2} - C_P)(4C_B - C_P - 3C_{R2})}}{2(C_{R2} - C_P)} \tag{4-175}$$

式中　C_{R2}——第二级超滤清洗水固体分含量，%，一般 $C_{R2} = 1\% \sim 1.5\%$。

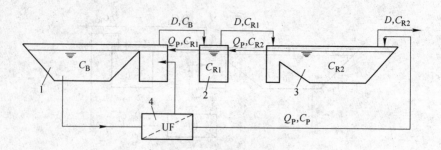

图 4-26　二级超滤清洗系统
1—电泳槽；2—第一超滤水洗槽；3—第二超滤水洗槽；4—超滤器

第一级超滤清洗水固体分含量 $C_{R1}(\%)$ 可按下式求得：

$$C_{R1} = \frac{(\theta+1)C_B + \theta^2 C_P}{\theta^2 + \theta + 1} \tag{4-176}$$

C　三级超滤清洗系统透过液量的计算

三级超滤清洗系统参见图 4-27。

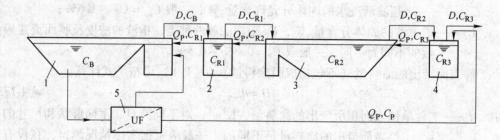

图 4-27　三级超滤清洗系统
1—电泳槽；2—第一超滤水洗槽；3—第二超滤水洗槽；4—第三超滤水洗槽；5—超滤器

其超滤透过液量 Q_P 可按下式计算：

$$Q_P = \theta D \tag{4-177}$$

$$\theta = -\frac{1}{3} - \left[\sqrt[3]{\frac{(K-7/27) + \sqrt{(K-7/27)^2 + 32/729}}{2}} + \sqrt[3]{\frac{(K-7/27) - \sqrt{(K-7/27)^2 + 32/729}}{2}} \right] \tag{4-178}$$

$$K = \frac{C_{R3} - C_B}{C_{R3} - C_P} \tag{4-179}$$

式中　C_{R3}——第三级超滤水洗水固体分含量，%，一般 $C_{R3} = 1\%$。

并可按下列两式求出第一、二级超滤水洗槽中槽液的固体分含量：

$$C_{R1} = \frac{(\theta^2 + \theta + 1)C_B + \theta^3 C_P}{\theta^3 + \theta^2 + \theta + 1} \tag{4-180}$$

$$C_{R2} = \frac{(\theta+1)C_B + (\theta^3 + \theta^2)C_P}{\theta^3 + \theta^2 + \theta + 1} \tag{4-181}$$

4.7.2.9 通风装置的计算

电泳设备通风量可按下式计算：

$$Q_F = 3600 S_b v \tag{4-182}$$

式中　Q_F——设备通风量，m^3/h；

　　　S_b——电泳设备室体的截面积，m^2；

　　　v——电泳设备室体的断面空气流速，m/s，一般取 $v = 0.6 \sim 0.8 m/s$。

由于电泳涂漆设备通风系统阻力较小，因此，可根据风量选择低压离心风机即可满足要求。设备的排风量与送风量应该相当。

4.7.2.10 转移槽循环系统的计算

(1) 电泳转移槽尺寸的确定。转移槽的总有效容积应为电泳槽有效容积的 1.1 倍左右，可根据此容积的数值，结合车间的具体情况，定出其内腔及外形尺寸。

(2) 转移循环系统的计算。电泳漆在转移槽内的循环次数为 3~4 次/h，其循环泵可以利用电泳槽循环泵中的一部分，也可以单独设计循环泵。设计时，根据循环量，参照电泳槽循环泵的设计计算选取。应当注意，转移循环系统应当考虑利用电泳槽循环系统中的热交换系统对转移槽内的漆液进行温度调节。

4.7.2.11 电泳后水洗设备的计算

A 喷射式水洗设备的计算

(1) 喷嘴的确定。首先根据工艺规定的喷洗时间和悬链速度确定出喷洗段的长度。由于喷嘴的型号不同，每排喷管的间距可为 400~600mm，选定喷嘴的型号，明确喷嘴形状、出口孔径、出口角度、单只流量后，结合喷洗段长度定出喷管的排距与排数。作出喷洗段的工件周围喷嘴布置图（如图 4-28 所示），即可确定出喷嘴的数量。

(2) 喷洗泵的选择。根据喷嘴的型号及数量，可以定出喷洗泵的流量。一般喷洗泵的流量比喷嘴的流量大 20% 左右。喷洗泵的扬程由喷嘴的出口压力、管路沿程阻力及局部阻力等决定，一般为 0.15~0.2MPa。

(3) 喷洗槽的尺寸确定。一般喷洗槽的有效容积应不小于 3min 的喷洗泵循环流量值，结合车间平面布置情况，即可确定喷洗槽的外形尺寸。

B 浸渍水洗设备的计算

(1) 浸渍水洗槽的尺寸确定。浸渍水洗槽的尺寸确定与电泳槽相似，其长度和高度由工件随悬链运行的轨迹图确定，其宽度由工件的宽度和距槽壁的间距决定。不同点是水洗浸槽两侧壁与工件的间距要小些，一般取 300~400mm。由此可计算出其有效容积。

(2) 浸洗槽循环泵的选择。浸渍槽的循环搅拌次数为 1~2 次/h，结合其有效容积，可求出循环泵的流量。一般浸渍槽的循环管道较为简单，其管道阻力损失不大，故循环泵的扬程一般为 0.18~0.22MPa。

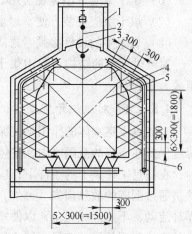

图 4-28　喷洗段喷嘴布置断面
1—喷洗段室体；2—机械化输送装置；
3—挡水板；4—吊具；
5—工件；6—喷管

（3）浸洗槽内搅拌喷嘴的确定。浸洗槽内的搅拌喷嘴一般也采用 H-1-1 或 H-1-2 喷嘴，根据循环搅拌量选用合适的型号和数量。

4.8　固化设备设计与计算

4.8.1　对流烘干设备的设计

对流烘干适用于各种尺寸、不同形状的工件，特别适于形状复杂的工件。通常可按生产组织方式、室体形状、使用能源、传热方式和空气在室内循环方式分类。按生产组织可分为间歇生产的烘干设备和连续生产的烘干设备，前者应用于小批量生产，后者适用于大批量生产，通常和其他设备一起用输送机联成生产线。按照使用的热源，对流烘干设备有热水、蒸汽、电能、燃气和燃油等形式。热水、蒸汽一般使用在烘干温度在 100℃ 以下，电能燃气燃油适应 200℃ 以下的烘干温度。选择能源时，还需要考虑当地能源的供应情况以及经济性。烘干室尽量集中布置，便于动能集中供应和环境隔热。根据烘干温度、产量和机械化输送设备的形式，烘干室可采用 Π 型结构、Γ 型结构、桥式结构、直通式结构或箱式结构，可以是单行程布置，也可以是多行程布置。在进行对流烘干设备设计时，应考虑如下原则：

（1）烘干室内温度应尽量均匀。对蒸汽烘干室来说，室内温度波动范围控制在 7～11℃。

（2）应尽量缩短烘干室的升温时间，通常要求 45min～1h，室内温度应达到要求的烘干温度。

（3）应尽量减少烘干室的不必要的热量损失，提高热效率。

（4）烘干室内循环热空气必须保持清洁。

（5）烘干室耗材量较大，设计时应在满足强度条件下，尽量减少耗材量。

（6）烘干室应造型美观实用。

（7）烘干室应安装方便。尽量缩短施工周期，便于运输。

（8）烘干室的设计必须考虑防火防爆，减少噪声和环境污染措施。

对流烘干室的结构一般由烘干室体、加热系统、空气幕装置和温度控制系统等部分组成。

4.8.1.1　对流烘干室室体

对流烘干室室体的作用是使循环的热空气不向外流出，维持烘干室内的热量，使室内温度保持在一定的范围之内，室体也是安装烘干室其他部件的基础。进行烘干室室体设计时，在满足工件烘干的条件下，应尽量减少室体的体积，从而获得最小的散热面积，减少热量通过围壁的散热损失。另外，室体的断面结构和在整个长度方向上应有利于热空气的循环流动，不要形成死角，以使室内温度均匀。在保证工件通过的条件下，作为工件进出口的室体门洞的尺寸应尽可能小，这样可以减少热空气从室体内逸出。根据工件截面最大尺寸或运输器具（如小车）的尺寸来决定进出口门洞的尺寸，并考虑在门洞端壁与工件或运输器具之间留有必要的间隙。通常在宽度方向的间隙为 150～200mm，高度方向的间隙为 100mm。全金属结构的承载室体由骨架和护板构成箱型封闭空间结构。骨架是由型钢或钢板和型材组成封闭型刚架系统，骨架应具有足够的强度和刚度，使室体具有较高的承载能力。骨架的周围铺设护板，护板的作用是使室体保温和密封。护板与护板之间的联接要求严密，护板与骨架之间常用螺栓固定，也可以焊接。护板内铺设保温层，常用的保温材料包括矿渣棉、岩棉、聚苯烯、聚胺酯、蛭石、玻璃纤维棉、硅酸铝纤维和膨胀珍珠岩等。

4.8.1.2　对流烘干室的加热系统

对流烘干室的加热系统是加热空气的装置，它能把将进入烘干室内的空气加热至一定的温度范围，通过加热系统的风机将热空气引进烘干室内，并形成在室内流动的气流，连续地加热工件。当使用于有溶剂蒸发的工件烘干时，为了保证烘干室内的溶剂蒸气浓度处在安全范围之内，加热系统需要排出一部分带有溶剂蒸气的热空气，同时，需要从室外吸入一部分新鲜空气予以补充。对流烘干室有直接和间接两种加热系统。对流烘干室的加热系统一般由风管、空气过滤器、空气加热器和风机等部件组成。

4.8.1.3　空气幕装置

空气幕装置是在烘干室的工件进出门洞处，用风机喷射高速气流而形成空气幕。空气幕按风管在门洞的安装位置可分为4种：双侧设置空气幕、单侧设置空气幕、上部设置空气幕和下部设置空气幕，应该根据烘干室门洞大小、工件输送装置的形式和烘干温度的高低进行选择。烘干室通常采用双侧设置空气幕。

4.8.1.4　温度控制系统

温度控制系统的作用是调节烘干室内温度的高低和使温度均匀。对流烘干室温度的调节有调节循环热空气量和调节循环热空气温度两种方法。目前常用晶闸管调功器、智能式温度调节仪来控制烘干室的温度，它是一种较新的温度控制装置。

4.8.2　对流烘干设备的计算

4.8.2.1　计算依据

（1）采用设备的类型。

（2）传热方式。

（3）最大生产率：按面积计算（m^2/h）；按质量计算（kg/h）。

（4）挂件最大外形尺寸：长度（沿输送机移动方向，mm）、宽度（mm）、高度（mm）。

（5）输送机的技术特性：类型；速度（m/min）；移动部分质量（包括工装或挂具，kg/h）。

（6）涂料及溶剂稀释剂（本项用于涂装作业）种类：进入烘干室的涂料消耗量（kg/h）；进入烘干室的溶剂稀释剂消耗量（kg/h）。

（7）烘干温度（℃）。

（8）烘干时间（min）。

（9）车间温度（℃）。

（10）热源：种类；主要参数（如蒸汽压力；电压；燃气或燃油的热值、密度等）。

4.8.2.2　室体尺寸的计算

A　通过式烘干室室体长度的计算

室体的长度按下式计算:

$$L = l_1 + l_2 + l_3 \tag{4-183}$$

式中　L——通过式烘干室的室体长度, mm;

l_1——烘干区长度, mm, 当设备为单行程烘干室时, $l_1 = vt$, 当设备为多行程时, $l_1 = \dfrac{vt - \pi R(n-1)}{n}$;

v——悬挂输送机速度, mm/min;

t——烘干时间, min;

R——悬挂输送机换向轮半径, mm;

n——行程数;

l_2——进口区长度, mm, 对于普通烘干室, 一般 $l_2 = 1500 \sim 2500$mm, 对于桥式烘干室, l_2 应根据悬挂输送机升降段的水平投影长度来确定;

l_3——出口长度, mm, 对于普通烘干室, 一般 $l_3 = 1500 \sim 2500$mm, 对于桥式烘干室, l_3 同样应根据悬挂输送机升降段的水平投影长度确定。

上述公式仅适用于通过式单行程烘干室计算。当设备为多行程烘干室时, 其长度应在保证烘干时间的条件下, 根据烘干室的行程数、挂件大小等因素作图确定。

B　通过式烘干室室体宽度的计算

室体的宽度按下式计算:

$$B = b + (n-1) \times 2R + 2b_1 + 2b_2 + 2\delta \tag{4-184}$$

式中　B——通过式烘干室的室体宽度, mm;

b——挂件最大宽度, mm;

n——烘干室的行程数;

R——烘干室内转向轮的半径, mm;

b_1——挂件与循环风管的间隙, mm, b_1 应根据挂件的转向情况等因素确定;

b_2——风管宽度, mm;

δ——室体保温层厚度, mm, 一般取 $80 \sim 150$mm。

C　通过式烘干室室体高度的计算

室体的高度 (参见图4-29) 按下式计算:

$$H = h + h_1 + h_2 + h_3 + h_4 + \delta_1 + \delta_2 \tag{4-185}$$

式中　H——通过式烘干室的室体高度, mm;

h——挂件的最大高度, mm;

h_1——挂件顶部至悬挂输送机轨顶的距离, mm;

h_2——挂件底部至循环风管的间隙, mm, 当在高度方向不设置风管时, h_2 即为至底壁的距离, 一般 $h_2 = 300 \sim 600$mm;

h_3——循环风管截面高度, mm, 当在高度方向不设置风管时, $h_3 = 0$;

h_4——烘干室中部底壁至地坪的距离, mm, 一般 $h_4 = 3000 \sim 3200$mm, 对于普通烘干室，$h_4 = 0$；

δ_1——烘干室顶部保温层厚度，mm，一般 $\delta_1 = 80 \sim 150$mm；

δ_2——烘干室底部保温层厚度，mm，一般 $\delta_2 = 80 \sim 150$mm，对于普通烘干室，$\delta_2 = 0$。

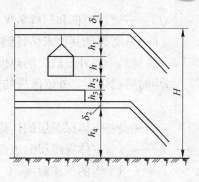

图 4-29　通过式烘干室室体高度计算示意图

对于间歇生产的室式烘干室的长、宽、高尺寸，必须根据工件的尺寸或小车的尺寸大小、同时容纳的工件数或小车数以及工件或小车与室壁之间的间隙等因素确定。确定工件与室壁之间的间隙时，应考虑设备和管道的安装。

4.8.2.3　门洞尺寸的计算

A　门洞宽度的计算

门洞的宽度按下式计算：

$$b_0 = b + 2b_3 \tag{4-186}$$

式中　b_0——门洞的宽度，mm；

b——挂件最大宽度，mm；

b_3——挂件与门洞侧边的间隙，mm，一般 $b_3 = 100 \sim 200$mm。

B　门洞高度的计算

门洞的高度按下式计算：

$$h_0 = h + h_5 + h_6 \tag{4-187}$$

式中　h_0——门洞的高度，mm；

h——挂件最大高度，mm；

h_5——挂件底部至门洞底边的间隙，mm，一般 $h_5 = 100 \sim 200$mm；

h_6——挂件顶部至门洞顶边的间隙，mm，一般 $h_6 = 80 \sim 120$mm。

设置空气幕的进出口门洞时，应考虑空气幕管道的安装。

4.8.2.4　热损耗量的计算

对流烘干室设计时热损耗量的计算一般按工作时单位时间热损耗量计算，然后再按升温时的要求核算总热量，两者进行比较，取其最大者进行功率计算。

A　工作时热损耗量的计算

工作时单位时间的热损耗量按下式计算：

$$Q_h = (Q_{h1} + Q_{h2} + Q_{h3} + Q_{h4} + Q_{h5} + Q_{h6} + Q_{h7})K \tag{4-188}$$

式中　Q_h——工作时总的热损耗量，kJ/h；

Q_{h1}——通过烘干室外壁散失的热损耗，kJ/h；

Q_{h2}——通过地面散失的热损耗量，kJ/h；

Q_{h3}——加热工件和输送机移动部分的热损耗量，kJ/h；

Q_{h4}——用于涂装作业时，加热涂装材料和溶剂蒸发的热损耗，kJ/h；

Q_{h5}——加热新鲜空气的热损耗量，kJ/h；

Q_{h6}——通过烘干室外部循环风管散失的热损耗量，kJ/h；

Q_{h7}——通过门框和门缝散失的热损耗量，kJ/h；

K——考虑到其他未估计到的热损耗量储备系数，一般 $K=1.1\sim1.3$。

a 通过烘干室外壁散失的热损耗量的计算

每小时通过烘干室外壁散失的热损耗量按下式计算：

$$Q_{h1}=3.6kA(t_e-t_{e0}) \tag{4-189}$$

式中 k——设备室体保温层的传热系数，W/(m²·K)，可按照表4-32选取；

A——设备室体保温层的表面积之和，m²；

t_e——烘干室的工作温度，℃；

t_{e0}——车间温度，℃。

表4-32 不同厚度保温层的传热系数

保温层厚度/mm	80	100	120	150
传热系数 k/W·(m²·K)⁻¹	1.4	1.28	1.16	0.93

b 通过地面散失的热损耗量的计算

除桥式和半桥式烘干室外，其余烘干室没有底板，热空气直接与地面接触，每小时通过地面散失的热损耗量按下式计算：

$$Q_{h2}=3.6k_1A_1(t_e-t_{e0}) \tag{4-190}$$

式中 k_1——地面材料的传热系数，W/(m²·K)，一般取经验数据 $k_1=2.9$W/(m²·K)；

A_1——烘干室所占的地面面积，m²。

c 加热工件和输送机移动部分的热损耗量的计算

每小时加热工件和输送机移动部分的热损耗量按下式计算：

$$Q_{h3}=(m_1c_1+m_2c_2)(t_{e2}-t_{e1}) \tag{4-191}$$

式中 m_1——按质量计算的最大生产率，kg/h；

m_2——每小时加热输送机移动部分（包括挂具）的质量，kg/h；

c_1——工件的比热容，kJ/(kg·K)；

c_2——输送机移动部分的比热容，kJ/(kg·K)；

t_{e2}——工件或输送机移动部分在烘干室出口处的温度，℃；

t_{e1}——工件或输送机移动部分在烘干室进口处的温度，℃。

d 加热涂装材料和溶剂蒸发的热损耗量的计算

$$Q_{h4}=m_3c_3(t_e-t_{e0})+m_4\gamma \tag{4-192}$$

式中 m_3——每小时进入烘干室的最大涂装材料消耗量，kg/h；

m_4——每小时进入烘干室的涂装材料中含有的溶剂质量，kg/h；

c_3——涂装材料的比热容，kJ/(kg·K)；

t_e——烘干室的工作温度，℃；

t_{e0}——车间温度，℃；

γ——溶剂的汽化潜热，kJ/kg。

e 加热新鲜空气的热损耗量的计算

每小时加热新鲜空气的热损耗量按下式计算：

$$Q_{h5} = m_5 c_4 (t_e - t_{e0}) \qquad (4\text{-}193)$$

式中　m_5——每小时进入烘干室的新鲜空气的质量，kg/h；

　　　c_4——空气的比热容，kJ/(kg·K)。

确定新鲜空气量的原则是保证在烘干室内的空气中，溶剂浓度不超过许可爆炸浓度，并且考虑经烘干室的进出口门洞进入烘干室的新鲜空气量。

为了保证烘干室内空气中，溶剂浓度不超过许可爆炸浓度所需要的新鲜空气量的计算。对于间歇生产的室式烘干室，考虑溶剂在干燥开始 5～10min 内几乎完全挥发，其新鲜空气量可按下式计算：

$$V = \frac{2 m_4' K_1}{\tau a} \qquad (4\text{-}194)$$

$$m_5 = V \rho_1 \qquad (4\text{-}195)$$

式中　V——每小时所需的新鲜空气量，m^3/h；

　　　m_4'——进入烘干室的溶剂质量，g；

　　　K_1——考虑溶剂挥发不均匀和温度有关的安全系数，当温度从 90～200℃ 变化时，
　　　　　　相应取 2～5；

　　　τ——大部分溶剂挥发的持续时间，h，一般 $\tau = 0.083～0.166$h；

　　　a——溶剂蒸气爆炸极限浓度，g/m^3；

　　　ρ_1——车间内空气的密度，kg/m^3；

　　　2——保证使烘干室内溶剂蒸气不超过许可爆炸浓度 50% 的安全系数。

对于连续生产的通过式烘干室，溶剂的挥发是均衡的，因而可用下式计算：

$$V' = \frac{2 m_4 K_1}{a} \qquad (4\text{-}196)$$

$$m_5' = V' \rho_1 \qquad (4\text{-}197)$$

式中　V'——每小时所需的新鲜空气量，m^3/h；

　　　m_5'——每小时所需的新鲜空气质量，kg/h。

从烘干室门洞进入的新鲜空气量的计算。当门洞无风幕时，每小时经门洞进入的新鲜空气量按下式计算：

$$m_5'' = 1.92 \times 3600 b_0 \sqrt{h_0^3} \sqrt{\frac{(\rho_1 - \rho_2) \rho_1 \rho_2}{(\sqrt[3]{\rho_1} + \sqrt[3]{\rho_2})^3}} \qquad (4\text{-}198)$$

式中　m_5''——新鲜空气的进入量，kg/h；

　　　b_0——门洞的宽度，m；

　　　h_0——门洞的高度，m；

　　　ρ_1——车间内空气的密度，kg/m^3；

　　　ρ_2——烘干室门洞处混合空气的密度，kg/m^3。

当门洞设有风幕，且风幕空气量与烘干室外溢量之比为 1 时，每小时经门洞进入的新鲜空气量按下式计算：

$$m_5'' = \frac{2}{3} \times 3600 \mu \frac{f}{2} \sqrt{2 g h' (\rho_1 - \rho_3) \rho_2} \qquad (4\text{-}199)$$

式中　μ——在风幕作用下通过出口的混合气体的流量系数，可按表 4-33 选取；

f——门洞开口面积，m^2；

g——重力加速度，m/s^2，取 $g = 9.81 m/s^2$；

ρ_3——烘干室内的空气密度，kg/m^3；

h'——从门洞下部到门洞中性线位置高度，m，可按下式计算：

$$h' = \frac{f}{2b_0} \qquad (4\text{-}200)$$

表 4-33 在单侧或双侧空气幕作用下通过大门的流量系数 μ

$e = m_k/m_j$	单侧空气幕 $f_k/f = b_k/b_0$				双侧空气幕 $f_k/f = 2b_k/b_0$			
	1/40	1/30	1/20	1/15	1/40	1/30	1/20	1/15
空气幕射流与大门平面成45°角								
0.5	0.235	0.265	0.306	0.333	0.242	0.269	0.306	0.333
0.6	0.201	0.266	0.270	0.299	0.223	0.237	0.270	0.299
0.7	0.170	0.199	0.236	0.269	0.197	0.217	0.242	0.267
0.8	0.159	0.181	0.208	0.238	0.182	0.199	0.226	0.243
0.9	0.144	0.162	0.193	0.213	0.169	0.186	0.212	0.230
1.0	0.133	0.149	0.178	0.197	0.160	0.172	0.195	0.215
空气幕射流与大门平面成30°角								
0.5	0.269	0.300	0.338	0.361	0.269	0.300	0.338	0.367
0.6	0.232	0.263	0.303	0.330	0.240	0.263	0.303	0.330
0.7	0.203	0.230	0.272	0.301	0.221	0.240	0.272	0.301
0.8	0.185	0.205	0.245	0.275	0.203	0.222	0.245	0.275
0.9	0.166	0.186	0.220	0.251	0.187	0.206	0.232	0.251
1.0	0.151	0.174	0.202	0.227	0.175	0.192	0.219	0.237

注：m_k—空气幕送出的空气量，kg/h；m_j—经门洞进入的空气量，kg/h；f_k—喷嘴面积，m^2；f—门洞面积，m^2；b_k—空气幕喷嘴宽度，m；b_0—门洞宽度，m。

对于连续生产的通过式烘干室，进入的新鲜空气量，应将 m_5' 和 m_5'' 进行比较，取最大者作为 m_5 值。

f 通过烘干室外部循环风管散失的热损耗量的计算

每小时通过烘干室外部循环风管散失的热损耗量按下式计算：

$$Q_{h6} = 3.6 k_2 A_2 (t_e' - t_{e0}) \qquad (4\text{-}201)$$

式中 k_2——外部循环风管的传热系数，$W/(m^2 \cdot K)$，一般取 $k_2 = 2.9 W/(m^2 \cdot K)$；

A_2——外部循环风管（包括保温层）的面积；

t_e'——风管内的热空气温度，℃；

t_{e0}——车间温度，℃。

g 通过门框和门缝散失的热损耗量的计算

每小时通过门框和门缝散失的热损耗量按下式计算：

$$Q_{h7} = q_h L' \tag{4-202}$$

式中　q_h——通过门框和门缝处单位长度上的热损耗量，kJ/(m·h)，可参见表 4-34
选取；

　　　L'——门框总长度，m。

表 4-34　门框和门缝处单位长度的热损耗量

温度/℃	30	40	60	80	100	120	140	160	180	220
q_h/kJ·(m·h)$^{-1}$	67	142	301	494	695	921	1156	1415	1691	2261

B　升温时热损耗的计算

升温时单位时间的热损耗量按下式计算：

$$Q'_h = (Q'_{h1} + Q'_{h2} + Q'_{h3} + Q'_{h4} + Q'_{h5})K \tag{4-203}$$

式中　Q'_h——升温时总的热损耗量，kJ/h；

　　　Q'_{h1}——通过烘干室外壁散失的热损耗量，kJ/h；

　　　Q'_{h2}——通过地面散失的热损耗量，kJ/h；

　　　Q'_{h3}——加热与热风接触的金属的热损耗量，kJ/h；

　　　Q'_{h4}——烘干室围壁保温层吸热时的热损耗量，kJ/h；

　　　Q'_{h5}——加热烘干室内空气的热损耗量，kJ/h；

　　　K——考虑到其他未估计到的热损耗量储备系数，一般取 $K=1.1\sim1.3$。

a　通过烘干室外壁散失的热损耗量的计算

每小时通过烘干室外壁散失的热损耗量按下式计算：

$$Q'_{h1} = \frac{1}{2}Q_{h1} \tag{4-204}$$

式中　Q'_{h1}——工作时通过烘干室外壁散失的热损耗量，kJ/h。

b　通过地面散失的热损耗量的计算

每小时通过地面的热损耗量按下式计算：

$$Q'_{h2} = \frac{1}{2}Q_{h2} \tag{4-205}$$

c　加热与热风接触的金属的热损耗量的计算

每小时加热与热风接触的金属的热损耗量按下式计算：

$$Q'_{h3} = \frac{m_6 c_5 (t_e - t_{e0})}{t} \tag{4-206}$$

式中　m_6——被加热的金属质量，kg；

　　　c_5——被加热的金属的比热容，kJ/(kg·K)；

　　　t_e——烘干室的工作温度，℃；

　　　t_{e0}——车间温度，℃；

　　　t——从室温加热到工作温度时所需的时间，h。

d　烘干室围壁保温层吸热时热损耗量的计算

每小时保温层吸热时的热损耗量按下式计算：

$$Q'_{h_4} = \frac{m_7 c_6 \Delta t_e}{t} \tag{4-207}$$

式中　m_7——保温材料的质量，kg；

　　　c_6——保温材料的比热容，kJ/(kg·K)；

　　　Δt_e——工作温度和外壁的平均温度与室温之差，℃，按下式计算：

$$\Delta t_e = \frac{t_e + t_{e3}}{2} - t_{e0} \tag{4-208}$$

　　　t_{e3}——烘干室外壁的温度，℃。

e　加热烘干室内空气的热损耗量的计算

每小时加热烘干室内空气的热损耗量按下式计算：

$$Q'_{h5} = \frac{m_8 c_4 (t_e - t_{e0})}{t} \tag{4-209}$$

式中　m_8——被加热的空气质量，kg；

　　　c_4——被加热的空气比热容，kJ/(kg·K)。

4.8.2.5　热能消耗量和循环空气量的计算

A　蒸汽作为热源时的计算

a　最大蒸汽消耗量的计算

最大蒸汽消耗量按下式计算：

$$m_v = \frac{Q_{hmax} k_2}{\gamma'_1} \tag{4-210}$$

式中　m_v——蒸汽的最大消耗量，kg/h；

　　Q_{hmax}——烘干室的最大热损耗，kg/h；

　　　k_2——考虑在蒸汽管道加热中的热损失系数，取 $k_2 = 1.1 \sim 1.3$；

　　　γ'_1——蒸汽的潜热，kJ/kg。

b　再循环空气量的计算

每小时再循环的空气量按下式计算：

$$m_9 = \frac{Q_{hmax}}{1.005 \Delta t'_e} \tag{4-211}$$

式中　m_9——每小时的再循环空气量，kg/h；

　　Q_{hmax}——烘干室的最大热损耗量，kg/h；

　　1.005——空气的比热容，kJ/(kg·K)；

　　　$\Delta t'_e$——加热器出口和进口的空气温度差，℃，一般取等于烘干温度的 10%~20%，小于120℃时取下限，大于120℃时取上限。

B　电能作为热源时的计算

a　加热器消耗的最大功率计算

加热器消耗的最大功率按下式计算：

$$P_1 = \frac{Q_{hmax}}{3600} \tag{4-212}$$

式中　P_1——加热器消耗的最大功率，kW；

Q_{hmax}——烘干室的最大热损耗量，kJ/h。

b 再循环空气量的计算

每小时再循环空气量可按式（4-211）进行计算。

4.8.2.6 空气加热器的计算和选择

A 蒸汽空气加热器的计算和选择

（1）根据初定的质量流速计算空气加热器的有效面积，然后根据有效面积按照产品目录，选择几种满足该参数的空气加热器进行比较。其有效面积按下式计算：

$$f_1 = \frac{m_9}{3600 v\rho} \tag{4-213}$$

式中 f_1——空气通过空气加热器有效面积，m^2；

  m_9——每小时的再循环空气量，kg/h；

  $v\rho$——空气的质量流速，$kg/(m^2 \cdot s)$，一般取 $v\rho = 8 \sim 12 kg/(m^2 \cdot s)$。

（2）根据选出的空气加热器反算质量流速，然后按表4-35计算该空气加热器的传热系数。

表4-35 空气加热器的传热系数和空气阻力计算公式

型　号		传热系数 k_3/W·$(m^2 \cdot K)^{-1}$		空气阻力
		蒸汽	热水	
SRZ	5；6；10D	$13.6 \times (v\rho)^{0.48}$		$1.8 \times (v\rho)^{1.098}$
	5；6；10Z	$13.6 \times (v\rho)^{0.48}$		$1.5 \times (v\rho)^{1.98}$
	5；6；10X	$14.5 \times (v\rho)^{0.532}$		$0.9 \times (v\rho)^{2.18}$
	7D	$14.3 \times (v\rho)^{0.51}$		$2.1 \times (v\rho)^{1.97}$
	7X	$14.3 \times (v\rho)^{0.51}$		$3.1 \times (v\rho)^{1.52}$
	7Z	$15.1 \times (v\rho)^{0.571}$		$1.4 \times (v\rho)^{1.917}$
SRL	$B \times A/2$	$15.2 \times (v\rho)^{0.40}$	$16.5 \times (v\rho)^{0.24}$①	$1.74 \times (v\rho)^{1.67}$
	$B \times A/3$	$15.1 \times (v\rho)^{0.43}$	$14.5 \times (v\rho)^{0.29}$①	$3.09 \times (v\rho)^{1.62}$
SYA	D	$15.41 \times (v\rho)^{0.291}$	$16.57 \times (v\rho)^{0.36} w^{0.226}$	$0.88 \times (v\rho)^{1.96}$
	Z			$0.84 \times (v\rho)^{1.94}$
	X			$0.80 \times (v\rho)^{1.87}$
SYD	D	$11.63 \times (v\rho)^{0.42}$	$16.3 \times (v\rho)^{0.37} w^{0.23}$②	$20 \times (v\rho)^{1.72}$
	Z			$1.5 \times (v\rho)^{1.72}$
SYE	D	$8.7 \times (v\rho)^{0.574}$	$12.3 \times (v\rho)^{0.46} w^{0.17}$	$1.36 \times (v\rho)^{1.74}$
	Z、X	$10.5 \times (v\rho)^{0.545}$	$13.68 \times (v\rho)^{0.45} w^{0.17}$	$1.02 \times (v\rho)^{1.74}$

注：型号中的"D"表示大型，"Z"表示中型，"X"表示小型，"B"为加热器的高，"A"为加热器的宽。

① 用于130℃（$w = 0.023 \sim 0.037 m/s$）的过热水；

② 用于$v\rho = 3 \sim 16 kg/(m^2 \cdot s)$，$w = 0.05 \sim 0.3 m/s$ 时。

此外，蒸汽空气加热器的选择，除了用上述的计算法外，还可用图表法，有关图表法的内容可参见采暖通风有关专业书籍。

（3）根据计算出的传热系数，计算空气加热器的换热量，该换热量应大于烘干室的最大热损耗量。加热器的换热量可按下式计算：

$$Q''_h = 3.6 k_3 A_3 \left(t_{e4} - \frac{t_{e6} + t_{e5}}{2} \right) \tag{4-214}$$

式中　Q''_h——空气加热器的换热量，kJ/h；

　　　k_3——空气加热器的传热系数，W/(m^2·K)；

　　　A_3——空气加热器的换热面积，m^2；

　　　t_{e4}——饱和蒸汽的温度，℃；

　　　t_{e5}——空气加热器进口处的空气温度，℃；

　　　t_{e6}——空气加热器出口处的空气温度，℃。

　　B　电空气加热器的计算和选择

电加热器的安装功率按下式计算：

$$P = k_3 P_1 \tag{4-215}$$

式中　P——电空气加热器的安装功率，kW；

　　　k_3——考虑电压下降时电加热器的功率储备系数，一般取 $k_3 = 1.3$；

　　　P_1——加热器消耗的最大功率，kW。

根据安装功率和空气质量流速（等于 12～18kg/(m^2·s)），按照产品目录选择加热器和确定它的流动阻力。

4.8.2.7　通风机的计算和选择

A　通风机通风量的计算

通风机的通风量按下式计算：

$$Q = \frac{m_5 + m_9}{\rho_3} \tag{4-216}$$

式中　Q——通风机的通风量，m^3/h；

　　　m_5——新鲜空气量，kg/h；

　　　m_9——再循环空气量，kg/h；

　　　ρ_3——再循环空气的密度，kg/m^3。

当烘干室排风和再循环系统分别安装通风机时，其通风机的通风量按下式计算：

$$Q_1 = \frac{m_5}{\rho_3} \tag{4-217}$$

$$Q_2 = \frac{m_9}{\rho_3} \tag{4-218}$$

式中　Q_1——排风通风机的通风量，m^3/h；

　　　Q_2——再循环风机的通风量，m^3/h。

　　B　通风机压力的计算

由于烘干室的风管不长，风管的摩擦阻力与局部阻力相比较显然较小，所以摩擦阻力一般省略不计，只考虑风管的局部阻力。风机的压力按下式计算：

$$H_P = H_z + \Delta H_p \tag{4-219}$$

式中　H_P——通风机的压力，Pa；

H_z——空气加热器的阻力，Pa；

ΔH_p——风管的局部阻力，Pa。

根据计算出的通风量和压力，选择离心通风机。

C 配套电动机功率的计算

电动机的功率按下式计算：

$$P = \frac{QH_p k_4}{3600 \times 1020\eta_1 \eta_2} \times \frac{273 + t_{e0}}{273 + t_{em}}$$ (4-220)

式中 P——电动机的功率，kW；

k_4——电动机容量安全系数；

η_1——通风机全压效率；

η_2——机械传动效率；

t_{e0}——车间温度，℃；

t_{em}——加热器进出口空气的平均温度，℃，可按下式计算：

$$t_{em} = \frac{t_{e6} + t_{e5}}{2}$$ (4-221)

t_{e6}——加热器出口处的空气温度，℃；

t_{e5}——加热器进口处的空气温度，℃，可按下式计算：

$$t_{e5} = \frac{Q_1 t_{e0} + Q_2 t_{e7}}{Q_1 + Q_2}$$ (4-222)

Q_1——新鲜空气量，m³/h；

Q_2——再循环空气量，m³/h；

t_{e7}——再循环空气的温度，℃。

4.8.2.8 空气幕的计算

A 空气幕空气量的计算

空气幕送出的空气量按下式计算：

$$m_{10} = em_5''$$ (4-223)

式中 m_{10}——空气幕送出的空气量，kg/h；

m_5''——经门洞进入烘干室的总空气量，kg/h，可根据式（4-199）计算；

e——空气幕送出的空气量与经门洞进入烘干室的总空气量的比值。

B 空气幕的送风温度的计算

空气幕的送风温度按下式计算：

$$t_{ek} = \frac{t_{e8} - (1 - e)t_e}{e}$$ (4-224)

式中 t_{ek}——空气幕的送风温度，℃；

t_e——工作温度，℃；

t_{e8}——室外空气与空气幕送出空气的混合温度，℃，一般混合温度比工作温度低 5~10℃，对于烘干室，t_{e8} 与工作温度相同。

C 空气幕加热空气所需的热量的计算

空气幕加热空气所需的热量按下式计算：

$$Q_{he} = 3600 \times 1.005 m_{10}(t_{ek} - t'_{em}) \tag{4-225}$$

式中　Q_{he}——空气幕加热空气所需的热量，kJ/h；

m_{10}——空气幕送出的空气量，kg/h；

t'_{em}——室内烘干温度与混合温度的平均值，℃。

4.8.2.9　煤气烘干室的计算

A　煤气消耗量的计算

每小时的煤气消耗量可按下式计算：

$$Q' = \frac{V_1}{V_2 \eta_T} \tag{4-226}$$

式中　Q'——每小时的煤气消耗量，m^3/h；

V_1——所需要的煤气燃烧生成物的体积，m^3/h；

V_2——当过量空气系数 $a = 1.05 \sim 1.1$ 时，单位体积煤气燃烧生成物的有效体积，m^3/m^3；

η_T——燃烧室有效作用系数，一般取 $\eta_T = 0.8$。

a　1m³ 煤气燃烧生成物的体积的计算

1m³ 煤气燃烧生成物有效体积按下式计算：

$$V_2 = V_3 + (a-1)V_4 \tag{4-227}$$

式中　V_3——当 1m³ 煤气完全燃烧时，燃烧生成物的理论体积，m^3/m^3；

a——过量空气系数；

V_4——1m³ 煤气完全燃烧时所需的空气的理论体积，m^3/m^3。

当煤气发热量大于 12560kJ/m³ 时，其 V_3 和 V_4 分别计算如下：

$$V_3 = 0.27 \frac{Q_{h0}}{1000} + 0.25 \tag{4-228}$$

$$V_4 = 0.26 \frac{Q_{h0}}{1000} - 0.25 \tag{4-229}$$

式中　Q_{h0}——煤气的发热量，kJ/m^3。

当煤气热值小于 12560kJ/m³ 时，其 V_3 和 V_4 分别计算如下：

$$V_3 = 0.173 \frac{Q_{h0}}{1000} + 1.0 \tag{4-230}$$

$$V_4 = 0.209 \frac{Q_{h0}}{1000} \tag{4-231}$$

b　所需要的煤气燃烧生成物体积的计算

$$V_1 = \frac{V_5(I_2 - I_0)}{I_1 - I_0} \tag{4-232}$$

式中　V_5——按烘干室中溶剂不超过许可爆炸浓度计算的煤气混合气体积，m^3/h，可按下式计算：

$$V_5 = V \frac{273}{273 + t_e} \tag{4-233}$$

V——按烘干室中溶剂不超过许可爆炸浓度计算的新鲜空气量，m^3/h，可按式（4-194）和式（4-196）计算；

t_e——烘干温度，℃；

I_0——车间为室温时空气的热焓，kJ/m^3；

I_2——在燃烧室出口处煤气混合气的热焓，kJ/m^3，为了补偿在空气管道中的热量损失，此处的煤气混合气温度一般应比与再循环空气混合时温度高 20℃；

I_1——煤气燃烧生成物的热焓，kJ/m^3，可按下式计算：

$$I_1 = \frac{Q_{h0}\eta}{V_2} \qquad (4\text{-}234)$$

Q_{h0}——煤气的发热量，kJ/m^3；

η——高温系数，一般 $\eta = 0.7 \sim 0.8$；

V_2——每立方米煤气燃烧生成物的有效体积，m^3/m^3。

煤气混合气和再循环空气混合时温度 t_{e1} 根据混合时的热焓确定，其热焓可按下式计算：

$$I_2' = \frac{Q_{hmax}}{V_5} + I_3 \qquad (4\text{-}235)$$

式中 I_2'——混合时煤气，空气混合气的热焓，kJ/m^3；

Q_{hmax}——烘干室的最大热损耗量，kJ/h，按式（4-188）或式（4-203）计算，对于室式烘干室，Q_{hmax} 不包括加热新鲜空气的热损耗量，对于通过式烘干室，Q_{hmax} 应包括加热从门洞吸进的新鲜空气的热损耗量；

I_3——从烘干室排出的循环空气的热焓，kJ/m^3。

根据煤气耗量和它在管道中的压力，选择燃烧室和煤气烧嘴。

B 再循环煤气、空气混合物体积的计算

再循环煤气、空气混合物的体积按下式计算：

$$V_6 = \frac{V_5(I_2' - I_4)}{I_4 - I_3} \qquad (4\text{-}236)$$

式中 V_6——再循环煤气、空气混合物的体积，m^3/h；

V_5——按烘干室中溶剂超过许可爆炸浓度计算的煤气、空气混合物体积，m^3/h；

I_4——进入烘干室的煤气、空气混合物的热焓，kJ/m^3；

I_3——从烘干室排出的煤气、空气混合物的热焓，kJ/m^3；

I_2'——混合时煤气、空气混合物的热焓，kJ/m^3。

C 通风机的选择

再循环系统通风机的通风量按下式计算：

$$Q = (V_5 + V_6)\frac{273 + t_{e2}}{273} \qquad (4\text{-}237)$$

式中 Q——再循环系统通风机的通风量，m^3/h；

t_{e2}——进入烘干室的煤气、空气混合物的温度，℃。

根据通风机的通风量和管道中总的压力损失，选择再循环系统通风机和配套电动机。

每小时从烘干室排出混合气的排出量对于室式烘干室，可按下式计算：

$$Q' = V_5 \frac{273 + t_e}{273} \tag{4-238}$$

式中 Q'——每小时的混合物排出量，m^3/h；

t_e——烘干温度，℃。

对于通过式烘干室，可按下式计算：

$$Q' = V_5 \frac{273 + t_e}{273} + V_5'' \frac{273 + t_e}{273 + 20} \tag{4-239}$$

式中 V_5''——从门洞进入烘干室的空气量，m^3/h。

根据排出量和管道阻力选择排风通风机和配套电动机。

4.8.3　红外线辐射烘干设备的设计

红外线辐射烘干通常适用于加热温度200℃以下，被加热物体的形状较复杂的工件。特别适用于壁厚均匀、形状简单的工件，但用于形状复杂、壁厚大而且不均匀、照射阴影严重的物体时，可能会引起干燥不均匀或加热不均匀的现象，使用时一定要慎重。红外辐射烘干设备设计应遵从的一般原则：

（1）烘干室内温度应尽量均匀，其均匀性主要靠合理布置辐射器来获得。室内温度波动范围应控制在12℃内。

（2）应尽量缩短烘干室的升温时间，使此时间小于45min。

（3）尽量减少热量的损失，如在门洞设空气幕、门板，室体加保温层等。

（4）必须考虑防火、防爆，减少对环境的污染。

（5）电能红外线烘干室应有较好的电绝缘措施，确保用电安全。

（6）烘干室应有足够的强度和刚度，并有良好的工艺性、通用性。

（7）烘干室的结构需便于设备的安装和运输。

（8）烘干室设计应考虑事故时便于处理及日常维护和保养。

红外辐射烘干室有各种类型，按生产组织可分为连续生产的烘干室和间歇生产的烘干室，批量大的适用连续式，间歇式适用于小批量生产。按能源分有电能、燃气和燃油的。电能红外线烘干室应用广泛，燃气、燃油烘干室，一般用在电力紧张的地方。电能、燃气和燃油烘干室都能满足200℃以下的烘干温度。能源的选择除满足烘干温度外，还应考虑当地能源的供应情况、成本和工件的要求。按室体形式分为室式、单行程式、多行程式、桥式和多层式。室式和单行程式得到广泛应用，多行程式大多由单行程组成，桥式多用在高温的烘干室，多层式多用在小工件或车间面积紧张的地方。室体形式的选择应在对工件尺寸、形状，烘干时间，烘干温度，车间面积，工艺布置和生产纲领等进行多方面比较后确定。

红外辐射烘干室一般由室体、辐射器、通风系统、空气幕装置和温度控制系统等部分组成。

4.8.3.1　烘干室室体

整个烘干室分为三段，入口段用以防止热量外泄，常设空气幕。烘干段对工件进行加热，这里安装红外辐射器，工件吸收辐射能后升温，烘干段的长短应满足工件所需要的烘干时间。出口段一般不装辐射器，工件在出口段中进行冷却，防止高温工件出烘干室后将大量热量带到室外，出口段长短与工件烘干温度和采用的冷却形式有关。一般出口处的工件温度在50℃以下。烘干温度越高，出口段越长。采用自然冷却的出口段比采用强迫冷却的出口段要长得多。红外辐射烘干室的室体的作用主要是保温，防止热量散失，保证室内温度维持在工艺所要求的范围内；室体也是安装悬链、辐射器、通风装置和冷却设备等的支承结构。

单行程通过式红外辐射烘干室室体为基本型室体，通常双行程和多行程的室体都在基本型室体上加端头室体而成，单行程通过式的红外辐射烘干室室体为了便于制造、运输和安装，分为几种单元室体，如入口单元室体、出口单元室体、带通风口的加热单元室体和不带通风口的双门加热单元室体。通常每个单元室体的长度为2m，整个烘干室由一个入口单元室体，一个或多个出口单元室体，多个带通风口和不带通风口的加热单元室体连接而成。带通风口的加热单元室体和不带通风口的双门加热单元室体需间隔布置在加热段上，以便于室内的通风、维护及事故处理。室体单元用螺栓连接。为了保证连接处严密，要求室体的两个端面要平整，中间需加石棉垫和压板密封。加热单元室体用型钢或钢板冲压型材焊接成骨架，内外敷上1~1.5mm厚的薄钢板，组成空心箱型金属结构，其内填上保温材料。

由单元室体组成的烘干室室体适合中型尺寸的工件，当工件尺寸较大，室体尺寸也较大时，工作人员可以进入烘干室内进行安装和事故维修作业。这时室体也可作成整体室体，它由骨架和护板组成，室体的结构参见对流烘干室的室体结构。由于辐射烘干室以辐射传热方式加热工件，所以一些低温的红外线辐射烘干室可以不作保温层室体。但高温的烘干室一定要作保温层，保温层的厚度参见对流烘干室进行设计。一般保温层的厚度为84~150mm，烘干温度高、保温材料热导率高的取大值，反之取小值。应使室体外壁温度小于40~50℃。

烘干室室体的保温材料常用的有岩棉、矿渣棉、膨胀珍珠岩、蛭石、石棉板和玻璃纤维等。为了防止保温材料下沉及体积收缩，施工前应将这些材料烘干。施工时要压实，有的还用金属网将保温材料裹住，以防下沉。

4.8.3.2 辐射装置

辐射装置是用来产生红外辐射线的装置。常用的红外辐射器分电热、燃气和燃油型三类。电热型红外辐射器分为管状、板状及灯状三种，燃气大多使用城市煤气和天然气。燃气直接加热的有金属网式和多孔陶瓷板式直接火焰加热辐射器两种。燃气燃油间接加热的红外线辐射器有板式和管式两种。辐射器在烘干室内的布置应使烘干室内的气氛温度尽可能均匀，通常大型辐射烘干设备室体上、下温差应小于10~15℃，小型室体温差应控制在5~10℃左右。由于室内热空气的密度小，故室内气氛温度上高下低，室体断面愈高，上下温差亦愈大。要弥补这一不利因素，对于底部及两侧均匀布置辐射器的室体，底部辐射器的单位功率应最大，两侧由下而上辐射器单位功率逐步递减，一般底部辐射器的单位功率比上部大1/3~1/2。另外也可以采取在室内不均匀布置辐射器的方法。即上部辐射器布置的较稀疏而下部则布置的较密，使下部辐射器功率与总功率之比为7:10。烘干段内的开始升温段和其后的保温段所需功率也不同。升温段因工件升温和水分、溶剂挥发较快，需供给较多的热量，辐射器功率也应较大。而在保温段，工件已达到工件温度。水分和溶剂挥发较少，辐射器功率也应较小。

4.8.3.3　通风装置

辐射烘干室的通风装置的作用主要是保证有溶剂蒸发的烘干室内溶剂蒸汽的浓度不超过爆炸浓度的下限；加速水或溶剂蒸汽的排出，使室内空气湿度不能过高，以有利于水分的蒸发和涂膜的固化。使室内形成一个微负压，保证烘干室内的热空气和溶剂蒸汽不会散失到室外，使车间有良好的卫生环境。辐射烘干室通风装置的类型有两种，一种是自然通风，它是利用烘干室内较高的废气热压和烟囱高度产生的气压差向外排放废气。通常在烘干室上每间隔一个室体单元安装一个带有通风口的室体单元。在通风口上安装集风罩，并连接烟囱。烟囱的直径和高度根据烘干室的排风量按烟囱进行设计。自然通风结构简单，成本低，一般用在低浓度溶剂涂料、水性涂料和水分烘干的烘干室上。由于排放出的废气不进行处理，故环境卫生较差。另一种强迫通风是用风机强制从烘干室内排出废气，排风点应主要集中布置在工件进入烘干室后 5 ~ 10min 的位置，因为95%的溶剂将在这段时间内挥发掉，这样就能达到溶剂废气迅速地排放。强迫通风系统结构由风机、主风管、蝶阀、主风道、支风管和插板式调节阀等组成，支风管与烘干室集风罩相连接。蝶阀和插板式调节阀用来调节通风量。支风管吸风口的风速不宜过大，否则要影响烘干室内温度场的均匀。一般支风管的风速为 0.8 ~ 1.2m/s。主风道在室体长度方向做成变截面，使各支风管流量均匀。主风道风速为 4 ~ 6m/s。对于风机所产生的噪声，要采取适当的降噪措施。对于高温烘干室，排气温度一般为 80 ~ 120℃，为了减少热损失和对车间散热，排气管表面应包一层隔热材料。

4.8.3.4　温度控制装置

红外辐射烘干室温度控制的作用是保证烘干室内的温度达到工艺要求的烘干温度，并保证室内温度的均匀。辐射烘干室的温度控制系统由测温仪表、显示仪表及温度控制仪表组成，温度测量仪表大多采用热电偶感温元件和热电阻感温元件，简易低温烘干室有的也采用玻璃液体温度计。

4.8.4　红外辐射烘干设备的计算

4.8.4.1　计算依据

(1) 烘干室的类型（如通过式单行程烘干室）。

(2) 最大生产率：按面积计算（m²/h）、按质量计算（kg/h）。

(3) 输送器形式：类型（如轻型双铰接悬挂输送链）、速度（m/min）、工件间距(m)。

(4) 工件最大外形尺寸：长度（沿输送机移动方向，mm）、宽度（mm）、高度(mm)。

(5) 烘干温度（℃）。

(6) 烘干时间（min）。

(7) 涂料及溶剂、稀释剂（本项用于涂装作业）：种类（如静电铁红底漆）、进入烘干室的涂料消耗量（kg/h）、进入烘干室的溶剂稀释剂消耗量（kg/h）、溶剂爆炸浓度下限值（g/m³）。

（8）热源：种类（如电、煤气）；主要参数（如电网电压、煤气的热值、煤气压力）。

（9）车间温度（℃）。

4.8.4.2 室体尺寸的计算

A 室体长度的计算

室体长度按下式计算：

$$L = vt + l_1 + l_2 \tag{4-240}$$

式中　L——烘干室的室体长度，mm；

　　　v——悬挂输送机速度，mm/min；

　　　t——烘干时间，min；

　　　l_1——进口过渡段长度，mm，一般取 $l_1 = 1000 \sim 1500$mm；

　　　l_2——出口过渡段长度，mm，一般取 $l_2 = 1000 \sim 1500$mm。

B 室体宽度的计算

室体宽度按下式计算（参见图4-30）：

$$B = b + 2(b_1 + \delta_1 + b_2 + \delta_2) \tag{4-241}$$

式中　B——室体宽度，mm；

　　　b——工件宽度，mm；

　　　b_1——工件至辐射器表面距离，mm，一般 $b_1 = 100 \sim 300$mm；

　　　b_2——辐射器至室体内壁的距离，mm，一般 $b_2 = 100 \sim 150$mm；

　　　δ_1——辐射器的厚度，mm；

　　　δ_2——室体保温层厚度，mm，一般 $\delta_2 = 80 \sim 10$mm。

C 室体高度的计算

室体高度按下式计算（参见图4-30）：

$$H = h + h_1 + h_2 + h_3 + \delta_1 + 2\delta_2 \tag{4-242}$$

式中　H——烘干室室体高度，mm；

　　　h——工件最大高度，mm；

　　　h_1——工件顶部至悬挂输送机轨顶的距离，mm；

　　　h_2——工件底部至室体下部辐射器表面的距离，mm，一般 $h_2 = 100 \sim 300$mm；

　　　h_3——辐射器至室体底内壁的间隙，mm，一般 $h_3 = 100 \sim 150$mm。

D 室体门洞的尺寸计算

门洞宽度按下式计算（参见图4-31）：

$$b_0 = b + 2b_1 \tag{4-243}$$

式中　b_0——门洞宽度，mm；

　　　b_1——工件与门洞侧面的间隙，mm，一般 $b_1 = 120 \sim 200$mm。

门洞高度按下式计算：

$$h_0 = h + 2h_1 \tag{4-244}$$

式中　h_0——门洞高度，mm；

　　　h_1——工件与门洞上下边间隙，mm，一般 $h_1 = 100 \sim 150$mm。

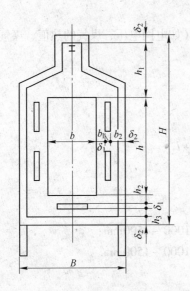
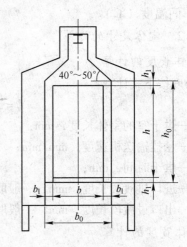

图 4-30　室体宽度和高度尺寸计算图　　　图 4-31　门洞尺寸计算图

4.8.4.3　烘干室热损耗量的计算

总的热损耗量按下式计算：

$$Q_h = (Q_{h1} + Q_{h2} + Q_{h3} + Q_{h4} + Q_{h5})K \tag{4-245}$$

式中　Q_h——烘干室总的热损耗量，kg/h；

　　　　K——储备系数，一般取 $K = 1.2 \sim 1.3$；

　　　Q_{h1}——每小时通过烘干室外壁散失的热损耗量，kJ/h；

　　　Q_{h2}——每小时加热工件和输送链的热损耗量，kJ/h；

　　　Q_{h3}——每小时加热涂装材料及溶剂挥发的热损耗量，kJ/h；

　　　Q_{h4}——每小时加热新鲜空气的热损耗量，kJ/h；

　　　Q_{h5}——经敞开门洞辐射的热损耗量，kJ/h。

A　通过烘干室外壁散失的热损耗量的计算

每小时通过烘干室外壁散失的热损耗量按下式计算：

$$Q_{h1} = \sum 3.6 A_i K_i (t_{e2} - t_{e1}) \tag{4-246}$$

式中　A_i——烘干室第 i 个外壁的表面积，m^2；

　　　K_i——室体第 i 个外壁的传热系数，$W/(m^2 \cdot K)$；

　　　t_{e2}——烘干室的工作温度，℃；

　　　t_{e1}——车间温度，℃；

$$K_i = \frac{1}{0.23 + \dfrac{\delta_i}{\lambda_i}} \tag{4-247}$$

式中　δ_i——i 层保温层厚度，m；

　　　λ_i——i 层保温材料的热导率，$W/(m \cdot K)$。

B　加热工件和输送链热损耗量的计算

每小时加热工件和输送链热损耗量按下式计算：

$$Q_{h2} = (m_1 c_1 + m_2 c_2)(t_{e2} - t_{e1}) \tag{4-248}$$

式中 m_1——按质量计算的最大生产率，kg/h；

m_2——单位时间加热输送链（包括吊具）的质量，kg/h；

c_1——工件的比热容，kJ/(kg·K)；

c_2——输送链（包括吊具）的比热容，kJ/(kg·K)。

C 加热涂装材料及溶剂挥发的热损耗量的计算

每小时加热涂装材料及溶剂挥发的热损耗量按下式计算：

$$Q_{h3} = m_3 c_3 (t_{e2} - t_{e1}) + m_4 \gamma \tag{4-249}$$

式中 m_3——每小时进入烘干室的涂料最大耗量，kg/h；

m_4——每小时进入烘干室的溶剂最大耗量，kg/h；

c_3——涂装材料的比热容，kJ/(kg·K)；

γ——溶剂气化潜热，kJ/kg。

D 加热新鲜空气的热损耗量的计算

每小时加热新鲜空气的热损耗量按下式计算：

$$Q_{h4} = m_5 c_4 (t_{e2} - t_{e1}) \tag{4-250}$$

式中 m_5——每小时进入烘干室的新鲜空气量，kg/h，m_5 可按式（4-194）～式（4-200）计算；

c_4——空气的比热容，kJ/(kg·K)。

E 经敞开门洞辐射的热损耗量的计算

每小时经门洞辐射的热损耗量按下式计算：

$$Q_{h5} = 20.5\varepsilon\left[\left(\frac{T_2}{100}\right)^4 - \left(\frac{T_1}{100}\right)^4\right] f_m \varphi \tag{4-251}$$

式中 ε——系统的黑度；

T_2——辐射板表面的热力学温度，K；

T_1——车间内空气的热力学温度，K；

f_m——敞开门洞的面积，m^2；

φ——考虑门洞深度和其壁面反光作用的角度系数，一般 $\varphi = 0.65 \sim 0.86$。

4.8.4.4 电红外辐射烘干室的计算

A 烘干室的安装功率的计算

a 按总热损耗量的安装功率的计算

辐射烘干室的安装功率按下式计算：

$$P = \frac{Q_h}{3600\eta} \tag{4-252}$$

式中 P——辐射烘干室安装功率，kW；

Q_h——辐射烘干室总的热损耗量，kJ/h；

η——辐射器效率，一般取 0.5～0.7。

b 按工件质量的最大生产率电功率估算法

辐射烘干室的安装功率按下式计算：

$$P = \frac{m_1 c_1 (t_{e2} - t_{e1})}{3600 \eta_t} \tag{4-253}$$

式中　P——辐射烘干室的安装功率，kW；

$\quad m_1$——按质量计算的最大生产率，kg/h；

$\quad c_1$——工件的比热容，kJ/(kg·K)；

$\quad t_{e2}$——烘干室的工作温度，℃；

$\quad t_{e1}$——车间温度，℃；

$\quad \eta_t$——烘干室总的热效率，可按下式计算：

$$\eta_t = \eta_1 \eta_2 \eta_3 \tag{4-254}$$

$\quad \eta_1$——室体效率。一般设计得较好的通过式烘干室，$\eta_1 = 0.5$，对于室式烘干室，$\eta_1 = 0.7$；

$\quad \eta_2$——面积利用率，指辐射器面积与被辐射工件面积之比，这一系数随辐射器的布置及工件形状不同而异，最好的取 0.9；

$\quad \eta_3$——热辐射线吸收率，指工件或涂层吸收红外辐射线的黑度。

c　按工件表面积的最大生产率的电功率估算法

辐射烘干室的安装功率按下式计算：

$$P = EF \tag{4-255}$$

式中　P——辐射烘干室的安装功率，kW；

$\quad E$——辐射强度，kW/m²，对于一般冲击薄板件取 3~8kW/m²，单层大面积工件取小值，多层小零件取大值，对于一般管状零件与铸件，其辐射强度取 10kW/m² 左右；

$\quad F$——按面积计算的最大生产率，m²。

这种功率估算法对氨基醇酸烘漆较为合适，对于其他涂料和水误差较大。

B　电热辐射器数量的计算

电热辐射器数量按下式计算：

$$n = \frac{P}{P'} \tag{4-256}$$

式中　n——电热辐射器数量；

$\quad P$——烘干室的安装功率，kW；

$\quad P'$——单个电热辐射器的功率，kW。

4.8.4.5　煤气红外辐射烘干室的计算

A　煤气辐射器数量的计算

煤气红外微孔陶瓷板辐射器数量按下式计算：

$$n_1 = \frac{Q_h}{q f \eta_f} \tag{4-257}$$

式中　n_1——辐射器数量；

$\quad Q_h$——辐射烘干室总的热损耗量，kJ/h；

$\quad q$——辐射器单位面积的辐射强度，kJ/(m²·h)，对于金属网型，$q = 120000 \sim 160000$ kJ/(m²·h)，对于多孔陶瓷板型 $q = 100000 \sim 140000$ kJ/(m²·h)；

f——辐射器的辐射板面积，m^2；

η_f——辐射器的辐射效率，对于金属网型，$\eta_f = 0.45$，对于多孔陶瓷板型 $\eta_f = 0.45 \sim 0.60$。

B　燃气、空气混合气和煤气消耗量的计算

a　单个辐射器的混合气和煤气消耗量的计算

单个辐射器的煤气、空气混合气和煤气消耗量分别按下式计算：

$$V_h' = V_{h1} f \tag{4-258}$$

$$V_m' = V_{m1} f \tag{4-259}$$

式中　V_h'——单个辐射器的煤气、空气混合气消耗量，m^3/h；

V_m'——单个辐射器的煤气消耗量，m^3/h；

f——辐射器的辐射板面积，m^2；

V_{h1}——辐射器板面上单位面积的煤气、空气混合气消耗量，$m^3/(m^2 \cdot h)$，可按下式计算：

$$V_{h1} = \frac{q}{I_h} \tag{4-260}$$

I_h——煤气、空气混合气的热熔，kJ/m^3。可按下式计算：

$$I_h = c_h t_{eh} \tag{4-261}$$

c_h——煤气、空气混合气在辐射板面处的比热容，$kJ/(m^3 \cdot K)$；

t_{eh}——煤气、空气混合气在辐射板面处的温度，℃；

V_{m1}——辐射器板面上单位面积的煤气消耗量，$m^3/(m^2 \cdot h)$，可按下式计算：

$$V_{m1} = \frac{V_{h1}}{V_h \eta_c} \tag{4-262}$$

η_c——喷嘴有效作用系数，取 $\eta_c = 0.8 \sim 0.9$；

V_h——每立方米煤气与空气混合的体积，m^3/m^3，可按下式计算：

$$V_h = \frac{V_2 (I_1 - I_k)}{I_h - I_k} \tag{4-263}$$

V_2——当过量空气系数 $a = 1.05 \sim 1.1$ 时，每立方米煤气燃烧生成物的有效体积，m^3/m^3，可按式（4-227）计算；

I_1——煤气燃烧生成物的热焓，kJ/m^3，可按式（4-234）计算；

I_k——车间处于室温时，空气的热熔，kJ/m^3。

b　烘干室总的混合气和煤气消耗量的计算

烘干室总的混合气及煤气耗量分别按下式计算：

$$V_{hs} = V_h' n \tag{4-264}$$

$$V_{mn} = V_m' n \tag{4-265}$$

式中　V_{hs}——烘干室总的煤气、空气混合气耗量，m^3/h；

V_{mn}——烘干室总的煤气耗量，m^3/h；

n——辐射器数量。

根据煤气耗量选择喷嘴。

C　通风装置的计算

煤气、空气混合气从辐射板放出进入烘干室，同室体的空气混合，冷却至温度 t_{e2} + t_{e1}，因此通风机的通风量可按下式计算：

$$Q_c = V_{ht} \frac{273 + t_{e2}}{273} + V_d \frac{273 + t_{e2}}{273 + t_{e1}} \qquad (4\text{-}266)$$

式中　Q_c——通风机的通风量，m^3/h；

　　　t_{e2}——烘干温度，℃；

　　　t_{e1}——车间温度，℃；

　　　V_{ht}——每小时通过辐射器的混合气（冷却后）总体积，m^3/h，可按下式计算：

$$V_{ht} = (1 + V_x) V_{hs} \qquad (4\text{-}267)$$

　　　V_{hs}——烘干室总的煤气、空气混合气消耗，m^3/h；

　　　V_x——冷却单位体积混合气所需的空气体积，m^3/m^3，可按下式计算：

$$V_x = \frac{I_h - I_2}{I_2 - I_k} \qquad (4\text{-}268)$$

　　　I_h——在同冷空气混合之前混合气的热焓，kJ/m^3，取 $t_{e2} - t_{e1}$ 温度时的热焓，kJ/m^3；

　　　I_2——在同冷空气混合之后达到烘干温度时的混合气热焓，kJ/m^3，取 $t_{e2} + t_{e1}$ 温度时的热焓；

　　　I_k——车间处于室温时空气的热焓，kJ/m^3；

　　　V_d——每小时进入烘干室新鲜空气，m^3/h，可按下式计算：

$$V_d = \frac{m_5}{\rho} \qquad (4\text{-}269)$$

　　　m_5——单位时间进入烘干室新鲜空气，kg/h；

　　　ρ——新鲜空气密度，kg/m^3。

根据风道阻力和通风量选择风机和配套电动机。

4.9　喷涂机器人设计与计算

4.9.1　喷涂机器人选型

选用喷涂机器人，需从以下几个因素入手：

（1）工作轨迹：机器人的工作轨迹范围必须能完全覆盖被涂物相关表面或内腔，能适应连续式或间歇式两种运动方式。

（2）重复精度：喷胶机器人的重复精度达到 0.5mm 即可，而对喷漆或喷粉机器人重复精度可低点。

（3）运动速度及加速度：机器人的最大运动速度及加速度越大，则空行程时间越短，可提高机器人的使用率。但要考虑机器人的造价，运动速度能满足生产节拍即可。

（4）机器人手臂可承受的最大载荷：不同的喷涂场合，配制的喷具不同，要求机器人手臂的最大承载载荷也不同。

（5）机器人的安全性：喷涂机器人在含有机溶剂的环境中工作，应具有防爆性，保证其安全作业。

喷涂机器人技术规格及性能可根据工件的具体情况（如外形尺寸、复杂程度、所要求的喷涂表面等）选用。

4.9.2 喷涂机器人设计

喷涂机器人设计是一项十分庞杂的工程。喷涂机器人由执行系统（手部、腕部、臂部、机身）、驱动系统（驱动元件、传动机构）、检测装置、控制系统和防爆系统等几个部分组成。

涂装机器人总体设计的主要内容有：确定基本参数，选择运动方式，手臂配置形式，位置检测，驱动和控制方式等等。然后是进行结构设计，同时，要对各部件的强度、刚度进行必要的验算。涂装机器人总体设计步骤分以下几个部分。

4.9.2.1 系统分析

（1）根据机器人的使用场合，明确所使用机器人的目的和任务。如果要让涂装生产实现自动化，需要对各种机械化、自动化装置进行综合的技术和经济分析，确定是否适合使用机器人或是机械手，确定后，工作人员需要做到根据机器人的使用场合，明确采用机器人的目的和任务。

（2）分析机器人所在系统的工作环境，包括机器人与已有设备的兼容性。

（3）认真分析系统的工作要求，确定机器人的基本功能和方案。进行必要的调查研究，搜集国内外的有关技术资料，进行学习和分析。具体来说，需要确定涂装机器人的自由度数，信息的存储容量，计算机的功能水平，机器人的动作速度，定位精度，机器人容许运动空间的大小，环境条件（如温度、是否存在振动），抓取工件的重量、外形尺寸的大小，生产批量等。

4.9.2.2 技术分析

A 机器人基本参数的确定

在系统分析的基础上，具体确定涂装机器人的自由度、臂力（最大负载）、工作节拍、最大工作范围、运动速度、定位精度、防爆性、安装方式等基本参数。

（1）自由度的确定：在系统分析时已经确定。

（2）臂力的确定：对于专用机器人来说，是针对专门的工作对象来设计的，臂力主要根据被抓取物体的重量确定，安全系数一般可在 1.5~3.0 范围内选取。对于工业机器人来说，具有一定的通用性，臂力要根据被抓取、搬运的物体重量变化范围来定。

（3）工作范围的确定：根据涂装工艺要求和操作运动的轨迹来确定，一个操作运动的轨迹往往是几个动作合成的，在确定工作范围时，可将运动轨迹分解成单个动作，由单个动作的行程确定机器人的最大行程。

（4）确定运动速度：主要是根据涂装生产需要的工作节拍分配每个动作的时间，进而根据机器人各部位的运动行程确定其运动速度。涂装机器人的总运动时间应不大于工作节拍，如果两个动作同时进行，要按时间较长的计算，一旦确定了最大行程和动作时间，其运动速度也即确定。

(5) 定位精度的确定：机器人的定位精度是根据使用要求来确定的，所能达到的定位精度，取决于定位方式、运动速度、控制方式、臂部刚度、驱动方式、缓冲方法等因素。工艺过程不同，对机器人重复定位精度的要求也不同。

B　机器人运动形式的选择

根据机器人的运动参数确定其运动形式，然后才能确定其结构。常见的机器人运动形式有直角坐标型、圆柱坐标型、极坐标型、关节型和 SCARA 型。直角坐标型机器人的主体结构的关节都是移动关节。圆柱坐标式机器人主体结构具有三个自由度：腰转、升降和伸缩，亦即具有一个旋转运动和两个直线运动。球面坐标式（极坐标）机器人主体结构具有三个自由度，两个旋转运动和一个直线运动。SCARA 机器人有 3 个旋转关节，其轴线相互平行，在平面内进行定位和定向，另一个是移动关节，这种结构轻便、响应快。具体选用哪种形式，必须根据工艺要求、工作现场、位置和搬运前后工件中心线方向的变化等情况，进行分析比较，再选择使用。为了满足特定的工艺要求，专用的机械手一般只要求有两个或三个自由度，而通用机器人必须具有四至六个自由度，才能满足不同产品的不同工艺要求。所选择的运动形式，在满足需要的情况下，以使用自由度最少、结构最简单为准。

(1) 拟定检测传感系统框图：选择合适的传感器，以便结构设计时考虑安装位置。

(2) 确定控制系统总体方案，绘制框图。

(3) 机械结构设计：确定驱动方式，选择运动部件和设计具体结构，绘制机器人总装图及主要部件零件图。

4.9.2.3　机器人机械系统设计

(1) 机器人的驱动方式确定：机器人的驱动方式有电动、液压和气动三种方式。液压传动具有较大的功率体积比，常用于大负载的场合。气压传动气动系统简单，成本低，适合于节拍快、负载小且精度要求不高的场合，常用于点位控制、抓取、弹性握持和真空吸附。电动适合于中等负载，特别适合动作复杂、运动轨迹严格的工业机器人和各种微型机器人。一台机器人可以只有一种驱动方式，也可以是几种方式的联合。

(2) 关节驱动方式确定：关节驱动方式分为直接驱动和间接驱动两种方式。直接驱动的机器人一般指驱动电机通过机械接口直接与关节连接，其特点是驱动电机和关节之间没有速度和转矩的转换。这种驱动方式具有以下特点：机械传动精度高；振动小，结构刚性好；结构紧凑，可靠性高；电机的重量会增加转动负担。大部分机器人是间接驱动方式，由于驱动器的输出转矩大大小于驱动关节所要求的转矩，所以必须使用减速器。间接驱动特点：可以获得一个比较大的力矩；可以减轻关节的负担；可以把电机作为一个平衡质量；增加了传动误差；结构庞大。

(3) 材料的选择：选择机器人本体的材料，应从机器人的性能要求出发，满足机器人的设计和制造要求。如：机器人的臂和机器人整体是运动的，则要求采用轻质材料。精密机器人，则要求材料具有较好的刚性。还要考虑材料的可加工性等。机器人常用的材料有：碳素结构钢、铝合金、硼纤维增强合金、陶瓷等。

(4) 平衡系统的设计：平衡系统的设计是机器人设计中一个不可忽视的问题。平衡系统具有以下作用：安全作用，防止机器人在切断电源后因重力而失去稳定；借助平衡系统能降低机器人的构形变化；借助平衡系统能降低因机器人运动，导致惯性力矩引起关节驱动力矩峰值的变化；借助平衡系统能减小机械臂结构柔性所引起的不良影响。

（5）模块化结构设计：将每一自由度的轴作为一个单独模块，并由独立的单片机控制，然后用户可根据自己的需要进行多轴组装，这种结构设计具有经济和灵活的特点。

（6）仿真计算设计：

1）进行运动学计算，分析是否能达到要求的速度、加速度、位置。

2）进行动力学计算，计算关节驱动力的大小，分析驱动装置是否满足要求。

3）运动的动态仿真，将每一位姿用三维图形连续显示出来，实现机器人的运动仿真性能分析，建立机器人教学模型，对机器人动态性能进行仿真计算。

4）方案和参数修改，运用仿真分析的结果对所设计的方案、结构、尺寸和参数进行修改，加以完善。

5）机器人机器系统设计是机器人设计的重要部分，其他系统的设计尽管有各自的独立性，但都必须与机械系统相匹配，相辅相成，构成一个完整的机器人系统。

4.9.3 喷涂机器人计算

喷涂机器人配制数量与喷站所需喷涂工件面积干涂层厚度、生产节拍、喷涂作业时间、喷杯特性（如喷杯的出漆量、喷幅、转速、整形空气喷射量）、静电压和涂装效率等因素有关。其配置数量依据喷站工件每分钟所需的漆量进行计算。

4.9.3.1 喷枪的喷涂总流量

喷枪的喷涂流量与被涂工件单件涂料（或胶）的消耗量、生产节拍、涂料传送速度等有关，以汽车车身为例，其计算方法如下：

$$Q = \frac{S\delta}{TN_V} \tag{4-270}$$

式中　Q——涂料消耗量，mL/台；

　　　S——被涂物面积，m^2；

　　　δ——干膜厚度，μm；

　　　T——涂料传送效率，70%~80%；

　　　N_V——施工黏度下涂料的固含量，%。

4.9.3.2 单个喷涂机器人（旋杯）喷涂流量

$$q = \frac{Q}{nt\eta k} \tag{4-271}$$

式中　q——每个旋杯的喷涂流量，mL/min；

　　　Q——涂料的消耗量，mL/台；

　　　n——机器人的数量，台；

　　　t——喷涂时间，喷涂时间应为生产节拍减去旋杯换色的清洗时间（一般为10~15s）；

　　　η——机器人的使用效率90%~95%；

　　　k——修正系数，主针的关闭时间会因喷涂轨迹的不同而不同，需要修正，一般取0.8。

4.9.3.3 机器人数量的配置

了解机器人的喷涂流量，主要是在涂装工艺设计中，正确选择机器人的台数。对普通的静电高速旋杯而言，其喷涂流量控制在 $300 \sim 400 \mathrm{mL/min}$，即可达到最佳的雾化及喷涂效果。根据以下计算公式，可计算出机器人的配置台数。

$$n = \frac{Q}{qt\eta k} \tag{4-272}$$

式中 n——机器人的数量，台；

       Q——涂料的消耗量，$\mathrm{mL/台}$；

       q——每个喷涂机器人（旋杯）的喷涂流量，$\mathrm{mL/min}$；

       t——喷涂时间，喷涂时间应为生产节拍减去旋杯换色的清洗时间（一般为 $10 \sim 15\mathrm{s}$）；

       η——机器人的使用效率 $90\% \sim 95\%$；

       k——修正系数，主针的关闭时间会因喷涂轨迹的不同而不同，需要修正，一般取 0.8。

4.9.3.4 机器人相对工件的喷涂移动速度（喷涂坐标速度）

与喷枪的喷幅、机器人相对工件的喷涂移动速度、机器人的使用效率等有关。可采用下式来计算喷枪的喷涂坐标速度。

$$V = \frac{SO_\mathrm{f}}{Wt\eta k} \tag{4-273}$$

式中 S——该工件的喷涂面积，$\mathrm{m^2}$；

       O_f——喷涂交叠系数（交叠面积为 50% 时 $O_\mathrm{f}=2$；65% 时 $O_\mathrm{f}=3$；75% 时 $O_\mathrm{f}=4$）；

       W——喷幅宽度，$300\mathrm{mm}$ 左右；

       t——喷涂时间，$\min$；

       η——机器人使用效率 $90\% \sim 95\%$；

       k——修正系数 $0.6 \sim 0.9$。

固定式主要槽数量计算表，见表 4-36。

表 4-36 固定式主要槽数量计算表

序号	槽子名称	规格（长×高）/mm×mm	处理时间/h			槽子每天有效工作时间/h	槽子每天装载次数/次	槽子一次装载量（件、m²、kg）	槽子每天生产能力（件、m²、kg）	每天处理生产量（件、m²、kg）	返修率/%	设备数量/台		设备负荷率/%
			工艺基本处理时间	出入槽辅助时间	合计							计算	采用	

固定式涂装设备数量计算表，见表 4-37 和表 4-38。

表4-37　固定式涂装设备数量计算表（一）

序号	设备名称	规格/mm	设备装载量（件、挂或m²）	加工时间（包括辅助时间）/h	设备年时基数/h	设备年生产能力（件、挂或m²）	年生产纲领（件、挂或m²）	返修率/%	设备数量/台		设备负荷率/%
									计算	采用	

表4-38　固定式涂装设备数量计算表（二）

序号	设备名称	规格/mm	设备单位时间生产能力（件、挂、m²/h）	设备年时基数/h	设备年生产能力（件、挂或m²）	年生产纲领（件、挂或m²）	返修率/%	设备数量/台		设备负荷率/%
								计算	采用	

连续生产线悬挂输送机速度计算表，见表4-39。

表4-39　连续生产线悬挂输送机速度计算表

序号	生产线（或工件）名称	挂件间距/mm	设备年时基数/h	返修率/%	输送机速度/m·min⁻¹		设备负荷率/%	备注
					计算	采用		

涂装车间工艺设备明细表，见表4-40。

表4-40　涂装车间工艺设备明细表

序号	平面图号	设备名称	型号	规格	制造厂	单位	数量			电容量/kW		设备价格/万元		备注
							现有	新增	共计	单台	共计	单价	共计	

注：1. 制造厂一栏，如果是非标设备，一般在初步设计阶段还未确定制造厂，故暂不填写。

2. 型号一栏，如是非标设备，填写非标。

3. 电容量中单台一栏，需要按单台设备分电量填写，如0.5t CD1电动葫芦单台电容量为0.8 + 0.2（kW）。

4. 设备价格一栏，如有外币，应注明外币名称。

5 涂装用机械化运输设备设计与计算

设计内容提要

（1）列表说明运入、运出本车间的物料种类（包括涂装工件、材料如涂料、稀料、腻子等）和年运输量。

（2）简要说明车间物料、在制品及成品的贮存、搬运输送方式，主要搬运输送设备的选用。

（3）说明各车间之间的工件搬运输送方式，以及所采用主要搬运输送设备及装置。

（4）涂装作业工序之间的机械化自动化输送设备的选择与计算内容。

（5）说明生产过程机械化、自动化程度。

（6）说明各作业线的搬运及输送设备装置的类型、结构形式、性能、技术特点和服务范围。

输送被涂工件、制品的机械设备是工业涂装线的重要组成部分，它贯通连接各涂装线，是涂装生产线的动脉。在整个涂装生产系统中还起着组织与协调的作用，是实现涂装作业省力化、自动化和科学管理化的核心，它的可靠性、能否稳定的运行，将会直接影响涂装设备的生产效率和涂装质量。机械化运输设备的类型、结构和被涂工件的装挂及输送方式等的选用，在涂装工艺设计中占十分重要的位置。它直接影响工艺设计水平及其经济技术指标，也直接影响涂装线的机械化和自动化程度。

搬运输送设备要根据建设规模、运送物种、产量、工件特点及工艺要求来选用。车间的物料种类和年运输量表如表5-1所示。作为涂装用的运输装置，除了各种运输链外，还应包括起重装置、传送挂具、小车、台车等。涂装用的主要机械化运输设备如表5-2所示。中小批量的涂装生产，宜选用手推车、单轨、电动葫芦、悬挂梁式起重机等搬运设备及步进式的输送机械设备；大批量的涂装生产，宜选用连续通过式的机械化、自动化的架空或地面输送机械设备。

表5-1 年运输量表

序号	物料名称	单 位	数 量	起运地点	到达地点	备 注
	一、运入					
1	……					
2	……					
合 计						

序号	物料名称	单 位	数 量	起运地点	到达地点	备 注
	二、运出					
1	……					
2	……					
合 计						

表 5-2　涂装用主要机械化运输设备

类 别	名 称	特 征
架空输送机	普通悬挂输送机	动力消耗少，维修方便，适用于各种形状被涂物的运输，因吊架间距是固定的，自由度较积放式悬挂输送机少，不具有自动转挂、积放和垂直升降等功能
	双链式悬挂输送机	由同步运行的两条悬挂输送机组成。两条输送机方向也可以用挂杆连接，其功能与普通悬挂输送机相同，前者适用于横向装挂的车架总成类涂装线，后者可供浸漆联合机使用
	轻型悬挂输送机	回转半径小，平面布置方便，使用于轻量的中、小被涂物运输
	积放式悬挂输送机	由牵引轨道和承载轨道组合而成。有能自由的进行分线、合流、存储、垂直升降等功能，适用于各种形状的被涂物的运输
	龙门自动行车输送机	由若干特种行车组成。每台行车能按工艺分工自动往返运作，具有自动装卸、垂直升降等功能，适用于多品种混流生产的中、小件前处理、电泳涂装的运输
	摆杆式输送机	由两条同步运行的链条和"U"形摆杆组成。出入槽角度可达45°，被涂物上方无输送机构，具有自动装卸功能，适用于大批量生产的轿车车身的前处理电泳线
	全旋反向输送机（即 Ro-DIP）	是在摆杆式输送机基础上发展起来的一种前处理电泳线用输送设备，滑橇人槽可以旋转360°，工艺性能良好
	多功能穿梭机	是单机运行的一种前处理电泳用输送设备。车身在槽中可选择不同浸入角度、翻转方式和前进速度，工艺性能良好，但设备价格高
	中心摆杆输送机	是一种新型的输送设备，可用于前处理电泳线上，用以代替积放式悬挂输送机和摆杆式输送机，载荷小车组数量少，可选用 C 型钢，设备价格较便宜，回程可与空中摩擦输送机结合使用
	空中摩擦输送机	用摩擦轮来传递载荷小车组是一种间歇式输送工具，结构简单，工艺布置灵活，无噪音，可以与中心摆杆输送机配套使用，也可用于 PVC 底涂生产线
地面输送机	地面反向积放式输送机	设置在地面上或地沟内的反向积放式输送机，推动载荷小车，可以分流、合流储存和上、下坡运行
	滑橇输送机	是靠放置在地面上的输送链和滚床等装置来输送装有被涂物的滑橇，具有自由分流、合线、积放存储、垂直升降、自由出线等功能，平面布置的自由度大，占地面积小
	鳞板式地面输送机	设在地面上或地沟内的板式链，带动放置在板式链上的被涂物

类　别	名　称	特　征
地面输送机	普通地面推式输送机	设在地面上或地沟内的输送链推动或拉动载荷小车，根据链条的回转方向可分水平回转和垂直回转两种，具有分流、积放、变节距等功能
	地面摩擦式输送机	用摩擦轮来传递载荷小车组，间歇式运行，可以成为链式输送机等地面机械化运输设备的一个重要组成部分
	单链双轨式输送机	适用于轻工产品，小车稳定性好，定位精度高，可用于机器人自动喷涂
起重运输设备	电动葫芦	由电动葫芦和单轨组成。可设计成直线或环形轨道
	单梁起重机	可作纵向与横向运动的起吊装置
	地面升降台	靠压缩空气或液压来升降的工作台，供装卸工件之用
	自行葫芦	由承载轨道、升降葫芦和自行小车组合而成。能按工艺要求的程序自动运行，具有能积放、垂直升降、分线、合流等功能，适用于小批量生产的车身前处理、电泳的运输
	步移式特种起重机	采用特种吊具，自动程序控制，用于前处理，电泳工艺

5.1　涂装生产机械化运输设备选择要点

（1）根据所输送被涂物的形状、大小选用。按照所输送被涂物的形状、大小、质量和工艺特性选择最佳的装挂方式和每个挂具（或小车）的最合理的装载量。

（2）根据年生产纲领和年时基数选用。根据年生产纲领和年时基数，计算出生产节拍和输送机速度，来决定选用间歇式输送机还是连续式输送机及输送机的类型。对于生产节拍在 5min/挂以上，输送机速度低于 2m/min 的场合，前处理、电泳涂装线宜选用步进间歇式输送机（如自行葫芦输送机），中涂、面漆线可选用间歇式输送机也可选用连续式输送机。输送机速度大于 2m/min，生产节拍少于 5min/挂场合，宜采用连续式输送机。

（3）根据涂装工艺各工序的操作要点及其环境来选用。过去由于机械化运输设备品种少，往往是一条悬挂输送机贯穿涂装工艺的全过程，现在随着输送机技术的发展、品种的增多，除小件涂装线仍采用普通或轻型悬挂输送机外，其余均可普遍按照工艺要求选用不同类型的输送机连接在一起贯穿涂装线的全过程。

（4）根据涂装线所要求的自动化程度、投资水平和产品涂层的质量标准确定机械化设备的主要结构形式。

机械化运输设备的具体选择的建议如下：

（1）家电产品、自行车、摩托车和汽车零件等涂装线用设备的选择。洗衣机、电冰箱、自行车、摩托车和汽车等的零件质量轻，产量大，前处理、涂装、烘干等涂装工序可以布置在一条线上，视产品质量，采用轻型悬挂输送机或普通悬挂输送机作为运输工具，当线路很长，链条的实际牵引拉力超过了链条的许用拉力时，可以采用多级拖动方法来解决。

（2）汽车车身等大型被涂物的涂装线用设备的选择。

1）前处理电泳线。当轿车车身，卡车和拖拉机的驾驶室生产5min/台（框）以上时，前处理、电泳一般布置在一条线上，采用自行葫芦作为运输工具。间歇式输送机（如自行葫芦系统）已可实现生产节拍3min/台以上，即两班制、年工作日250天的车身产量可达8万台，此时脱脂、磷化、电泳工位采用双工位技术。对于大批量生产，其生产节拍少于3min/台（框）时，可以选用积放式悬挂输送机或摆杆式输送机作为运输工具，此时，前处理和电泳分别用两条独立的输送机来运送，依靠输送机本身的特性来实现自动过渡。前处理电泳线的输送设备也可采用先进的全旋反向输送机（Ro-DIP）以及多功能穿梭机输送机。汽车、拖拉机车身所用的可换件、小冲压件可组装在一个吊具上与车身、驾驶室一起通过前处理、电泳线，不必另行建小零件线，可充分发挥前处理电泳线的作用。前处理前白车身的储备线，视前处理电泳线所选择的机械化运输设备类型而定，生产方式的目标之一是向储备量为零努力，自行葫芦输送机、积放悬挂输送机本身均有积放存储功能，故而不需另设副链进行储存。

2）烘干工序机械化运输设备的选择。不管前处理电泳线采用什么机械化运输设备，自行葫芦、积放式悬挂输送机、摆杆式输送机或Ro-DIP输送机，从提高产品质量的角度出发，电泳、底漆、中涂、面漆的烘干工序，原则上均采用地面输送机。对于一些长而薄的零件，如汽车车厢板，前处理电泳选用自行葫芦与普通悬挂输送机之间以一套辅助装置实行自动转挂的操作方式。

3）粗密封、底板防护、细密封。粗密封、细密封一般在地面输送机上进行，而地板防护则将车身吊挂在空中喷涂，其机械化运输设备视批量而定，小批量生产可选用普通电动葫芦，中等批量生产则可选用自行葫芦输送机，对于大批量生产的车身，底板防护则选用积放式悬挂输送机、摩擦输送机和反滑橇输送机系统作为运输工具，此时必须辅以自动上下料升降机及吊具自动闭合和打开装置。

4）中涂、面漆喷漆以及补漆线。对于小批量生产，建议选用水平循环地面推式输送机或者垂直循环地面推式输送机，对于中批量和大批量生产，则建议选用地面反向积放式输送机或滑橇输送机系统，视车间的布局而定，若整个涂装车间均是平面布置，则两种形式均可，若涂装车间系立体布置，则选用滑橇输送机系统较为方便且易于满足工艺要求。但无论选用哪一种机械化运输设备，喷漆室地面输送机与烘干室地面输送机必须分开。因喷漆室的地面输送机采用不使涂料落到链条上的结构，而烘干室输送机则要适应热胀冷缩的功能，烘干室的地面输送机在烘干室内部不应刷涂料，以防止烘干过程中涂膜脱落，影响产品质量。

5.2　涂装生产机械化运输设备设计与计算

涂装机械化运输设备的设计与计算主要是按照机械化运输工艺平面布置图来进行。本书主要引自王锡春主编的《涂装车间设计手册》，更多细节可参考该手册。

5.2.1　确定设计计算的原始资料

机械化运输设备的设计计算的原始资料应包括以下内容：

（1）输送机系统的工艺流程图（包括平面布置图和立面图）上应标出轨高，有关工艺设备的位置尺寸、小车的初步配置尺寸、装卸地点、装卸方法等。

（2）输送物件的质量、规格、种类、外形尺寸及特殊性能（如易燃、易碎等）。

（3）输送物件的吊挂方式及吊具的结构要求，包括小零件的组合吊挂方法及吊具结构。

（4）输送系统的生产率、生产节拍或运行速度及调速范围等。

（5）输送机系统的特殊要求，如成套输送、自动装卸及同步运行等。

（6）输送机的工作条件，包括环境温度、湿度、粉尘情况及工作制度等。

（7）输送机所在厂房的土建资料及有关设备方位和水、电、风及气管走向等。

5.2.2　载荷小车组技术参数的确定

积放式悬挂输送机、地面反向积放式输送机、摩擦输送机等载荷小车组均是由前小车、中小车、后小车、连杆和载荷梁组成，其技术参数的选用原则基本相同，滑橇尺寸的大小与工件尺寸大小或工件组合吊架大小有关，载荷小车组常用的形式有二车型、三车型和四车型，根据工件尺寸来选定。

图 5-1 表示积放式悬挂输送机载荷小车组图，载荷小车的前小车、中小车和后小车之间的距离称为小车的中心距，用字母 A（二车组）或 A_1、A_2、A_3、…（三车组以上）表示，对于普通积放式悬挂输送机而言，载荷小车前小车升降爪工作面到后小车或中小车后推抓之间的距离称为传递中心距。对于新型宽推杆输送机而言，由于宽推杆工作面较原牵引链杆加宽了 2~3 倍，从根本上解决了积放小车的传递方式的问题，将原来的二次传递方式，简化为一次传递方式，最大中心距 A 与工件的长度、积放长度有关，而 A_1、A_2、A_3、…选其最大者，则分别与水平回转半径，上拱下挠轨段的半径及角度有关。

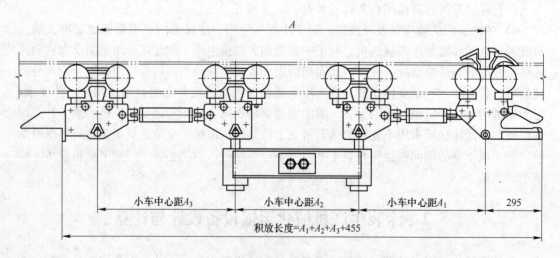

图 5-1　积放式悬挂输送机载荷小车组图

二载荷小车组密集型停靠时，二载荷小车组中心之间的最短距离称为载荷小车组的积放长度，用字母 L 表示，积放长度与最大载荷小车组之间的尺寸关系，随输送机的形式与结构尺寸的不同而有所差别，可根据手册来确定。

5.2.2.1 最大载荷小车中心距 A 的确定

最大载荷小车中心距的确定，应满足输送物件在积存时留有足够的间隙，最小运动间隙为 200~300mm，一般输送机的积放长度就能满足此要求。同时还应考虑水平回转时的通过性校验。

5.2.2.2 一般载荷小车中心距的确定

最大载荷小车组的中心距分别由两个或三个以上的一般中心距 A_1、A_2、A_3、…所叠加而成的，在一般载荷小车的数个中心距中，由于结构的原因不可能完全相同，择其大者来选择水平回转半径和上拱下挠半径。

5.2.2.3 载荷小车组中心距与弯轨半径的确定

A 水平弯轨半径的确定

积放式悬挂输送机、反向积放式输送机或者是摩擦传动输送机，载荷小车组通过水平回转段时，牵引链推杆或者摩擦传动轮经前小车、连杆和载荷梁将牵引力传递给中小车和后小车，由于连杆和载荷梁的制约作用，前小车、中小车和后小车的导轮会对槽钢轨道翼缘产生较大的侧面压力，连杆或载荷梁的轴线方向与单个小车的运动方向的夹角（压力角）越大，导轮对轨道的侧面压力就越大，当连杆或载荷梁轴线进入到小车运动方向的摩擦角范围内时，小车就会被锁死，为了减少小车导轮对槽钢轨道翼缘的侧面压力，减少其磨损，通常情况下，连杆或载荷梁轴线与小车运动方向的夹角不得大于 60°（见图 5-2），当载荷小车通过大于 90°的水平回转段时，小车中心距 A 和水平弯轨半径 R 的关系为：

$$A \leqslant 2R\cos 30° = \sqrt{3}R \tag{5-1}$$

当载荷小车通过 90°水平回转段时，小车中心距 A 和水平弯轨半径 R 的关系为：

$$A \leqslant 2R \tag{5-2}$$

当载荷小车通过道岔时，由于道岔舌板结构的限制，道岔的水平弯轨半径为一定值，为了使小车中心距较大的承载小车能够顺利地通过道岔，可以采用减小道岔转向角度的方法来解决。道岔的转向角度一般采用 45°或 60°，只有载荷小车中心距较小时，才采用 90°转向道岔。

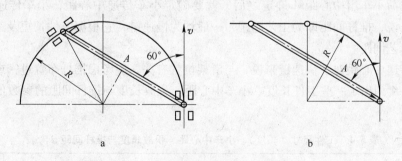

图 5-2 载荷梁与水平弯轨的关系

B 垂直弯轨半径的确定

积放式悬挂输送机，反向积放式输送机的垂直弯轨半径除了与链条节距和滑架间距有关外，还与载荷小车中心距有一定的关系。因而对联系杆或均衡梁的长度有一定的要求，当承载小车中心距较大，垂直弯轨半径较小时，在垂直弯轨的下挠段，承载小车的联系杆或载荷梁将会与承载轨底部产生运动干涉，详见图5-3。故而应通过计算来进行校正。

最后确定载荷小车中心距 A 或 A_1，A_2，其计算公式如下：

$$A(A_1,A_2) \leqslant 2\sqrt{(2R'+H+h)(H-h)}$$

$$(5-3)$$

式中　h——联系杆或均衡梁至下挠圆弧轨底的最小距离；

　　　　H——载荷小车牵引点至下挠圆弧轨底的距离；

　　　　R'——下挠圆弧轨底半径。

$A(A_1,A_2)$ 见图5-1，其推荐值见表5-3。

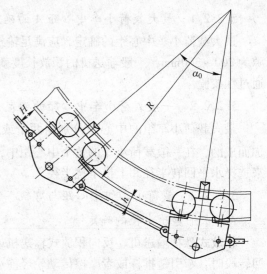

图5-3　下挠段通过性计算图

表5-3　$A(A_1,A_2)$ 的推荐值 （mm）

输送机型号	R'	H		A_1		A（或 A_2）	
		联系杆	均衡梁	推荐值	极限值	推荐值	极限值
WTJ3	2239	59	100	400	700	850	1100
WTJ4	3294	69	200	500	950	1700	2100
WTJ6	6367	78	250	950	1400	2000	2800

注：WTJ3、WTJ4、WTJ6分别为3″、4″、6″推杆悬链的链条节距。

为了避免承载小车的联系杆或载荷梁与承载轨底的运动干涉，可采取缩短小车中心距、加大垂直弯轨半径、加长载荷梁的承载销长度、改变联系杆的结构形式等措施。

5.2.2.4　小车传递中心距即牵引链条推杆间距的确定

最大载荷小车组中心距 A 确定之后，就要确定小车传递中心距，小车传递中心距对于工艺链来说，推杆间距即为工艺间距，一般均为慢速链，它根据工件长短及工艺操作空间来决定工艺间距。

小车传递中心距对于快速链来说，与滑架位置有关，应考虑推杆布置过密或过稀的经济性。表5-4列出了一些工件长度、小车中心距、积放长度与推杆间距的参数值，可供选用时借鉴。

表5-4　工件尺寸（长度）、小车中心距、积放长度与推杆间距参考表 （mm）

输送机		车型及工件尺寸	小车中心距	积放长度	推杆间距
形式	链条节距				
工艺链	6″	4770×1815×1440	$1300(A_1)+2000(A_2)+1530(A_3)=4830(A)$	5300	6434（42t）
工艺链	6″	4500×1750×1530	$1200(A_1)+1800(A_2)+1530(A_3)=4530(A)$	5455	5821.6（38t）
储存链	6″				1225.6（8t）

输送机		车型及工件尺寸	小车中心距	积放长度	推杆间距
形式	链条节距				
工艺链	6″	4500 × 2000 × 1500	$1300(A_1) + 1800(A_2) + 1300(A_3) = 4400(A)$	4970	6434.4(42t)
储存链	6″				910.2(6t)
工艺链	6″	4320 × 1600 × 1452	$1000(A_1) + 2038(A_2) + 1073(A_3) = 4111(A)$	5181	5821.6(38t)
工艺链	6″	4040 × 1640 × 1900	$1200(A_1) + 1800(A_2) + 1530(A_3) = 4530(A)$	5000	5821.6(38t)
储存链	6″				1225.6(8t)
储存链	4″	4650 × 1800 × 1250	$1200(A_1) + 2000(A_2) + 1800(A_3) = 5000(A)$	5455	1433.6(14t)
储存链	4″	4200 × 1662 × 1424	$1450(A_1) + 1800(A_2) + 1424(A_3) = 4674(A)$	5150	2048(20t)

5.2.3 滑架与链条的选择

滑架与链条是积放式悬挂输送机与地面反向积放式输送机的基本元件，也是通用悬挂输送机的基本元件。涂装车间输送机常用牵引链条的节距分 100mm 和 160mm 两种，此为 XT 系列，是国家标准件，常用于通用悬挂输送机系统中，而积放式悬挂输送机和地面反向积放式输送机目前的牵引链条仍沿用 WT 系列。此系列为美国标准，表 5-5 中列出了两种不同系列牵引链条和滑架的基本参数。

表 5-5 两种不同系列牵引链条和滑架的基本参数

牵引链型号	XT80	XT100	XT160	WT3	WT4	WT6
链条节距/mm	80	100	160	76.6	102.4	153.2
链条许用拉力/kN	11	15	30	9	15	27
滑架许用载荷/kN	1.25	2.5	4	1.1	2.3	5
链条运行速度/m·min^{-1}	0.3 ~ 15			0.3 ~ 18		
输送线极限长度/m	450	600	750	450	600	750
角驱动弯轨半径/mm	330	413	404			
最小水平回转半径/mm	203	317	404	300	450	600
最小垂直弯曲半径/mm	1600	2000	3150	1200	1700	3400
最小吊挂间距/mm	320	400	600	306.4	409.6	612.8

表 5-5 中链条的许用拉力是在良好工作环境下的许用拉力，如装配车间、家电及仪表生产车间等，对于涂装车间的工作环境，由于水蒸气、漆雾及腐蚀性气体的污染，属于恶劣性环境，其链条许用拉力相对降低 15% ~ 20% ，表中所列许用拉力为在速度为 8m/min 以下时选用，若速度大于此值，如快速链，其运行速度为 15m/min ，则其需用拉力还得降低 7% ~ 9% 。

表 5-5 列出了各种输送机的极限长度，建议对于单级驱动的输送机而言，XT100 型输送机或 WT4 型输送机的长度不要大于 400m，XT160 型输送机或 WT6 型输送机的长度不要大于 600m，若大于此数，则考虑选用多级驱动的输送机。

表 5-5 中还列出了各种链条的最小吊挂距，此最小吊挂间距实际上即为最小滑架间

距，合理的吊挂间距是要根据工件的大小、转挂方式、停歇时间、摆幅及允许的最小运动间隙来确定的。

　　输送机并行轨线之间的距离，必须保证最大尺寸的物件之间的净空间间隙不少于300mm，并需校核垂直弯曲段的通过性和水平弯曲段的通过性，对于小零件要做此校核，对于大零件也需要做此校核，对于通用悬挂输送机需要做此校核，对于多车组积放式悬挂输送机或地面反向积放式输送机也要做此相似的校核。

5.2.3.1　垂直弯曲段与水平回转段通过性校核

A　垂直弯曲段通过性校核

为了保证物件在垂直弯曲段爬坡轨道上的顺利通过，物件的实际运动间隙 e 必须满足如下条件（见图5-4）：

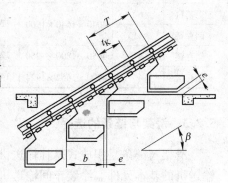

$$e = T_{min}\cos\beta_{max} - b_{max} \geq e_{min} \qquad (5-4)$$

式中　T_{min}——物件的最小吊挂间距，mm；

　　　　β_{max}——垂直弯曲段爬坡轨道的最大倾角，（°）；

　　　　b_{max}——物件纵向尺寸的最大值，mm；

图 5-4　垂直弯曲段通过性校核

　　　　e_{min}——物件的最小运动间隙，通常情况下，$e_{min} = 200 \sim 300$mm。

B　水平回转通过性校核

a　180°水平回转段通过性校核

保证物件在180°水平回转段顺利通过的条件（见图5-5）是

$$e = 2R\sin\alpha - \sqrt{a^2 + b^2}\cos(\alpha + \gamma) \geq e_{min} \qquad (5-5)$$

式中　R——水平弯轨半径，mm；

　　　　α——相邻物件所对圆心角之半，（°），$\alpha = \dfrac{T}{\pi R} \times 90°$；

　　　　T——物件吊挂间距，mm；

　　　　a——物件的横向尺寸，mm；

　　　　b——物件的纵向尺寸，mm；

　　　　γ——物件的纵向尺寸与其对角线的夹角，（°），$\gamma = \arctan\dfrac{a}{b}$。

式（5-5）中的特殊情况有以下三种：

（1）当物件旋转时：

$$e = 2R\sin\alpha - \sqrt{a^2 + b^2} \qquad (5-6)$$

（2）当物件为圆形截面时（d 为物件直径）：

$$e = 2R\sin\alpha - d \qquad (5-7)$$

（3）当物件为正方形截面时（a 为正方形边长）：

$$e = 2R\sin\alpha - \sqrt{2}a\cos(\alpha - 45°) \qquad (5-8)$$

b　90°水平回转段通过性校核

（1）当 $T > 0.5\pi R$ 时，保证物件在90°水平回转段顺利通过的条件（见图5-6）是：

$$e = \sqrt{2}\left[0.5T + (1 - 0.25\pi)R\right] - \sqrt{a^2 + b^2}\cos(45° - \gamma) \geqslant e_{\min} \tag{5-9}$$

或

$$e = \sqrt{2}(0.5T + 0.2146R) - \sqrt{a^2 + b^2}\cos(45° - \gamma) \geqslant e_{\min}$$

式（5-9）中的特殊情况有以下三种：

1）当物件旋转时：

$$e = \sqrt{2}(0.5T + 0.2146R) - \sqrt{a^2 + b^2} \tag{5-10}$$

2）当物件为圆形截面时：

$$e = \sqrt{2}(0.5T + 0.2146R) - d \tag{5-11}$$

3）当物件为正方形截面时：

$$e = \sqrt{2}(0.5T + 0.2146R - a) \tag{5-12}$$

（2）当 $T \leqslant \frac{1}{2}\pi R$ 时，物件在90°水平回转段的通过性校核与180°水平回转段情况相同，用式（5-5）~式（5-8）校核。

在方便的情况下，也可以用图解分析法进行通过性校核。另外还需要说明一点：由于水平回转段各链节的中心线外切于轨道半径的圆弧线，故物件的实际运动间隙略小于上述计算值，其计算误差通常很小（1.5~16mm），可略去不计。

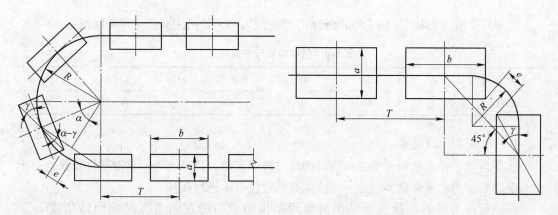

图 5-5 180°水平回转段通过性校核　　图 5-6 90°水平回转段通过性校核

5.2.3.2 吊挂间距与弯轨半径的选择

A 吊挂间距的选择

输送物件的吊挂间距 T 是根据物件在垂直弯曲段和水平回转段的通过性来决定的，而且吊挂间距必须是链条节距 p 的偶数倍，即

$$T = 2ip \tag{5-13}$$

式中 i——正整数$(i = 1,2,3,\cdots)$。

当需要在吊具上完成一定的工艺操作时，除校核物件在垂直弯曲段和水平回转段的通过性外，还应根据工艺要求校核吊挂间距的选取是否合理。

吊挂间距一般采用 $T = (4 \sim 16)p$，当吊挂间距 $T \geqslant 10p$ 时，则应在两负载滑架之间设置空载滑架，以作为牵引链条的支撑构件（见图5-7）。

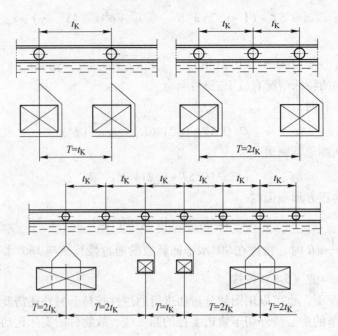

图 5-7   吊挂间距的选择与滑架布置

滑架间距通常采用 $t_K = (4 \sim 8)p$ （包括空载滑架），常用的吊挂间距和滑架间距见表 5-6。

表 5-6   吊挂间距与滑架间距

吊挂间距 T	$4p$	$6p$	$8p$	$10p$	$12p$	$14p$	$16p$
滑架间距 t_K	$4p$	$6p$	$8p$	$4p$、$6p$	$6p$	$6p$、$8p$	$8p$

B   弯轨半径的选择

水平弯轨半径的选择主要是由物件的通过性决定的，详见水平回转通过性校核。由于角型驱动装置的水平弯轨半径是一定值，其通过性必须进行校核。

垂直弯曲半径的选择主要是由滑架间距仅和牵引链在铅垂方向的回转角度 φ 决定，则：

$$R = (1.5 \sim 2.5) \frac{t_K}{2\sin(1.5\varphi)} \tag{5-14}$$

XT 系列输送机垂直弯轨半径的推荐值见表 5-7，WT 系列输送机垂直弯轨半径的推荐值见表 5-8。

表 5-7   XT 系列输送机垂直弯轨半径的推荐值

链条节距 p/mm	垂直弯曲段链条张力与许用张力之比								
	50%			75%			100%		
	$R^{①}$/m								
	$4p$	$6p$	$8p$	$4p$	$6p$	$8p$	$4p$	$6p$	$8p$
80	1.6	2	2.5	2	2.5	3.15	2.5	3.15	4

续表 5-7

链条节距 p/mm	垂直弯曲段链条张力与许用张力之比								
	50%			75%			100%		
	R①/m								
	$4p$	$6p$	$8p$	$4p$	$6p$	$8p$	$4p$	$6p$	$8p$
100	2	2.5	3.15	2.5	3.15	4	3.15	4	5
160	3.15	4	5	4	5	6.3	5	6.3	8

① 滑架间距 $t_K = (4 \sim 9)p$ 时，垂直弯轨半径的推荐值。

表 5-8   WT 系列输送机垂直弯轨半径的推荐值

牵引链型号	滑架间距 $t_K = (4 \sim 8)p$ 时，垂直弯轨半径的最小值和推荐值					
	$4p$		$6p$		$8p$	
	最小值/m	推荐值/m	最小值/m	推荐值/m	最小值/m	推荐值/m
X-348	1.2	1.5	1.2	2	2	2.4
X-458	1.7	2.4	2.1	3	2.7	3.6
X-678	3.4	4.6	4.9	6	—	—

5.2.3.3 垂直弯轨与水平弯轨的连接

通用悬挂输送机运行过程中，为了避免牵引链产生螺旋型弯曲，并保证牵引链与回转装置的链轮、光轮或滚子组正确啮合，垂直弯轨和水平弯轨之间的连接长度必须保证不小于最大滑架间距的 1.5 倍（见图 5-8）。

对于积放式悬挂输送机而言，L_x 值应不小于最大载荷小车的中心距。

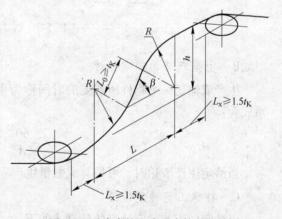

图 5-8   垂直弯轨和水平弯轨的连接

5.2.4 输送机生产率、链条速度及生产节拍的计算

5.2.4.1 链速的确定

A   由数量生产率确定链速

（1）当输送同一种物件，且每一吊具上物件的数量相等时，牵引链的运行速度为：

$$v = \frac{ZTK}{60M\psi} \quad (\text{m/min}) \tag{5-15}$$

式中 Z——物件的数量生产率，即每小时输送的件数，件/h；

T——吊挂间距，m；

M——每个吊具上的物件数量，件；

ψ——工时利用系数，考虑到检修及其他停工时间，通常取 $\psi = 0.85 \sim 0.95$；

K——输送能力储备系数，由输送物件的生产性质决定，通常取 $K = 1.05 \sim 1.20$。

（2）当输送几种物件，且每一吊具上物件的数量不等时，牵引链的运行速度为：

$$v = \frac{TK}{60\psi} \sum \frac{Z_i}{m_i} \quad (\text{m/min}) \tag{5-16}$$

式中　Z_i——每种物件的数量生产率，件/h；

　　　m_i——每一吊具上各种物件的吊挂数量，件。

（3）当成套输送几种物件时，应按一组滑架进行计算，如图5-9所示，牵引链的运行速度为：

$$v = \frac{ZnTK}{60M\psi} \quad (\text{m/min}) \tag{5-17}$$

式中　Z——物件的成套生产率，即每小时输送物件的套数，套/h；

　　　n——每套物件所占的滑架间距数。

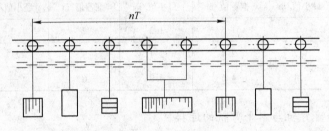

图 5-9　物件的成套输送

B　由生产节拍确定链速

生产或输送一个物件所需要的时间称为生产节拍。数量生产率 Z 与生产节拍 A 的关系式为：

$$Z = \frac{60}{A} \quad (\text{件/h}) \tag{5-18}$$

当给定生产节拍时，可换算成数量生产率，然后确定牵引链的运行速度。

C　特殊工艺确定链速

由特定的工艺确定链速的计算式如下：

$$v = \frac{L}{t_0} \quad (\text{m/min}) \tag{5-19}$$

式中　L——工艺操作段的长度，m；

　　　t_0——工艺操作时间，min。

上面介绍的计算方法是通用式，对于特殊的输送机如积放式悬挂输送机等，还要进行分支道岔生产率的计算、合流道岔生产率的计算等。在各类输送机的计算中，升降装置的生产节拍是全线最薄弱的环节，故而必须进行升降装置生产节拍的核算。

5.2.4.2　升降装置（含升降机）生产节拍的计算

在各类输送机中，积放式悬挂输送机、自行葫芦、滑橇输送机系统等都会装有升降机，而升降机的生产节拍是输送机生产率的薄弱环节，必须进行生产节拍的核算，但由于各类升降装置，其用途不同，结构也不同，因而很难用一套公式概括来计算，下面介绍一种计算方法与两个计算实例，仅供参考。

A 升降段生产率的计算

图 5-10 所示为积放式悬挂输送机装载工位升降段，从升降段前面 B 点停止器发出的派载小车，经过一次牵引链的后推传递到 C 点停止器，延时后升降轨下降、下降到位，进行装载，装载完毕，升降机上升，上升到位，C 点停止器打开，承载小车组离开升降段，当承载小车组运行到 D 点的清除开关时，B 点停止器才能再次打开，允许第二辆承载小车组进入升降段。

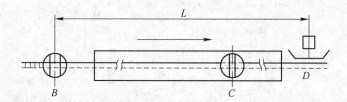

图 5-10 升降段生产率的计算

承载小车组从 B 点到 D 点时，牵引链有可能走过的最大距离还包括以下内容：

(1) B 点停止器打开时，送车的牵引链有可能损失一个推杆间距 T。

(2) 承载小车组从 B 点到 C 点，牵引链有一次传推传递过程，更换推杆时牵引链的损失距离为 $nT-A$（n 为使 $nT>A$ 的最小自然数，A 为小车中心距）。

(3) 传递后接车的牵引链又可能损失一个推杆间距 T。

(4) C 点停止器打开时，又可能损失一个推杆间距 T。

(5) 从 B 点到 D 点，承载小车组走过的路程为 $L+A$，所以，承载小车组从 B 点到 D 点，牵引链有可能走过的最大距离为：

$$L_{\max} = T + (nT-A) + 2T + (L+A) = L + (n+3)T \tag{5-20}$$

满足系统生产率的条件为：

$$L_{\max}/v + \Delta t + \sum t \leqslant M \tag{5-21}$$

或

$$L_{\max} + v(\Delta t + \sum t) \leqslant v/J \tag{5-22}$$

式中 v——牵引链的运行速度，m/min；

M——生产节拍，min，$M = 1/J$；

J——线路生产率，件/min；

Δt——升降机下降前的延时时间，min；

$\sum t$——升降机升降及工位操作时间，min。

积放式悬挂输送机系统中还有很多限制输送频率的地方，但生产率计算的方法大致相同。当达不到系统生产率要求时，可以通过提高牵引链运行速度、合理安排停止器的位置和采用密集型推杆等方法来提高线路的输送频率。目前为了提高升降段的生产节拍，升降段很少利用推杆来推动小车组，而是利用汽缸来直接传送。

B 自行葫芦输送机生产节拍的计算

涂装车间前处理电泳经常选用自行葫芦输送机作为运输工具，前处理电泳线的工位很多，如脱脂、水洗、电泳等，设生产节拍要求为 3.33min/台，现以单工位即水洗工位为例，该工艺过程，槽中采用单工位完成，工艺节拍的核定如下所述。

单工位工艺动作：当小车进入水洗工位停止后，快速下降至一定高度，慢速入水直至全部浸入，摇摆 1 次，停留一段时间（浸入即出）后，摇摆 1 次，慢速起升至一定高度后，快速起升至规定高度沥水后行至下一工位（见图 5-11）。

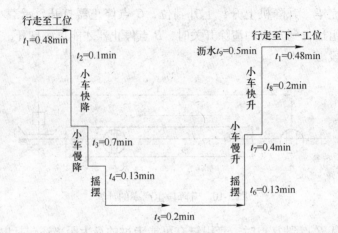

图 5-11　自行葫芦输送机单工位工艺动作图例

（1）上工位行走至第一工位时间。$t_1 = 8.0$（高速行走距离）$÷ 20 + 0.4/5 = 0.4 + 0.08 = 0.48$min。

（2）下降时间。下降高度为 3.25m，前 1.15m 采用高速下降，后 2.1m 采用低速下降。则下降时间为：

1）小车快速下降时间：$t_2 = 1.15 ÷ 12 = 0.1$min；

2）小车慢速下降时间：$t_3 = 2.1 ÷ 3 = 0.7$min；

3）摇摆时间：按上下抖动 1 次计算，每次抖动高度差为 400mm，则 $t_4 = 0.4 ÷ 3 = 0.13$min，停留时间 $t_5 = 0.2$min；

4）摇摆时间：按上下抖动 1 次计算，每次抖动高度差为 400mm，则 $t_6 = 0.4 ÷ 3 = 0.13$min。

（3）起升时间。前 1.15m 采用低速起升，后 2.1m 采用高速起升。则起升时间为：

1）慢速起升时间：$t_7 = 1.15 ÷ 3 = 0.4$min；

2）快速起升时间：$t_8 = 2.1 ÷ 12 = 0.2$min。

（4）沥水时间。$t_9 = 0.5$min。

工艺时间运行图如图 5-11 所示。

工位工艺时间如下式：

$$t_1 + t_2 + t_3 + t_4 + t_5 + t_6 + t_7 + t_8 + t_9$$
$$= 0.48 + 0.1 + 0.7 + 0.13 + 0.2 + 0.13 + 0.4 + 0.2 + 0.5$$
$$= 2.84\text{min}$$

从以上分析可以得出，经过优化配置，每个工位的工艺工作时间未超出工艺节拍要求的 3.33min/台。

C 滑橇输送机系统中升降机生产节拍的计算

图 5-12 表示某厂滑橇输送机系统中一台高温升降机生产节拍核算图例，图示升降机行程为 5500mm，工件送入行程为 6800mm，工件送出行程为 5800mm，升降机及滚床速度为 24m/min，变频调速，生产节拍要求为 3.33min/台，升降机节拍为 89s 符合要求。

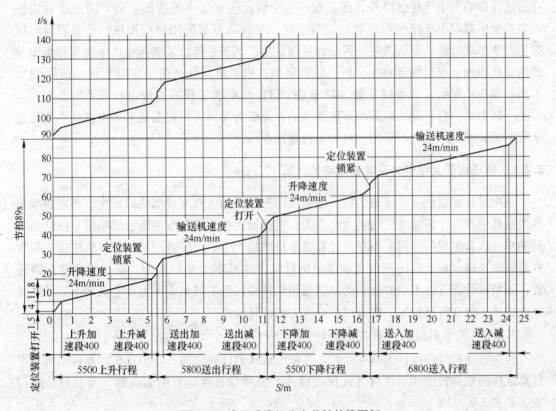

图 5-12　高温升降机生产节拍核算图例

5.2.5 输送机系统中载荷小车组（或滑橇）数量的确定

这里所说的输送机系统含积放式悬挂输送机系统、反向积放式输送机系统、滑橇输送机系统、摩擦输送机系统以及自行葫芦输送机等，在此类输送机系统中载荷小车组（或滑橇）的数量是有一定范围的，超过这个范围，载荷小车组数量过多，达到某一极限值时，整个系统中载荷小车组（或滑橇）就会全部停止运行，甚至不能正常工作，达不到规定生产率的要求。载荷小车组（或滑橇）数量过少时，周转调度不过来，不能满足生产率的要求。因此在输送机系统中选择最佳的载荷小车（或滑橇）数量是很重要的。在输送机系统中生产率是靠停止器、感应开关、光电开关等各种控制元件的发车频率来保证的。如果在输送机系统中各类控制元件都能按生产节拍发车，输送机生产率就能得到满足，各类控制元件按生产节拍发车的条件有两个：一是"有车可发"；二是"允许发车"。按照有车可发的原则，可以计算出最小载荷小车组（或滑橇）数，根据允许发车的原则，可以计算出最多载荷小车组数。

输送机系统中载荷小车组（或滑橇）的数量只要在满足生产率条件下，选在最小载荷小车组（或滑橇）和最多载荷小车组（或滑橇）数之间就能正常工作。在涂装车间有许多不同的工艺操作段，如喷涂、烘干、冷却等，在这些工艺操作区内，运载物是按照一定间距运行的，其载荷小车组（或滑橇）的数量等于工艺段长度与运载物的运动间距之比，工艺操作段内载荷小车组（或滑橇）的数量是固定的，存储段在生产停歇时除能储存工艺段的载荷小车组数以外，还应有一定空载荷小车组（或滑橇）数，因此在确定输送机系统中载荷小车组（或滑橇）的数量时，必须认真研究用户所提供的信息资料，根据生产率要求、弹性储备系数、系统储存量、生产调节系统以及实际生产中空车和重车的比例变化等因素进行综合对比分析，以确定输送机系统最佳载荷小车组数量（或滑橇），不同的载荷小车组（或滑橇）数，对于整个输送机系统工程的造价也有显著的影响，应一并予以考虑。自行葫芦载荷小车组数量的计算较为简单，可根据前处理电泳线单车走完全程所需时间，除以生产节拍，再加 1 台备用即可。

5.2.6 输送机最大牵引力及电机功率的计算

通用悬挂输送机、悬挂输送机、地面反向积放式输送机可根据线路长度、布置情况及各段负载情况，计算输送机的最大牵引力。滑橇输送机系统与摩擦输送机系统是由许多不同的单元联合组成的，因而不存在计算输送机的最大牵引力问题。通用悬挂输送机、积放式悬挂输送机、地面反向积放式输送机的计算方法基本上是相同的。对于快速储存链而言，仅负载计算方法不同而已，此处就通用悬挂输送机的最大牵引力及电机功率的计算做简要描述，仅在特殊情况下需进行逐点张力的计算。

5.2.6.1 牵引链的线载荷及运行阻力

作为输送机线路设计的基本参数，在牵引链张力计算之前，必须首先计算输送机各类计算区段的单位长度移动载荷（或称线载荷）及单位长度运行阻力。以下分三种情况讨论，见表5-9。

表5-9 牵引链的线载荷及运行阻力计算公式

计算区段	单位长度移动载荷 $q_i/\text{N}\cdot\text{m}^{-1}$	单位长度运行阻力 $f_i/\text{N}\cdot\text{m}^{-1}$
空载段	$q_1 = q_0 g + \dfrac{1}{T}(P_0 + P_1 + P_2)g$	$f_1 = Cq_1$
负载段	$q_2 = q_1 + \dfrac{1}{T}Qg$	$f_2 = Cq_2$
装卸段	$q_3 = 0.5(q_1 + q_2)$	$f_3 = Cq_3$

注：q_0—单位长度链条质量，kg/m；T—吊挂间距，m；P_0—吊具质量，kg；P_1—空载滑架质量，kg；g—重力加速度，$g=9.8\text{m/s}^2$；P_2—负载滑架（包括重载滑架）；Q—输送物件质量，kg；C—水平直线段运行阻力系数。

当环境温度在 0°以上、负载滑架载荷在 1000N 以上时，XT 系列输送机水平直线段运行阻力系数 C 见表5-10。当负载滑架载荷小于 1000N 时，水平直线段运行阻力系数 C 应乘以修正系数 K，K 值可由图5-13查得。

表 5-10　水平直线段运行阻力系数

输送机工况条件	Ⅰ类	Ⅱ类	Ⅲ类
水平直线段运行阻力系数 C	0.015	0.02	0.027

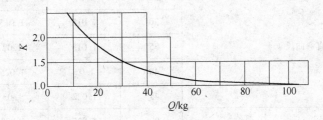

图 5-13　阻力系数的修正图

5.2.6.2　牵引链的最大张力计算

牵引链的最大张力概算由下式决定：

$$S_{max} = S_0\gamma + (f_1L_1 + f_2L_2 + f_3L_3)(1 + K\gamma) + (q_2 - q_1)(H_2 - H_1) \tag{5-23}$$

式中　S_0——初张力，通常取 $S_0 = 500 \sim 1000\mathrm{N}$；

f_1——空载段单位长度运行阻力，N/m；

f_2——负载段单位长度运行阻力，N/m；

f_3——装卸段单位长度运行阻力，N/m；

L_1——空载段展开长度，m；

L_2——负载段展开长度，m；

L_3——装卸段展开长度，m；

γ——局部阻力综合系数，$\gamma = (\psi^x \xi^y \lambda^z)$；

ψ——垂直弯曲段的阻力系数；

ξ——链轮及光轮水平回转段的阻力系数；

λ——滚子组水平回转段的阻力系数；

x——全线垂直弯曲段的个数（上拱段，下挠段各计一次）；

y——全线链轮及光轮水平回转段的个数；

z——全线滚子组水平回转段的个数；

K——局部阻力经验系数，当 $x + y + z \leqslant 5$ 时，$K = 0.50$，当 $x + y + z > 5$ 时，$K = 0.35$；

q_1——空载段的移动载荷，N/m；

q_2——负载段的移动载荷，N/m；

H_1——装载点的线路标高，m；

H_2——卸载点的线路标高，m，当 $H_2 < H_1$ 时，以 $H_2 - H_1 = 0$ 计。

垂直弯曲段和水平回转段的阻力系数又称比增系数，也就是说，牵引链每经过一个垂直弯曲段或水平回转段，其增加后的张力值均为原来张力的某一倍数。XT 系列输送机阻力系数 ψ、ξ、λ 值见表 5-11，WT 系列输送机阻力系数 C、ψ、ξ、λ 值见表 5-12 ~ 表 5-14。

表 5-11 XT 系列输送机运行阻力系数

阻 力 系 数			转角	输送机工况条件		
				Ⅰ类（良好）	Ⅱ类（良好）	Ⅲ类（良好）
垂直弯曲段 ψ			≤25°	1.01	1.012	1.018
			30°	1.012	1.015	1.02
			35°	1.015	1.02	1.025
			40°	1.02	1.025	1.03
			45°	1.022	1.03	1.035
链轮及光轮水平回转段 ξ	滚动轴承	$R \leqslant 450mm$	90°	1.025	1.033	1.045
			180°	1.03	1.04	1.055
		$R > 500mm$	90°	1.02	1.025	1.035
			180°	1.028	1.036	1.05
	滑动轴承	$R \leqslant 450mm$	90°	1.035	1.045	1.065
			180°	1.04	1.055	1.075
		$R > 500mm$	90°	1.03	1.036	1.05
			180°	1.04	1.05	1.07
滚子组水平回转段 λ			30°	1.02	1.025	1.03
			45°	1.025	1.032	1.04
			60°	1.03	1.037	1.045

表 5-12 WT 系列输送机运行阻力系数

链条节距	直线段运行阻力系数 C	垂直弯曲段阻力系数 ψ		
		15°	30°	45°
3″	0.02	1.011	1.021	1.031
4″	0.015	1.008	1.016	1.024
6″	0.011	1.006	1.012	1.017

表 5-13 WT 系列输送机光轮水平回转阻力系数 ξ

回转角度	滚 动 轴 承				石墨合金轴承			
	链条润滑良好		链条无润滑					
	$R < 400mm$	$R \geqslant 450mm$	$R < 400mm$	$R \geqslant 450mm$	$R = 300mm$	$R = 450mm$	$R = 600mm$	$R = 750mm$
90°	1.012	1.008	1.025	1.02	1.053	1.038	1.031	1.026
180°	1.015	1.01	1.035	1.028	1.071	1.05	1.039	1.033

表 5-14　WT 系列输送机滚子组水平回转段阻力系数 λ

轨道半径 /mm	转　　角				
	30°	45°	60°	90°	180°
450	1.018	1.024	1.03	1.042	1.078
600	1.016	1.022	1.028	1.04	1.076
900	1.015	1.021	1.027	1.039	1.075
1500	1.014	1.02	1.026	1.038	1.074

通常情况下，牵引链张力概算的最大值应小于其许用张力，特殊情况下允许超载 25%，但此时必须进行逐点张力校核，确保输送机系统的可靠运行。

5.2.6.3　传动装置处驱动链轮的驱动力

根据牵引链最大张力概算可以按下式计算出传动装置处驱动链轮的驱动力：

$$F = K(S_{max} - S_{min}) \tag{5-24}$$

式中　K——驱动系数，通常取 $K = 1.1 \sim 1.3$；

　　　S_{max}——牵引链的最大张力，N；

　　　S_{min}——牵引链的最小张力，$S_{min} = 500 \sim 1000N$。

5.2.6.4　传动装置处电动机功率的计算

传动装置处电动机功率的计算式如下：

$$P = \frac{KFv}{60000\eta} \tag{5-25}$$

式中　F——驱动链轮的驱动力，N；

　　　v——输送机的最大运行速度，m/min；

　　　η——传动装置的总传动效率。

6 涂装车间动力计算

设计内容提要

（1）能耗。计算并列表说明本车间所需各种能源的消耗量。动力消耗量表见表6-6。

（2）节能。说明本车间在节能方面所采取的具体措施。

1）说明车间的专业化协作。

2）说明采用合理用能的新技术、新工艺、新设备、新材料。

3）改进生产工艺，采用清洁生产工艺、低温生产工艺、快干涂料及低温烘干涂料。

4）选用先进节能设备、提高设备运行率和负荷系数。

5）能源的选用、先进的加热技术、加热设备的有效保温技术、余热回收利用及能源综合利用等技术的应用和效果。

6）节电、节水、节气、节油技术及综合节能技术，能源管理及监测等方面，所采取的措施和取得的效果及其经济效益。必要时，可与改造前、同行业平均及先进水平作比较。

7）在改建和扩建项目设计中，淘汰耗能大的陈旧设备。

车间动力来源较多，涂装车间常用的动力有水、热水（生产用）、蒸汽、压缩空气、燃气（天然气、液化石油产品）、燃油、电等。车间动力消耗也是涂装工艺设计的一个重要环节。在设计前期阶段，仅需对各动力消耗作概略估算；初步设计阶段，需按各设备或各生产线的所用动力消耗进行估算；施工图设计阶段，待设备设计或制造确定后，动力消耗较为准确，可对以前提出的动力消耗作出修正。该章中的计算可结合第4章进行综合考虑。作为车间设计人员，在设计中应该做到：（1）保证正常的使用；（2）节省能源。这些问题在前处理工序、喷漆中的漆雾的捕捉和电泳涂装过程中都需认真加以考虑。动力消耗设计主要涉及动力消耗量表（见表6-6），蒸汽供应设计任务书（见表1-8），热水供应设计任务书（见表1-9），压缩空气供应设计任务书（见表1-10）等。

6.1 水消耗量

6.1.1 涂装车间用水的形式及使用点

涂装车间用水的形式主要有两种：（1）一般的水（自来水）：前处理、喷漆室、电泳等一般要求时使用。（2）去离子水：要求高的场合，前处理、电泳后的最后一道水洗，电泳槽供水等使用。

具体使用点包括：

（1）化学前处理线及电泳涂漆线清洗用水。

（2）配制溶液及调整溶液或向溶液槽补充等用纯水。

（3）对被处理件最后清洗要求洁净较高的，用纯水清洗。

（4）喷漆室漆雾净化过滤装置用水、涂层湿打磨设备冷却用水。

（5）高压水冲洗除锈及退漆用水，液体喷砂机用水等。

对水质、水压和水温的要求，参见第10章。

6.1.2 水的耗用量

6.1.2.1 衡量水的耗用量指标

水的耗用量指标主要包括三个：即每小时最大耗水量、每小时平均耗水量、年耗水量。

6.1.2.2 每小时的最大耗水量（G_{max}）

每小时的最大耗水量是指最初工作状态的指标，其计算按照下式：G_{max} = 充满水槽的容积/注满水槽一次所需的时间，即

$$G_{max} = \frac{V}{t} \tag{6-1}$$

式中 G_{max}——每小时的最大耗水量，m^3/h；

V——充满水槽的容积，m^3；

t——注满水槽一次所需的时间，h。其中，注满水槽的时间 t 一般规定如下：

$3 \sim 5m^3$ 为 0.5 ~ 1h；$5 \sim 10m^3$ 为 1 ~ 1.5h；$10 \sim 15m^3$ 为 2h。

6.1.2.3 每小时平均耗水量

每小时平均耗水量与每小时被处理工件的面积、处理的方式和工作温度等因素有关，一般按下式计算：每小时平均耗水量 = 每小时的处理量×每平方米工件耗水量，即

$$G_a = A \times q \tag{6-2}$$

式中 G_a——每小时平均耗水量，m^3/h；

A——每小时的处理量，m^2/h；

q——每平方米工件耗水量，L/m^2。

处理每平方米的耗水量 q 的取值与处理方式、补水方式等因素有关。

6.1.2.4 年耗水量

涂装车间年耗水量可按下式计算：年耗水量 = 每小时最大耗水量×年换水次数 + 小时平均耗水量×（年时基数×设备利用系数 - 年换水时数），即

$$G_t = G_{max} \times N_t + G_a \times (T_s \times k - T_t) \tag{6-3}$$

式中 G_t——年耗水量，m^3/a；

G_{max}——每小时的最大耗水量，m^3/h；

N_t——年换水次数，次；

G_a——每小时平均耗水量，m^3/h；

T_s——年时基数，h；

k——设备利用系数；

T_t——年换水时数，h。

6.1.3　清洗用水的水消耗量

6.1.3.1　清洗槽用水消耗量

清洗槽（固定槽）水消耗量及直线式程控门式行车自动线清洗槽的水消耗量，按每小时消耗水槽有效容积数的水来计算。采用逆流漂洗时无论是双格或三格逆流漂洗槽，其水平均消耗量均按一格槽的容积考虑；水最大消耗量按双格或三格容积考虑。

一般纯水消耗量略小于一般清洗水消耗量。

平均消耗量为维持生产时的用水量；最大消耗量为空水槽注水时的用水量。

清洗槽水消耗定额见表6-1。

表6-1　清洗槽水消耗定额

清洗槽名称	工作温度/℃	槽子有效容积/L					槽子有效容积/L				
		≤400	401~700	701~1000	1001~2000	2001~4000	≤400	401~700	701~1000	1001~2000	2001~4000
		平均消耗定额/槽容积·h⁻¹					最大消耗定额/槽容积·h⁻¹				
冷水槽	室温	1~3	1~2	1	0.5~1	0.3~0.5	3~4	2~3	2	1~2	1
温水槽	50~60	0.5~1	0.5	0.3	0.3	0.2~0.3	3~4	2~3	2	1~2	1
热水槽	70~90	0.5~1	0.3~0.5	0.3	0.3	0.2~0.3	3~4	2~3	2	1~2	1
纯水槽	室温或60	0.5~1	0.5	0.3~0.5	0.3	0.2~0.3	3~4	2~3	2	1~2	0.5~1

注：1. 表中数值为一般情况下的清洗槽水消耗定额，特殊情况另行考虑。

2. 大型水槽的水最大消耗定额，按下列情况考虑：

水槽有效容积：$5 \sim 10m^3$，最大消耗定额为0.5~1槽容积/h；$10 \sim 15m^3$，最大消耗定额为0.4~0.5槽容积/h；$>15m^3$，最大消耗定额为0.3~0.4槽容积/h；

特大型槽子，按具体情况确定。

3. 水平均消耗量的采用，按下列情况考虑：

生产量较大、设备负荷较高时，采用消耗定额的较大值；

生产量较小、设备负荷较低时，采用消耗定额的较小值

6.1.3.2　前处理连续线（喷淋、浸渍）的水消耗量

前处理连续线的喷淋清洗用水，略大于浸渍清洗用水，按设备技术规格性能说明中的数值采用，当缺乏资料时，按下列方法估算：

（1）中小型前处理连续（喷淋、浸渍）线，水槽单独补水，可按每道清洗$1m^2$工件面积，水平均消耗量约为10~15L，即按$10 \sim 15L/m^2$工件面积来计算；逆流清洗（逆工序补水），清洗$1m^2$工件面积，水平均消耗量约为4~6L，即按$4 \sim 6L/m^2$工件面积来计算；浸渍式清洗的水平均消耗量约为喷淋清洗的1/2。

（2）大型前处理连续（喷淋、浸渍）线，如大量生产的轿车车身前处理连续（喷淋、

浸渍)线,逆流清洗(逆工序补水),脱脂、磷化后水洗的水平均消耗量约为 $1.5 \sim 2.0 L/m^2$。

6.1.3.3 电泳涂漆线的水消耗量

电泳涂漆线的超滤液的需用量按第 4 章电泳涂装设备中的有关超滤液需要量的计算方法来进行计算。电泳涂漆线的水及纯水消耗量按照本章的前处理连续线(喷淋、浸渍)的水消耗量的计算方法计算。电泳涂漆后的水洗的耗水量常取 $q = 1 \sim 2 L/m^2$,湿打磨腻子工位的耗水量取 $q = 3 \sim 4 L/m^2$。

6.1.3.4 清洗机的水消耗量

清洗机的水消耗量按设备技术规格性能说明书中的数值采用。当缺乏资料时,概略用水量可按清洗 1t 工件用水 $0.5 \sim 1 m^3$ 来计算。

6.1.3.5 高压清洗设备(用于高压水除锈、除漆)的水消耗量

高压清洗设备一般用于大型工件、结构件等的除锈、除漆层用,以及大中型涂装吊具、喷漆室内格栅地板、涂装输送车体用的滑橇等的除漆层用。设备的水消耗量按设备技术规格性能说明书中的数值采用。当缺乏资料时,概略用水量,可按当压力约为 35MPa 时,水流量约为 $1 \sim 1.4 m^3/h$ 来计算。

6.1.4 喷漆室及涂层湿打磨的水消耗量

6.1.4.1 湿式喷漆室漆雾过滤装置用水的水消耗量

喷漆室水消耗量:喷漆室水消耗量(即补充水量)取决于喷漆室每小时循环水量,其平均水消耗量按下列情况估算:

(1)小型湿式喷漆室的水消耗量为每小时循环水量的 $3\% \sim 5\%$。

(2)中型湿式喷漆室的水消耗量为每小时循环水量的 $1.5\% \sim 3\%$。

(3)大型湿式喷漆室的水消耗量为每小时循环水量的 $1\% \sim 2\%$。

(4)特大型的上送风下排风的水旋式或文丘里式喷漆室的水消耗量为每小时循环水量的 $\leqslant 1\%$。

喷漆室每小时循环水量的计算参见第 4 章喷漆设备中的湿式喷漆室循环水量的计算(包括水帘式即水幕式喷漆室的循环水量的计算),详见式(4-127)~式(4-129)。

湿式喷漆室水消耗量也可按喷漆室每排出风量 $1000 m^3$,需消耗水量 $15 \sim 20 L$ 来估算,或者按下式计算:

$$Q_w = Q_a \times K \qquad\qquad (6-4)$$

式中　Q_w——湿式喷漆室水消耗量,m^3/h;

Q_a——排风量,m^3/h;

K——水的消耗系数,L/m^2。K 的取值:对于小型喷漆室 $K = 1 \sim 1.2$,中型喷漆室 $K = 0.8 \sim 0.9$,大型喷漆室 $K = 0.7 \sim 0.8$。

6.1.4.2 涂层湿打磨用水的水消耗量

腻子层及油漆层湿打磨用水量按湿打磨 $1 m^2$ 工件表面积用水 $3 \sim 4 L$ 计算(即 $3 \sim 4 L/m^2$)。

6.1.5 车间的总的耗水量

按设备的用水量,分别算出车间的平均总耗水量和最大总耗水量。

6.1.5.1 车间平均总耗水量

$$Q_{avg} = K_1 \times \sum Q_i \tag{6-5}$$

式中 Q_{avg}——车间平均总耗水量，m^3/h；

$\sum Q_i$——车间各用水设备小时平均耗水量之和，m^3/h；

K_1——设备同时使用系数，取 $K_1 = 0.7 \sim 0.9$。

6.1.5.2 车间最大总耗水量

$$Q_{max} = K_2 \times \sum Q_j \tag{6-6}$$

式中 Q_{max}——车间最大总耗水量，m^3/h；

$\sum Q_j$——车间各用水设备小时最大耗水量之和，m^3/h；

K_2——设备同时换水系数，取 $K_2 = 0.8 \sim 0.9$。

由车间的每小时的平均总耗水量，并结合生产班次可算出车间的昼夜耗水量。最大耗水量则作为车间管道计算依据。

6.2 蒸汽消耗量

6.2.1 涂装车间蒸汽主要使用要点

（1）化学前处理线溶液及水槽加热。
（2）清洗机加热。
（3）烘干设备加热（干燥槽、水分烘干炉、腻子烘干炉、油漆烘干炉）。
（4）喷漆室空调送风装置加热等。

车间蒸汽一般由全厂的锅炉房提供，通过管道送至车间及使用蒸汽的设备。

6.2.2 蒸汽耗用量的计算

蒸汽耗用量的计算主要涉及车间的蒸汽耗用量、蒸汽管道和凝结水管道（统称热力管道）的设计与计算。计算时，应先算出被加热体所需热量，再由蒸汽潜热算出相应的蒸汽量。蒸汽耗用量与槽液温度、槽液体积、加热时间、更换槽液的时间及蒸汽管道热效率有关。

针对槽液加热蒸汽消耗量的计算可参看第4章中浸渍式表面处理设备的热力计算内容。清洗机的蒸汽加热用于水箱加热和烘干室加热，其蒸汽消耗量需要查看清洗机的规格参数确定。

烘干室加热蒸汽消耗量的计算可结合第4章中对流烘干设备的热能消耗量和循环空气量的计算部分。蒸汽烘干室的加热形式一般采用热风循环加热形式。蒸汽烘干室只能用于工件的低温烘干，烘干温度不超过 $90 \sim 100℃$。

6.2.2.1 蒸汽最大消耗量的计算

$$Q_{zmax} = \frac{k_z Q_{hmax}}{r_z} \tag{6-7}$$

式中 Q_{zmax}——蒸汽的最大消耗量，kg/h；

Q_{hmax}——烘干室的最大热损耗量，kJ/h；

r_z——蒸汽的潜热，kJ/kg，蒸汽的潜热按2100kJ/kg采用；

k_z——蒸汽加热系统的补偿系数，一般取1.1~1.3。

6.2.2.2 蒸汽平均消耗量的计算

蒸汽的平均消耗量即工作时保持烘干温度的消耗量，按下式计算：

$$Q_{zb} = \frac{k_z Q_{hb}}{r_z}$$ (6-8)

式中 Q_{zb}——蒸汽的平均消耗量，kg/h；

Q_{hb}——烘干室在工作时保持烘干温度的热损耗量，kJ/h；

r_z——蒸汽的潜热，kJ/kg，蒸汽的潜热按2100kJ/kg采用；

k_z——蒸汽加热系统的补偿系数，一般取1.1~1.3。

上式中，Q_{hmax}（烘干室的最大热损耗量）及 Q_{hb}（烘干室在工作时保持烘干温度的热损耗量）参见第4章对流烘干设备中的热风循环加热烘干室热损耗量的计算。

6.2.2.3 空调送风装置加热蒸汽消耗量

空调送风装置加热蒸汽消耗量可结合第4章喷漆设备的送风系统计算部分。喷漆室空调送风加热装置所需的蒸汽消耗量，是依据加热装置所需的热量来计算的，其计算式如下：

$$Q_z = \frac{kQ}{r_z}$$ (6-9)

式中 Q_z——蒸汽的消耗量，kg/h；

Q——加热进入送风空调机空气所需的热量，kJ/h；

r_z——蒸汽的潜热，kJ/kg，蒸汽的潜热按2100kJ/kg采用；

k——蒸汽加热系统的补偿系数，一般取1.1~1.3。

此外，为了方便设计工作，快速算出蒸汽的消耗量，也可按照图表查找并计算，见表6-2和表6-3。各种水槽加热的蒸汽消耗量，可用水槽有效容积乘以水槽蒸汽消耗定额，即得出该水槽的蒸汽消耗量。每100L洗涤水用0.2~0.3MPa蒸汽加热（蛇管加热）的蒸汽消耗定额见表6-2。各种溶液槽加热的蒸汽消耗量，可用溶液槽有效容积乘以溶液槽蒸汽消耗定额，即得出该溶液槽的蒸汽消耗量。每100L溶液用0.2~0.3MPa蒸汽加热（蛇管加热）的蒸汽消耗定额见表6-3。

表6-2 每100L洗涤水用0.2~0.3MPa蒸汽加热（蛇管加热）的蒸汽消耗定额

温度/℃	加热时蒸汽消耗量（最大消耗量）/kg·h⁻¹						保温时蒸汽消耗量（平均消耗量）/kg·h⁻¹			
	≤3000L槽子					>3000L槽子	流动洗涤水平均消耗定额/槽容积·h⁻¹			
	加热（升温）时间/h						1	0.5	0.3	0.2
	0.5	1	1.5	2	2.5	3				
60	21.96	11.12	7.52	5.81	4.62	3.76	11.99	6.59	4.81	3.35
70	26.35	13.39	9.07	6.91	5.62	4.59	14.69	8.21	6.05	4.32
80	30.89	15.77	10.65	8.15	6.63	5.35	17.45	9.89	7.37	5.36

温度 /℃	加热时蒸汽消耗量（最大消耗量）/kg·h⁻¹						保温时蒸汽消耗量（平均消耗量）/kg·h⁻¹			
	≤3000L 槽子					>3000L 槽子	流动洗涤水平均消耗定额/槽容积·h⁻¹			
	加热（升温）时间/h						1	0.5	0.3	0.2
	0.5	1	1.5	2	2.5	3				
90	35.32	18.04	12.29	9.40	7.67	6.16	20.33	11.69	8.83	6.51
95	37.58	19.22	13.12	10.04	8.21	6.59	21.84	12.66	9.59	7.17

注: 1. 表中消耗定额也适用于活气加热（即将蒸汽直接通进槽中加热）。

　　2. 表中数据是按加热时起始温度为 10℃ 考虑的。

　　3. 按表中消耗定额计算出的蒸汽消耗量，当平均消耗量大于最大消耗量时，说明因产量大，槽的用水平均消耗量大，致使工作保温时的蒸汽消耗量（即平均消耗量）大于槽起始加热升温时的蒸汽消耗量（即最大消耗量），这时按蒸汽消耗量较大值采用，即最大消耗量也取平均消耗量的数值。

表 6-3　每 100L 溶液用 0.2～0.3MPa 蒸汽加热（蛇管加热）的蒸汽消耗定额

温度 /℃	加热时蒸汽消耗量(最大消耗量)/kg·h⁻¹						保温时蒸汽消耗量（平均消耗量）/kg·h⁻¹	
	≤3000L 槽子					>3000L 槽子	≤3000L 槽子	>3000L 槽子
	加热（升温）时间/h							
	0.5	1	1.5	2	2.5	3		
40	7.09	3.71	2.57	2.02	1.68	1.37	0.49	0.39
45	9.20	4.78	3.30	2.57	2.11	1.69	0.62	0.49
50	11.38	5.93	4.11	3.20	2.65	2.11	0.78	0.54
55	13.60	7.10	4.94	3.85	3.20	2.51	0.97	0.61
60	15.80	8.24	5.72	4.72	3.72	2.90	1.18	0.74
65	17.55	9.23	6.45	5.07	4.24	3.25	2.05	0.6
70	20.28	10.63	7.47	5.82	4.86	3.68	0.49	0.90
75	22.49	11.80	8.27	6.47	5.41	4.10	0.62	1.03
80	25.22	13.26	9.27	7.28	6.08	4.59	2.44	1.44
85	27.95	14.69	10.27	8.06	6.73	5.10	2.95	1.71
90	30.21	15.91	11.15	8.76	7.35	5.51	3.44	1.98
95	32.95	17.62	12.16	9.56	8.00	6.05	4.05	2.38
98	34.70	18.41	12.94	10.22	8.58	6.36	4.49	2.70
100	35.75	18.82	13.18	10.37	8.68	6.54	4.78	2.91

6.3　压缩空气消耗量

6.3.1　车间压缩空气的使用点

涂装车间中，使用压缩空气的设备很多。涂装车间压缩空气主要用于：

（1）吹嘴（吹干工件、吹净工件、磷化处理后电泳涂漆前吹去工件表面的水滴）。

（2）喷丸清理、喷砂清理。

（3）溶液搅拌（化学前处理线）。

（4）喷漆（空气喷漆、静电喷漆、无气喷漆及供漆装置等）。

（5）粉末涂装（粉末静电喷涂、流化床浸涂、粉末火焰喷涂）。

（6）气动搅拌机、输漆泵、涂料压力桶（罐）、涂胶机、静电除尘。

（7）气动工具（气动砂轮机、打磨机、刷光机、除锈器、风铲、气钻等）。

（8）气动葫芦搬运设备。

（9）其他用气（工件清洗机、喷枪清洗机、塑料焊枪）等。

一般由全厂压缩空气站用管道输送供应，也可由车间设置空压机。

6.3.2 压缩空气消耗量计算

计算压缩空气平均消耗量及最大消耗量应考虑用气设备及工具的使用系数及同时使用系数，计算如下。

6.3.2.1 压缩空气最大消耗用量

压缩空气最大消耗用量 = 设备台数 × 每台设备连续工作时自由空气消耗量 × 同时使用系数，即

$$G_{\max} = N \times G \times K_1 \tag{6-10}$$

式中　$G_{\max}$——压缩空气最大消耗用量，m^3/min；

　　　N——设备台数，台；

　　　G——每台设备连续工作时自由空气消耗量，m^3/min；

　　　K_1——同时使用系数，同时使用系数 K_1 = 同时使用的用气设备数/用气设备总数，一般取 $K_1 = 0.8 \sim 0.9$。

6.3.2.2 压缩空气的平均消耗量

压缩空气的平均消耗量 = 用气设备台数 × 每台设备连续工作时自由空气消耗量 × 使用系数，即

$$G_{\mathrm{avg}} = N \times G \times K_2 \tag{6-11}$$

式中　G_{avg}——压缩空气最大消耗用量，m^3/min；

　　　N——设备台数，台；

　　　G——每台设备连续工作时自由空气消耗量，m^3/min；

　　　K_2——同时使用系数，使用系数 K_2 = 每一班实际用气时间/每班工作时间，使用系数 K_2 应根据用气设备的生产负荷，工作条件等具体消耗来确定，一般用气设备的使用系数 K_2 为：吹嘴 $0.1 \sim 0.3$；搅拌溶液 $0.5 \sim 0.8$；喷砂约 0.9；喷漆室约 0.9。

以上两个计算式中的每台设备的连续工作自由空气消耗量 G 常取为：吹嘴 $0.25 \sim 0.3 m^3/min$（吹嘴直径 $\phi3$）；搅拌 $0.5 \sim 1.0 L/(min \cdot L)$（每分钟，每升溶液压缩空气耗量）；喷漆（枪）$0.2 \sim 0.25 m^3/min$。

此外，要计算各种设备所需的压缩空气消耗量，也可按设备产品标出的实际消耗量采用。

6.4　燃气、燃油消耗量

6.4.1　燃气、燃油使用点

涂装车间燃气（天然气、液化石油气）、燃油（柴油、煤油）主要用于：

（1）烘干设备加热（水分烘干室、腻子烘干室、油漆烘干室）。

（2）喷烘两用喷漆室。

（3）化学前处理线溶液及水槽加热。

（4）喷漆室空调送风装置加热等。

6.4.2　烘干室燃气、燃油的消耗量

烘干室的加热，一般采用热风循环加热的形式。燃气、燃油的消耗量按烘干室设备产品说明书中的数值采用。缺乏资料时，其消耗量可按以下方法计算。

6.4.2.1　燃气、燃油最大消耗量

燃气、燃油最大消耗量按下式计算：

$$Q_{\max} = \frac{kQ_{\text{hmax}}}{r} \tag{6-12}$$

式中　$Q_{\max}$——燃气、燃油的最大消耗量，m^3/h（燃气）或 kg/h（燃油）；

　　　Q_{hmax}——烘干室的最大热损耗量，kJ/h；

　　　r——燃气、燃油的热值，kJ/kg，燃气、燃油的热值见表6-4；

　　　k——燃气、燃油加热系统的补偿系数，一般取 1.1～1.3。

表6-4　燃气、燃油的热值

燃料种类	热值（参考）
天然气（NG）	$36000 kJ/m^3$
液化石油气（LPG）	46000kJ/kg
柴　油	44000kJ/kg
煤　油	43000kJ/kg

注：1. 燃气、燃油的热值按当地所提供的燃料热值采用。

　　2. 表中数值是常用能源参考值。

6.4.2.2　燃气、燃油平均消耗量的计算

燃气、燃油的平均消耗量即工作时保持烘干温度的消耗量按下式计算：

$$Q_{\text{b}} = \frac{kQ_{\text{hb}}}{r} \tag{6-13}$$

式中　Q_{b}——燃气、燃油的平均消耗量，m^3/h（燃气）或 kg/h（燃油）；

　　　Q_{hb}——烘干室在工作时保持烘干温度的热损耗量，kJ/h；

　　　r——燃气、燃油的热值，kJ/kg，燃气、燃油的热值见表6-4；

　　　k——燃气、燃油加热系统的补偿系数，一般取 1.1～1.3。

上式中，Q_{hmax}（烘干室的最大热损耗量）及 Q_{hb}（烘干室在工作时保持烘干温度的热损耗量）参见第 4 章对流烘干设备中的热风循环加热烘干室热损耗量的计算。

6.4.2.3 喷烘两用喷漆室燃气、燃油消耗量

喷烘两用喷漆室的燃油、燃气消耗量，与烘干温度、室体大小、烘干制品质量等有关。

6.4.2.4 溶液及水加热燃气、燃油消耗量

用燃气、燃油加热溶液槽及水槽的方法，一般常采用燃油、燃气锅炉，使之产生蒸汽或热水，然后用蒸汽或热水来加热溶液槽及水槽。所以首先计算出溶液槽及水槽加热的蒸汽消耗量，然后以此蒸汽消耗量选用燃油、燃气锅炉，确定其燃气、燃油消耗量。燃油（气）蒸汽锅炉的燃料消耗量参见对应型号锅炉的技术规格参数。

6.4.2.5 空调送风加热燃气、燃油消耗量

喷漆室空调送风加热装置所需的燃气、燃油消耗量，是依据加热装置所需的热量来计算的，其计算式如下：

$$Q_a = \frac{kQ}{r} \tag{6-14}$$

式中　Q_a——燃气、燃油的消耗量，m^3/h（燃气）或 kg/h（燃油）；

　　　Q——加热进入送风空调机空气所需的热量，kJ/h；

　　　r——燃气、燃油的热值，kJ/kg，燃气、燃油的热值见表6-4；

　　　k——燃气、燃油加热系统的补偿系数，一般取 1.1 ~ 1.2。

6.5　电　消　耗　量

涂装车间除照明用电和设备（风机、泵、运输链等）动力用电外，耗电量最大的是电加热烘干室等电加热装置。

6.5.1　用电设备的负荷计算思路

（1）根据工艺用电设备的性质和实用情况，确定工艺用电容量。
（2）通风、动力、给排水等用电设备要分类计算，确定各专业用电容量。
（3）以车间划分，综合各专业设备用电量，确定车间总的用电量。
（4）根据车间总的用电量进行车间配电设计。

6.5.2　用电设备组的计算负荷和计算电流

6.5.2.1 有功负荷计算

用电设备容量（K_w）乘以负荷系数可得到有功负荷 P_{js}，计算公式如下：

$$P_{js} = P_N \times K_f \tag{6-15}$$

式中　P_{js}——有功负荷，kW；

　　　P_N——用电设备容量（功率），kW；

　　　K_f——负荷系数，涂装工艺常用用电设备的负荷系数见表6-5。

表 6-5   涂装常用工艺用电设备的负荷系数、功率因数及正切值

设 备	负荷系数（K_f）	功率因数（$\cos\varphi$）	正切值（$\tan\varphi$）
整流器	0.6	0.8	0.75
可控硅整流器	0.7	0.7	1.02
压缩机/冷冻机/通风机	0.8	0.8	0.75
电加热器（炉）	0.7 ~ 0.9	1.0	/
搅拌机	0.7	0.8	0.75
红外干燥箱	0.9	1.0	/
电动葫芦	0.1	0.5	1.73

6.5.2.2   无功负荷计算

有功负荷 P_{js} 值乘以该设备功率因数角的正切值得到无功负荷 Q_{js}，计算公式如下：

$$Q_{js} = P_{js} \times \tan\varphi \tag{6-16}$$

式中 Q_{js}——无功负荷，kW；

       P_{js}——有功负荷，kW；

   $\tan\varphi$——用电设备功率因数角的正切值，涂装工艺常用用电设备的正切值见表6-5。

6.5.2.3   视在功率计算

用电设备的视在功率计算可按下式计算：

$$S_{js} = K \sqrt{P_{js}^2 + Q_{js}^2} \tag{6-17}$$

式中 S_{js}——用电设备的视在功率，kVA；

     K——同期系数，一般取 $K = 0.8 \sim 0.9$；

    Q_{js}——无功负荷，kW；

    P_{js}——有功负荷，kW。

6.5.2.4   计算电流

$$I_{js} = \frac{S_{js}}{\sqrt{3}\,U_r} \tag{6-18}$$

式中 I_{js}——用电设备的计算电流，A；

    S_{js}——用电设备的视在功率，kVA；

    U_r——用电设备额定电压（线电压），kW。

6.5.3   配电干线或车间变电所的计算负荷

配电所或总压变电所的计算负荷，为各车间变电所计算负荷之和再乘以同时系数。

6.5.3.1   有功负荷计算

有功负荷计算公式如下：

$$P_{js} = K_{\Sigma p} \sum (K_f P_N) \tag{6-19}$$

式中 P_{js}——有功负荷，kW；

    P_N——用电设备容量（功率），kW；

   $K_{\Sigma p}$——有功功率同时系数，一般取 0.8 ~ 0.9；

    K_f——负荷系数，涂装工艺常用用电设备的负荷系数见表6-5。

6.5.3.2 无功负荷计算

无功负荷计算公式如下:

$$Q_{js} = K_{\Sigma q} \sum (K_f P_N \tan\varphi) \tag{6-20}$$

式中　Q_{js}——无功负荷,kW;

$K_{\Sigma q}$——无功功率同时系数,一般取 0.93~0.97;

P_N——用电设备容量(功率),kW;

K_f——负荷系数,涂装工艺常用用电设备的负荷系数见表6-5;

$\tan\varphi$——用电设备功率因数角的正切值,涂装工艺常用用电设备的正切值见表6-5。

6.5.3.3 视在功率计算

视在功率计算可按下式计算:

$$S_{js} = K \sqrt{\sum P_{js}^2 + \sum Q_{js}^2} \tag{6-21}$$

式中　S_{js}——用电设备的视在功率,kVA;

K——同期系数,一般取 K = 0.8~0.9;

Q_{js}——无功负荷,kW;

P_{js}——有功负荷,kW。

计算时,当设备容量单位为 kVA(千伏安)时,需乘以铭牌的功率因数后,换算成 P_N(kW)。引至动力配电箱的分支干线计算时,用同期系数上限。存在腐蚀性的车间(如前处理)内敷设的线路,铝芯导线宜放大一级。

其他相关计算可参看第4章对流烘干设备的计算中的电能消耗计算、电空气加热器的计算及电泳整流器容量的计算。

动力消耗量表,见表6-6。

表6-6 动力消耗量表

序号	名　称	单位	消耗量	备　注
1	设备安装电容量	kW		
2	生产用水最大	m³/h		
	平均	m³/h		
	纯水最大	m³/h		
	平均	m³/h		
3	生产用蒸汽最大	t/h		
	平均	t/h		
4	压缩空气最大	m³/min		
	平均	m³/min		
5	燃气(如天然气)最大	m³/h		
	平均	m³/h		
6	燃油(如柴油)最大	kg/h		
	平均	kg/h		
	……			
	……			

7 涂装劳动量、人员、材料消耗量及技术经济指标

设计内容提要

（1）劳动量：

1）说明劳动量采用的依据和确定方法。

2）与类似厂或类似产品的劳动量进行比较和分析；改造厂则还须与改造前的劳动量相比较，说明采用劳动量的水平。

3）采用折合纲领时，折合系数。

4）列表说明劳动量，需说明代表产品及劳动量。

（2）人员：

1）车间各类人员。说明车间各类人员（生产工人、辅助工人、工程技术人员、行政管理人员及服务人员）的确定方法。

① 生产工人。可根据产品的涂装作业总劳动量或生产作业岗位确定生产工人。

② 辅助工人。辅助工人一般按车间规模、实际的工作内容及生产中的实际需要来配备。

③ 工程技术人员、行政管理人员及服务人员。一般根据车间规模及工厂的总体管理体制来确定，一般按约占工人总数的百分数来确定。

2）车间人员构成表。根据确定的人数，列出本车间人员构成表。

（3）材料消耗。列表说明本车间材料的年消耗量（涂装车间用的主要是辅助材料）。

（4）主要数据和技术经济指标。列表说明本车间主要数据和技术经济指标。

劳动量是生产劳动工时，它与涂装工时定额、人工操作工位数及年生产纲领有关，是涂装车间设计的重要参数之一。每套产品的劳动量数值可反映工艺的先进程度及自动化程度。该部分设计涉及设计任务包括涂装车间人员表（见表7-9），车间人员生活设施设计任务书（表1-4），劳动量表（表7-10），材料消耗量表（表7-11），主要数据和技术经济指标表（表7-18）等。

7.1 工时定额及专用工位数计算

涂装工时定额即完成指定涂装任务所需的人工劳动时间，它是进行劳动安排的重要依据。制定工时定额有两种方法，一是实际测定，二是参照同类劳动或同类企业工时定额来确定。对于工厂设计来说，往往是凭经验来确定工时定额的，然后再进行专用工位数的计算。

7.1.1　工时定额

工业涂装中的经验数据，可用作制定工时定额的参考。

7.1.1.1　装卸工序工时定额

在转运距离为2m，每个挂具上装挂4～15个以上质量为1kg以内的小零件，或装挂2～6个质量为3kg以内的中小件的场合，经验装卸工时定额见表7-1。在运转距离为3m、装卸较重的工件场合（工件重在25kg以上），应有两人装卸，经验装卸工时定额见表7-2。在滚道上移动工件或靠吊车装卸及转运重型工件的经验工时定额见表7-3。

表7-1　装卸中小件工时定额

工件质量/kg	装　卸	每个零件所需的装卸工时/min	平均定额/min
1 以内	装挂 从悬链和挂具上卸下	0.10～0.22 0.08～0.20	0.14～0.16
3 以内	装挂 从悬链和挂具上卸下	0.18～0.20 0.16～0.24	0.20～0.21

表7-2　装卸较重工件所需工时定额

工件的质量/kg	5	10	20	30	40
装卸每个工件或吊具所需工时/min	0.20	0.29	0.42	0.65	0.8

表7-3　靠滚道和吊车转运、装卸重型工件的工时

方式	工件质量/kg	每个工件所需工时/min				
		3m	5m	8m	10m	12m
滚道	50 以内	0.11	0.16	0.24	0.29	0.35
	100 以内	0.16	0.24	0.35	0.41	0.51
	150 以内	0.20	0.29	0.40	0.48	0.56
吊车	50 以内	0.33	0.40	0.53	0.65	0.80
	100 以内	0.36	0.47	0.60	0.73	0.87
	150 以内	0.40	0.53	0.67	0.80	1.03

7.1.1.2　涂装前处理工序工时定额

被涂物表面除锈、脱脂、吹水、吹灰、擦净等工序的参考工时定额见表7-4～表7-6。

表7-4　清除铁锈及氧化皮所需的工时

序号	采用器具名称	清理每平方米的工时额/min		
		小件 0.02～0.3m²	中件 0.3～1.5m²	大件 1.5m² 以上
1	手动机械圆形钢刷	10～15	4～6	3～4
2	手动钢刷（2～3）号		6～10	4～6
3	喷砂		4～6	2～4
4	喷丸		3～5	2～3
5	滚筒清理	0.75～1①		

① 清理1kg零件的工时。

表7-5　用压缩空气吹去零件上的水分或灰尘所需工时

被处理工作面积/m²	0.5	0.6 ~ 3.0	3.0 以上
吹 1m² 所需时间/min	0.13 ~ 0.16	0.11 ~ 0.14	0.08 ~ 0.20

表7-6　用蘸有溶剂汽油的擦布去油或用干净擦布擦净的工时

序号	零部件的外形复杂程度	擦净每平方米的工时/min							
		在工作台上					在悬挂式输送链上		
		0.1m²	0.25m²	0.5m²	1.0m²	2.0m²	1.0m²	2.0m²	3.0m²	3.0m² 以上
1	外形简单,如平板、管、角钢状	1.40	1.10	0.80	0.60	0.50	0.50	0.40	0.30	0.20
2	外形比较复杂	1.80	1.50	1.20	1.00	0.90	0.90	0.65	0.50	0.40
3	外形复杂（有深孔、缝隙）	2.1 ~ 2.4	1.8 ~ 2.1	1.5 ~ 1.8	1.2 ~ 1.5	1.1 ~ 1.4	1.1 ~ 1.4	0.9 ~ 1.2	0.75 ~ 1.0	0.65 ~ 0.9

7.1.1.3　涂装工序工时定额

涂漆和刮腻子等工序的参考工时定额数据见表7-7和表7-8。

表7-7　手工喷涂底漆和面漆的工时

序号	涂漆状态及难易	涂每平方米的工时/min							
		0.1m² 以内		0.5m² 以内		3.0m² 以内		3.0m² 以上	
		P[①]	C[②]	P	C	P	C	P	C
1	单面涂漆	0.42	0.50	0.30	0.35	0.18	0.20	0.15	0.18
2	喷涂时需转动工件	0.52	0.60	0.35	0.40	0.25	0.30	0.20	0.25
3	喷涂外形比较复杂的工件	0.85	0.95	0.65	0.75	0.45	0.50	0.40	0.45

注：平均每小时可喷涂 150 ~ 200m²/枪;
① 涂层类型中 P 代表涂底漆;
② 涂层类型中 C 代表涂面漆。

表7-8　手工刮涂的打磨工时

序号	工 作 内 容	刮涂和打磨每平方米的工时定额/min		
		0.02 ~ 0.3m²	0.3 ~ 1.5m²	1.5m² 以上
1	局部刮腻子填坑	4 ~ 6	3 ~ 4	3 ~ 4
2	全面通刮一层腻子	15 ~ 25	10 ~ 15	8 ~ 10
3	全面刮一层薄腻子	12 ~ 20	9 ~ 12	7 ~ 9
4	局部用1号砂纸轻打磨腻子	2.4 ~ 5	1.5 ~ 2	1 ~ 1.5
5	全面湿打磨腻子和擦干净	30 ~ 58	20 ~ 30	16 ~ 20
6	全面湿打磨最后一道腻子或二道浆,并擦干净	34 ~ 64	25 ~ 35	20 ~ 25

7.1.2 专用工位数

根据工时定额可计算各工位的操作时间,进而可以按下式计算专用工位数:

专用工位数 = 工序操作时间/(生产节拍 × 每工位采用的人数)

每个工位采用的人数以相互不影响为原则。实际的工位确定,是根据计算数值结合具体情况加以调整(如计算结果为 2.2,则应取 3)的。

7.2 人员组成及数量确定

7.2.1 人员组成

涂装车间人员由生产工人、辅助工人、工程技术人员、行政管理人员及服务人员(勤杂人员)等组成。

(1)生产工人。直接参与涂装生产作业的工人。其作业内容如下:

1)涂装前处理的作业内容包括:①机械前处理,如喷丸、喷砂、手工机械清理等的生产操作、自动线的控制操作、工件装挂、卸挂等作业。②化学前处理,如手工线的生产操作、自动线的控制操作、工件装挂、卸挂等作业。

2)涂装的作业内容包括:各类涂装作业,如电泳涂漆、刷漆、浸漆、喷漆、粉末涂装(流化床涂装、粉末火焰喷涂、粉末静电喷涂)、涂刮腻子、打磨、遮盖、喷漆前的表面准备、擦净及涂漆后的喷字和彩条等的生产操作、自动线的控制操作、工件装挂、卸挂等作业。

(2)辅助工人。不直接参与涂装生产作业的工人。其工作内容如下:前处理槽液及电泳涂漆槽液的分析化验、涂装工艺实验、涂料及涂层质量检测、槽液调制、油漆调配、工件搬运、起重机操作、挂夹具制造、设备装置及管道系统等维护修理、仓库管理、材料发送、值班等工作。

(3)工程技术人员。工程技术人员(工艺员)的职责范围:负责车间工艺技术管理,如指导生产、编制及修订生产工艺、进行工艺实验、排除生产中工艺故障、解决生产中存在的工艺技术问题、人员培训、整理保存技术资料及存档等工作。

(4)行政管理人员。行政管理人员包括车间主任、副主任、调度员、统计员、计划员等。

(5)服务人员。服务人员包括办事员、勤杂人员等。

7.2.2 人员数量的计算

一般来说,工序的年工作量除以相应工人的年时基数,即得所需的生产工人数,然而,实际进行人员设置时,往往是先确定工位数,然后按工位设置人员,在此基础上增加 5% ~ 8% 的顶替缺勤工人的系数,即为生产工人数。在大量流水生产场合,调整工、运输工、化验员等辅助生产工人的配备,一般为生产工人的 15% ~ 25%,在单件或小批量生产的场合为 25% ~ 30%,勤杂工人一般为工人总数的 2% ~ 3%。上述计算所得人数应按表 7-9 进行归纳,以作为其他计算的基础(如经济分析等)。

7.2.2.1   生产工人

生产工人人数的确定，有两种方法，即按劳动量计算及按生产作业岗位配备。

A   按劳动量计算生产工人人数

根据产品的涂装作业总劳动量（或根据涂装作业工时定额计算出的劳动量）确定生产工人，其人数按下式计算：

$$m = \frac{T}{T_w \eta} \tag{7-1}$$

式中 m——生产工人数，人；

   T——全年劳动量，总工时，h·a；

   T_w——工人年时基数；h/（a·人）；

   η——工时利用率，%，大量流水生产和批量生产：η 取 80%～85%，小批量、单件生产，η 取 70%～80%。

表 7-9   涂装车间人员表

序号	人员名称	人数/人				备 注
		一班	二班	三班	合计	
1	生产工人					
	其中……					
	……					
2	辅助工人					占生产工人数的百分比
	其中……					
	……					
	工人合计					
3	工程技术人员					占工人数的百分比
4	行政管理人员					占工人数的百分比
5	服务人员					占工人数的百分比
	总计					女职工占总人数的百分比

注：车间规模大、人数多的情况下，生产工人及辅助工人可按工种细分其中人数；一般情况下可以不必细分其人数。

B   根据生产作业岗位确定生产工人人数

对于一般涂装作业岗位比较明确的及不易计算准确的劳动量时，可采用按涂装作业岗位定人数的确定方法。涂装作业岗位的人员配备可根据工厂现行生产岗位操作人员配备情况、参考类似产品的生产岗位人员配备情况及设计中对生产工艺的变更、改进等诸因素，进行综合分析比较后确定。这是目前常用的确定涂装作业生产工人人数的方法。

C   涂装作业工位数的计算

根据工时定额，可计算出各作业工位的操作时间，按下式计算作业工位数：

$$W = \frac{t}{\tau m_{\mathrm{w}}} \qquad (7\text{-}2)$$

式中　W——作业工位数，个；

　　　t——作业工位的工序操作时间，min；

　　　τ——生产节拍，分/台；

　　　m_{w}——每作业工位的同时工作人数，人。

7.2.2.2　辅助工人

辅助工人一般按车间规模、实际的工作内容及生产中的实际需要来配备。一般情况下，辅助工人约占生产工人的 20% ~ 30%，产量大、自动化程度高、生产工人人数少的情况下，采用上限，反之取下限。

7.2.2.3　工程技术人员

工程技术人员按实际需要配备，一般约为工人总数的 7% ~ 8%。

7.2.2.4　行政管理人员

行政管理人员根据车间规模以厂的总体管理体制来确定，一般约为工人总数的 6% ~ 8%。

7.2.2.5　服务人员

根据车间规模，一般约为工人总数的 2% ~ 3%。

7.3　劳动量计算

涂装车间设计中劳动量的确定有下列四种方法，经确定后列表说明劳动量，需要说明代表产品及劳动量表（见表7-10）。

（1）按工厂现行生产同类产品劳动量经调整后采用。这是最常用的方法。车间设计中的劳动量可在工厂现行涂装作业劳动量的基础上，根据设计中采用的生产工艺的实际情况（如工艺、技术、设备及协作内容等），与工厂现行生产工艺水平、设备装置等状况，进行比较、分析，经过修正调整后确定。

（2）参照同类型产品的劳动量经调整后采用。参照同类型企业生产的同类产品的劳动量，根据两者生产规模、产量、生产条件、工艺设备及输送设备的水平等状况进行比较，经分析、折合、调整后确定同类产品应该采用的劳动量。

（3）按作业工时定额计算劳动量。当缺乏产品现行生产劳动量等的资料时，可按涂装作业工时定额进行计算出概略的劳动量。即按产品涂装作业的工件面积，依据各工序的作业工时定额，计算出各工序作业劳动量和各工序劳动量总和，即得出产品涂装作业劳动量。一般涂装作业工时定额是不包括作业组织、技术服务、休息、自然需要、生产准备及结束工作等所需时间的，这些时间约为工序时间的 10% ~ 20%，因此在计算劳动量时，应考虑乘以系数 1.1 ~ 1.2。

（4）按生产工人数确定劳动量。若采用自动线流水生产线，不便计算出劳动量时；或各种涂装线计算劳动量较困难时，可按各生产线按生产操作岗位确定的生产工人数，反算出劳动量，其劳动量按下式计算：

$$T = mT_{\mathrm{w}}K \tag{7-3}$$

式中　T——劳动量，h；

　　　m——生产工人数，人；

　　　T_{w}——工人年时基数，h；

　　　K——工时利用系数，%，低量生产时，K 取值 60%～70%；较低量生产时，取 70%～80%；较大产量时取 80%～85%。

表 7-10　劳动量表

序号	产品名称	生产纲领 /台·年$^{-1}$	每台产品劳动量/h		年总劳动量/h		备　注
			工时	台时	工时	台时	

7.4　材料消耗量

涂装车间材料消耗（一般是辅助材料）是供库房设计、物流运输量和核算产品生产成本等用。一般是在工厂现行生产中的单位产品材料消耗定额的基础上，根据设计中采用的生产工艺的实际情况进行调整后采用。如缺乏此资料时，也可按下面列出的材料消耗定额计算出所需的材料消耗量。最终，列表说明本车间材料的年消耗量，材料消耗量表见表 7-11。

表 7-11　材料消耗量表

序号	材料名称	单位	年消耗量	备　注
1	×××电泳漆	t	1000	
2	……			
	……			
	合计			

7.4.1　材料消耗定额

材料消耗定额即涂装每平方米工件面积所需的材料消耗量。涂装车间材料年消耗量，是将产品的年涂装面积乘以材料消耗定额，再加上涂料在贮存及调漆时等的损耗，这部分损耗约为消耗定额的 10% 左右。即再乘以 1.1 系数就得出材料年消耗量。影响材料消耗定额的因素很多，下面列表（表 7-12～表 7-16）中的材料消耗定额可供计算材料消耗量时参考借鉴。

表 7-12　常用涂料消耗定额

涂料品种	代表型号	被喷涂工件金属件				浸涂	电泳涂装	静电喷涂	刷涂	刮涂	备注
		金属件面积		木件	铸件						
		<1m²	>1m²								
		涂料消耗定额/g·m⁻²									
铁红底漆	C06-1	120~180	90~120		150~180				50~80		
各色电泳底漆	F26-10						70~80				原漆固体含量以50%计
磷化底漆	X06-1	20									膜厚为6~8μm
黑色沥青漆	L06-3 L01-12					70~80					
黑色沥青漆	L04-1	100~120		180		80~100		90~100	90~100		浸小工件
粉末涂料	环氧							70~80			膜厚以50μm计
棕色硝基底漆	Q06-4	100~150			150~180						
各色硝基面漆	Q04-2	120~150			150~180						
各色醇酸磁漆	C04-2 C04-49 C04-50	100~120	90~100	100~120					100~120		
各色氨基面漆	A05-1 A05-9	120~140	100~120					80~100			
红丹防锈底漆									100~160		
各色绉纹漆		160~120									
各色锤纹漆		80~160									
油性腻子	T07-1 A07-1									180~300	
硝基腻子	Q07-1									180~200	
隔声阻尼涂料		400~600							600		膜厚为1~3mm

表 7-13　防腐蚀涂料的消耗定额

涂料品种	喷涂金属工件/L·m⁻²		刷涂/L·m⁻²	涂层厚度/μm
	<1m²	>1m²		
有机锌底漆	0.25~0.38	0.14~0.24	0.12~0.20	75

续表 7-13

涂料品种	喷涂金属工件/L·m⁻²		刷涂/L·m⁻²	涂层厚度/μm
	<1m²	>1m²		
无机锌底漆	0.20~0.30	0.12~0.20	0.10~0.15	65
环氧树脂涂料	0.35~0.45	0.22~0.35	0.15~0.26	100
聚氨酯涂料	0.20~0.35	0.12~0.20	0.08~0.15	50
玻璃鳞片环氧漆	1.50~2.60	0.85~1.50	0.50~1.20	500
磷酸型底漆	0.15~0.22	0.08~0.15	0.05~0.12	6

表 7-14　涂装用辅助材料消耗定额

辅助材料名称	规格	辅助材料消耗定额/g·m⁻²		备注
		金属板件	金属件/锻件	
复合碱清洗剂	按需要现场配置	50~60		脱脂用，组分为 NaOH、Na₃PO₄、Na₂CO₃ 混合用
脱脂剂	市售脱脂剂	5~10		脱脂用，各种碱式盐及表面活化
表面活性剂洗液	OP-10 / 三乙醇胺	3~5 / 1~2		
三氯乙烯	工业用	15~25		脱脂用
溶剂汽油	工业用	25~30		脱脂用
硫酸（密度1.84）	工业用	65~80	65~80	热轧钢板和锻件酸洗用
碳酸钠	工业用	15~25		酸洗后中和用
表调剂	市售	1.0~1.5		磷化前表调用
磷化液	总酸度在490以上	30~40		磷化处理用
磷化剂	市售磷化剂（液）	10~12		供涂漆前处理磷化用
重铬酸钠	工业用	0.8~1.2		清洗后钝化用
硅砂（喷砂用）			为工件质量的 5%~12%	按工件质量计
铁丸（喷丸用）		为重要工件的 0.04%~0.08%	为工件质量的 0.03%~0.05%	按工件质量计
砂布	2~3 号	0.1		除锈用
砂纸	0~2 号	0.04~0.05		打磨腻子用
砂纸	0~000 号	0.01~0.025		打磨腻子用
耐水砂纸	220~360 号	0.02~0.04		湿打磨腻子，中间涂层用
耐水砂纸	360~600 号	0.05~0.06		湿打磨面漆用
抹布、破布		10	15	擦净用
法兰绒		0.04~0.05		擦拭和抛光用

注：纱布、砂纸等的消耗单位以 m² 计，即打磨1m² 漆面所消耗纱布或砂纸的平方米数。

表 7-15 轿车车身涂装用辅助材料消耗定额

材 料 名 称		单位面积消耗量/g·m⁻²	每台车身被处理（涂装）面积/m²	每台车身消耗定额/g·台⁻¹
脱脂剂		5 ~ 8	80	400 ~ 640
表调剂		0.8 ~ 1.2	80	96
磷化液		9 ~ 12	80	900
纯化液		0.8 ~ 1.2	80	80
阴极电泳涂装		70 ~ 80	80	6000
密封胶				1500 ~ 2500
PVC 车底涂料		800	1.8	3840
中涂涂料		140	17	2380
面漆（各色）		130	16	2080
金属漆	底色漆	130	16	2080
	罩光漆	120	16	1920
稀释剂				1400
防锈蜡				300 ~ 500
黑漆（轮罩、门槛用）		250 ~ 300		300

注：1. 前处理磷化生产的材料消耗定额，也可根据选用材料牌号，由供货商提供的消耗定额确定。

2. 面漆消耗量应根据产品要求，是采用各色面漆或采用金属漆来确定。

3. 表中材料消耗定额及每台车身材料消耗量，是参考引进轿车车身涂装线的技术资料中材料消耗经核算整理出来的，供参考。该涂装线生产情况如下：

产品：轿车车声，前处理及电泳涂漆的车身面积为 80m²。

产量：年产量 16 万量。

涂装工艺：磷化前处理，喷浸连续生产线；阴极电泳涂装；车底喷涂涂料，烘干；中途，烘干；面漆，烘干；机器人自动静电喷涂，手工补漆。

表 7-16 轻型摩托车涂装用辅助材料消耗定额

材 料 名 称		单位面积消耗量/g·m⁻²	应 用 于
摩托车成车	脱脂剂	7.5	车架、油箱、塑料件
	表调剂	1.2	车架、油箱、塑料件
	磷化液	13.3	车架、油箱
	阴极电泳涂料	80 ~ 85	车架
	腻子	2.5①	油箱
	油漆（包括底漆、面漆及罩光清漆）	202	油箱、塑料件
	稀释剂	134.3	油箱、塑料件
	擦布	1.3	油箱、塑料件
	砂纸	2.5	打磨用

材　料　名　称		单位面积消耗量/g·m⁻²	应　用　于
摩托车发动机	脱脂液	20	铝件前处理
	出光液	24	铝件前处理
	磷化液	24	铝件前处理
	油漆（包括底漆、面漆及罩光清漆）	273	铝件油漆
	稀释剂	168	铝件油漆
	擦布	15	

注：表中材料消耗定额是从国内轻型摩托车厂大量生产涂装线的材料年消耗量中整理出来的，供参考。该涂装生产情况如下：轻型摩托车涂装件主要有车架（包括后叉等铁件）、油箱、塑料件及发动机铝件等。

车架（含钢件）：前处理磷化，采用喷浸相结合工艺、阴极电泳涂漆工艺。

油箱：前处理磷化，采用全喷淋工艺；底漆面漆"湿碰湿"喷涂工艺（2C1B），采用环氧丙烯酸漆，罩光清漆采用光（UV）固化涂料。采用侧喷机旋杯自动静电喷涂，手工补喷。少量油箱底漆后对油箱表面进行局部刮灰、打磨。

塑料件：前处理脱脂、表调（采用全喷淋工艺）；底漆、面漆、罩光漆采用三喷一烘（3C1B）工艺，喷漆前喷一层导电漆。采用机器人旋杯空气喷枪为主，人工补喷方式。

发动机铝件（缸头、缸盖、箱体、箱盖等）：前处理的脱脂、出光、磷化，采用全喷淋（3C1B）工艺。采用自动静电喷涂，人工空气补喷工艺方式。底漆采用环氧丙烯酸漆，而面漆和罩光清漆采用氨基丙烯酸烤漆。腻子消耗定额，是指油箱 1m² 涂漆面积需要腻子 2.5g。

7.4.2　涂料消耗量计算

7.4.2.1　电泳涂料消耗量

电泳涂料消耗量取决于涂膜厚度、干漆膜密度、加热减量等因素。电泳涂料的消耗量可用下式计算：

$$G = \frac{F\delta\gamma \times 10^{-6}}{M\eta(1-k)} \tag{7-4}$$

式中　G——电泳涂料消耗量，g；

F——电泳涂装面积，m²；

δ——电泳涂膜厚度，μm；

γ——电泳干涂膜的密度，t/min，干漆膜密度一般为 1.3 ~ 1.4t/min 左右，一般取 1.3t/min；

M——电泳原漆固体含量，%；

η——涂料利用率，%，一般取 90% ~ 95%；

k——涂膜的加热减量，%，可从材料供货技术条件中获得，如缺乏数据，涂膜加热减量取 8%。

7.4.2.2　粉末涂装的消耗量

粉末涂装的消耗量按下式计算：

$$G = \frac{F\delta\gamma}{h} \tag{7-5}$$

式中　G——粉末涂料消耗量，g；

F——涂装面积，m^2；

δ——涂层厚度，μm；

γ——粉末涂层的密度，g/cm^3，环氧粉末一般取 $1.4g/cm^3$；

η——涂装的沉积效率，%。

计算涂料和化学药品的年需要量，可按格式表 7-17 编制明细表。

表 7-17　涂装消耗定额的工艺文件格式

____厂			____年度____产品涂料工艺消耗定额明细表			年　月　日提出		
						共　　页　　第　　页		
零件号	零件名称	涂漆面积	材料名称及定额			产品型号及件数		备注
			C06-1 底漆	A05-1 面漆				
			单位消耗定额/$kg \cdot m^{-2}$					
			0.12	0.2/二道				
修改标记			拟定		审核	技术科长		厂长
修改日期								

7.5　技术经济指标

为衡量所设计车间的工作效果应计算出主要的技术经济指标（见表 7-18），计算其所需的所有数据都是根据整个设计有关数据加以计算或汇总的，它表明设计方案的合理性、劳动生产率和生产过程的机械化程度。将这些技术经济指标与早已实现类似生产的设计指标相比较，可以判断设计的质量和水平。表中的数据指标可视具体情况增减。

表 7-18　主要数据和技术经济指标表

序号	名　称	单位	数据	备　注
一、主要数据				
1	年生产纲领	台（套、件）		
	×××产品	台（套、件）		
	×××产品	台（套、件）		
	×××产品	台（套、件）		
	……			
2	年总劳动量	台时		
	……	工时		
3	设备总数	台（套）		其中利用（或新增）设备××台（套）
	其中：生产设备	台（套）		其中利用（或新增）设备××台（套）
	辅助设备	台（套）		其中利用（或新增）设备××台（套）

续表7-18

序号	名　称	单位	数据	备　注
4	人员总数	人		
	其中：生产工人	人		
	辅助工人	人		
	工程技术人员	人		
	行政管理人员	人		
	服务人员	人		
5	车间总面积	m²		建筑面积
	其中：生产面积	m²		建筑面积
	辅助面积	m²		建筑面积
	办公室生活间面积	m²		建筑面积
6	设备安装电容量	kW		
	……	kVA		
7	生产用水量最大	m³/h		
	平均	m³/h		
	纯水最大	m³/h		
	平均			
8	生产用蒸汽量最大	t/h		
	平均	t/h		
9	压缩空气用量最大	m³/min		
	平均	m³/min		
10	燃气用量最大	m³/h		
	平均	m³/h		
11	燃油用量最大	kg/h		
	平均	kg/h		
	……			
12	新增工艺设备总价	万元		设备原价
	……	万美元		设备原价
13	工艺总投资	万元		
14	车间建筑工程投资	万元		
	其中：土建部分	万元		
	特殊构筑物部分	万元		
	公用工程部分	万元		
	公用设备及安装部分	万元		
	……			

序号	名 称	单位	数据	备 注
二、技术经济指标				
15	每一工人年产量	台（套、件）		
	……	t（m²）		
16	每一生产工人年产量	台（套、件）		
	……	t（m²）		
17	每台主要设备年产量	台（套、件）		
	……	t（m²）		
18	每平方米车间总面积年产量	台（套、件）		
	……	t（m²）		
19	每平方米生产面积年产量	台（套、件）		
	……	t（m²）		
20	每台主要生产设备占车间总面积	m²		
21	每台主要生产设备占车间生产面积	m²		
22	每台（套、件）产品劳动量	台时		
	……	工时		
23	主要生产设备的平均负荷率	%		
24	单位产品占工艺设备投资	万元		

注：1. 设备栏可在备注栏内说明利用、新增数量；面积栏可在备注栏内说明、利用、改造新建面积；动力参数可在备注栏内说明本项目新增数量，工艺设备总价栏可在备注栏内说明为设备原价。

2. 技术经济指标栏可视车间特点选项列表填写。

8 涂装车间通排风设计

设计内容提要
（1）说明车间通风设计的基本原则。
（2）说明排风装置结构、通风机、通风管道的选择和布置。
（3）说明本车间的通风设计做法。
（4）计算通风系统的排风量及通风管道。

涂装车间在生产过程中，要散发出大量有害气体、有机溶剂挥发物和水蒸气等，并且涂装车间内空气不流动的场所涂料干燥缓慢，所以在涂装车间内必须设置通风装置，以防止污染室内空气，确保生产工艺的正常进行。通风装置可选择局部通风和全面通风，排风形式可选择自然排风和强制排风。通风系统设计应遵循通风设计基本原则，并结合化学前处理、喷漆室、粉末静电喷涂室等的排风形式选择、排风系统设计、排风量的计算等，完成通风设计任务书（表 1-7）。

8.1 局 部 通 风

8.1.1 槽边局部排风

槽边局部排风是广泛使用的一种装置，在浸渍槽一侧或两侧，通过抽风将槽内的有害气体排至处理设备或室外。

8.1.1.1 槽边局部排风装置的结构形式选择

槽边局部排风根据槽子的宽度不同可分为单侧排风和双侧排风两种。排风罩的形式有条缝式、平口式、倒置式和带吹风装置。条缝式槽边排风罩有单侧低截面、双侧低截面和周边低截面等形式。高截面的排风罩对生产操作有影响，特别是对手工操作影响更大，故不推荐使用。各种类型的排风罩的特点列入表 8-1 可供选用参考。

表 8-1 各种类型槽边排风罩的优缺点比较

排风罩形式	优 点	缺 点
条缝式槽边排风罩	液面排风气流稳定；条缝口排风速度大，所需的排风量较小，排风效果较好；结构较简单，施工安装方便，应用较广	排风罩界面相对于平口式等较高，占地空间较大，对操作稍有影响

排风罩形式	优　点	缺　点
平口式槽边排风罩	排风罩截面较低，占地空间较小；不影响生产的操作；排风罩结构简单，施工安装方便，应用较广	所需的排风量较大，且气流又不够稳定，易受横向干扰，影响排风效果
倒置式槽边排风罩	所需的排风量较小，排风效果好；不受横向气流的影响	排风罩伸入槽内，需降低液面的高度，同时占去 20% 的槽宽，给生产操作带来不便；排风罩的结构复杂；应用较少
带吹风的槽边排风罩	吹风作用距离大，增加排风的有效距离，可用于宽度大的槽子，且槽上无阻挡物；节省排风量，排风效果好	取出工件时，吹出的气流撞击工件或挂具，会带出部分有害气体到室内，故对工件放取频繁和液面上有突出部分的槽子不宜采用，施工安装工作量大

8.1.1.2　槽边局部排风的设计原则

（1）应根据槽内溶液性质，有害气体的性质及程度来确定是否设置排风罩。需要设置的槽子及排风速度。

（2）槽边排风分为单侧、双侧和周边排风，通常根据槽宽进行设计选型。当槽宽 ≤ 800mm 时，设置为单侧；当槽宽 > 800mm 设置成双侧或周边；当槽宽 > 1500mm 时，有条件时，应尽量采用密闭罩或用盖板遮盖全部或部分槽面，以保证排风效果。对槽面无突出部分和放取工件不频繁的单面操作的槽子，而且技术经济分析比较认为合理时，可采用设置带吹风的槽边排风罩。

（3）同一工种槽子的排风或同一性质的槽子和系统，尽可能合并成一个排风系统，具体情况视设备的数量及管线的长短来确定。每个排风系统的排风点不宜过多，最好不超过 3~4 个，否则每个排风点的排风效果不易均衡。

（4）沿槽边的排风速度应该分布均匀，若槽子长度 > 1200mm 时，可采取措施：即平口式槽边排风罩应设导流板或者分段设置排风罩；对于条缝式槽边排风罩应改变条缝形状，做成楔形条缝口。

（5）强刺激性气体或者剧毒气体的产生源的小型槽的排风，可考虑设置通风橱内排风。

（6）黑色金属的混酸洗槽和酸洗后的冷水槽，可考虑设置通风橱排风。

8.1.2　通风橱局部排风

除与喷漆室和废气处理系统连接为一完整系统的橱式局部排风外，存在有害气体密集且量大的情况，如涂装车间的混酸洗、有机溶剂去油、浸渍槽等一般也采用通风橱局部排风。通风橱局部排风的效果，主要取决于通风橱的结构形式、尺寸、排风口位置及操作口处的抽风速度等因素。

根据排风位置不同，将通风橱可分为：（1）上侧排风：适用于气体密度小（与空气密度比较），热量大，气流呈上升趋势；（2）下侧排风：适用于气体密度大，热量小或无；（3）上下侧联合：气体密度与空气接近，既适用于上侧排风也适用于下侧排风；

（4）上中下侧联合排风：上中下均设排风口，少涡流，风速均匀，排风效果好，最好的通风橱形式，但结构略复杂。

为了提高通风橱的排风效果，保证其正常使用，通风橱的位置选择应注意：（1）通风橱应远离送风口；（2）与自然通风口保持适当的距离；（3）不宜布置在过道，窗口或门的附近。

8.2 全面排风

通常情况下，在无法采用局部排风，或采用局部排风效果不佳时，则可考虑采用全面换气通风。具体的场合包括：

（1）涂装作业中产生有害物的设备、作业地及工作间，无法采用局部排风，或采用局部排风仍不能有效地排除有害物时，宜采用全面换气通风。

（2）有些辅助间的储存物质能散发出有害物时，也宜采用全面换气通风。

（3）工作中产生的有害气体场所、设备、工作地等无固定位置。

（4）特殊情况下，大面积涂漆作业，因扩散面广，应采用有组织的全面排风，使操作者不处于污染气流中。

（5）全面排风系统的吸风口应设在有害物质浓度最大的区域。全面排风系统气流组织的流向应避免使有害物质流经操作者的呼吸带。

8.3 通风设计一般原则

（1）通风设计时应考虑涂装工艺特点、车间设备布置、排除物的性质和厂房的建筑形式来确定排风系统。

（2）通排风系统规模应尽可能的小，以减小震动和噪声及提高排风效果。

（3）应首先采用局部排风，当不可能采用局部排风，或采用局部排风仍达不到作业区空气中有害物质低于所规定的最高允许浓度时，应采用全面换气通风。

（4）散发出有害物质的工艺设备和工序作业地，应首先考虑加以密闭。当无法采用密闭或半密闭的装置时，应根据生产条件和通风效果，分别采用侧吸式、伞形式、吹吸式排风罩或槽边排风罩。

（5）排风罩的形式、大小和位置应根据排出污染物的挥发性、密度及涂漆的作业方法而定。排风罩罩口吸风方向应使有害物在不流经操作者周围。

（6）排风系统排出的有害物浓度超过 GB 16297—1996《大气污染综合排放标准》，应采取净化处理、回收或综合利用措施后，再向大气排放，使之符合排放标准。

（7）设有局部排风和全面排风的涂装作业场所，应进行补风；当自然补风不能使室内空气中有害物质低于所规定的最高允许浓度时，或空内温度过低影响生产时，应设置机械送风系统。

（8）涂装作业场所处于灰尘较大的环境时，机械送风系统应设置空气过滤装置。

（9）在通风净化设备和系统中，应控制易燃易爆的气体、蒸汽的体积浓度不应超过其爆炸极限浓度的25%，粉尘浓度不应超过其爆炸极限浓度的50%。

8.4 涂装通风设计做法

为防止酸碱雾、溶剂蒸气、粉尘等有害物质在室内逸散,应采用局部排风,当大型工件、制品采用局部排风仍达不到规定要求时应采用或增加全面换气通风。

8.4.1 机械前处理间的通风设计

(1)手工除锈或机械工具除锈集中作业的场所,除在工位设置局部排风外,还应辅以全面排风。中小型工件除锈可在带有局部排风的工作台上进行,在工作台非操作面上设置侧吸排风罩,或在带有格子台面的工作台设置底吸式排风罩,排风设置净化处理装置。

(2)大型工件手工除锈或机械工具除锈,应在实体墙分隔的工作间内或在打磨除锈室内进行,并设置全面排风。

(3)抛丸、喷丸、喷砂等的清理室的排风,室体内气流流向应使产生的粉尘能迅速有效地排除。从室体门洞、观察窗及缝隙散逸的尘,应保证作业场所的粉尘浓度不应超过最高允许浓度。

8.4.2 化学前处理槽的通风设计

化学前处理槽多采用局部排风设计,其一般设计做法:

(1)需要局部排风的槽,在采用手工操作时,排风罩宜采用侧吸式,按下列情况设置:

1)槽宽不大于800mm时,宜采用单侧排风。

2)槽宽大于800mm时,宜采用双侧或周边排风。

3)槽宽大于1500mm时,单边操作的处理槽宜采用吹吸式槽边排风罩。

(2)直线式程控门式行车前处理线的槽侧排风罩,参照手工操作线设置。

(3)在采用机械化自动化化学前处理生产线时,采用隧道密闭式或半密闭式,如脱脂、磷化等采用喷淋或喷淋浸渍法处理的装置,应为密闭式或半密闭式,应设局部排风装置,其工件及进出口口洞处风速不宜小于0.5m/s。

(4)前处理作业槽槽宽大于1500mm时,在工艺操作条件许可时,宜设置盖板减少敞开面。

(5)酸性侵蚀处理槽,在工艺操作条件许可时,宜添加有效的酸雾抑制剂。

(6)由酸蚀处理槽、磷化槽、含铬溶液槽等排出的有害气体,宜设置净化处理装置。

(7)槽边侧吸罩形式有条缝式、平口式、周边条缝式等多种形式。条缝式侧吸罩排风效果好,节省风量,但风口高度高,手工操作不太方便;平口式侧吸罩排风效果好、风口高度低,方便手工操作,但所需风量大。

(8)有机溶剂除油清洗槽及其挥发段,应采用半密闭罩,且其长度宜大于除油清洗槽,半密闭罩罩面风速应不小于0.4m/s。

(9)在实体墙分隔的工作间内,在固定工位上对大件进行除油或除旧漆时,应设置局部排风并同时辅以全面排风;当操作工位不固定时,则可采用移动式局部排风并同时辅以全面排风。

（10）前处理槽的通风装置的部分计算参看第 4 章浸渍设备的计算中关于通风装置的计算。

8.4.3　喷漆室的通风设计

（1）喷漆室应采用独立的排风系统。

（2）喷漆室的排风量，应保证所喷出的有机溶剂浓度低于爆炸极限下限值的 25%。

（3）大型喷漆室及有温度、湿度、洁净度要求的喷漆室，需设置送风空调系统。

（4）手工喷漆室排出的空气，不宜进入喷漆室再循环使用。自动喷漆室和流平室允许部分排出的空气循环使用，但应保证室内所含有机溶剂浓度低于爆炸极限下限值的 25%。

（5）对制品涂层外观装饰要求不高时，喷漆室的通风要保持负压；对制品涂层外观装饰要求较高时，喷漆室的通风要保持微正压。

（6）喷漆室的排风形式及排风量计算参看第 4 章喷漆室的计算。

8.4.4　浸漆间的通风设计

（1）浸漆间应采用机械通风，使距离蒸汽源超过 1.5m 的区域，有机溶剂蒸气浓度不超过其爆炸下限浓度的 25%。通风系统内，有机溶剂蒸汽浓度也应不超过其爆炸下限浓度的 25%。

（2）小型手工操作生产的固定式浸漆槽，一般采用槽边排风罩局部排风。槽子宽度不大于 700mm 时宜采用单侧排风；槽宽大于 700mm 时宜采用双侧排风。滴漆盘也需要设置侧面局部排风罩。

（3）在有罩壳的浸漆工位，不应利用机械通风过多地排除有机溶剂蒸气，应设计合理的罩壳，借助通风把蒸气限制在罩壳内。

（4）放置在通风橱内的小型浸漆槽，利用通风橱进行局部排风，根据排出有机溶剂气体的特点，采用通风橱的上、中侧联合排风的结构形式。通风橱开口尽量小，以控制其排风量，而又不使有机溶剂蒸气外逸。

（5）连续或间歇通过式浸漆设备，一般常在浸漆槽去余漆装置上设置封闭罩，排风装置设在封闭罩顶部，仅在封闭的两端留有被涂工件的出入口，出入口的空气流速宜取 0.3~0.4m/s；或在浸漆槽与去余漆装置的部位处间隔成封闭室，在封闭室的两端留有被涂工件的出入口，在封闭室的顶部及一个侧面开有排风口，与通风装置连接，封闭室两端工件出入口面积及其排风量，按风速 0.4~0.5m/s 来计算。

（6）非作业时间，中小型浸漆槽应加盖，减少有机溶剂挥发；大型浸漆槽应将漆排放到贮漆槽或贮漆罐。

8.4.5　电泳室的通风设计

电泳室多采用局部排风设计，其一般设计做法：

（1）中小型的电泳涂漆槽在采用手工操作时，采用槽边侧吸式排风罩。

（2）采用直线式程控式行车输送工件的生产线时，电泳涂漆槽采用槽边侧吸式排风罩。

（3）在采用机械化自动化（包括自行小车输送机）电泳涂漆生产线时，宜采用隧道密闭式或半密闭式，应设局部排风装置，其工件进出门洞处风速不宜小于 0.5m/s。

（4）在单件小批量生产采用电动葫芦或自行小车输送机操作生产时也可采用槽边侧吸式排风罩。

（5）在电泳槽上设置有封闭保护室体，室体内侧两旁设有进行检修、更换阳极等通道时，可在室体顶部设排风换气系统，通气换气次数采用 15 次/h。

（6）电泳通风装置的部分计算可参看第 4 章中电泳涂装设备计算中关于通风装置的计算。

8.4.6 喷粉室的通风设计

（1）对粉末流化床浸涂设备及粉末火焰喷涂设备，根据具体情况，设置排风罩进行局部排风，如局部排风不能有效地排除有害物时，其工作间还需要加上全室换气通风。

（2）粉末静电喷涂室应设有机械排风和粉末回收装置。粉末净化回收装置排放的已净化气体直接回流到作业区时，其空气含尘量不能超过 3mg/m³。

（3）粉末静电喷涂室排风形式及其风量计算见第 4 章粉末静电喷涂设备的有关内容。

8.5 通风机与通风管路

8.5.1 通风机的选型

通风机一般分为离心式和轴流式两种，根据其风压的不同，还可分为高压（＞300mmHg）、中压（≤300mmHg）和低压风机（≤100mmHg）。在涂装车间的通风工程中常用低压与中压通风机。在选用时应根据排送空气的性质选择所需的通风机。离心通风机（轴向进风径向出风）可用于局部排风和全面排风及送风，轴流风机（轴向进风轴向出风）主要用于全面排风。

离心通风机的传动方式共有六种可选。离心通风机的旋转向可分为左旋转与右旋转出风口，有不同角度的位置，选用时应根据通风机的具体安装位置和出风管的合理布置选定所需的旋转方向与出风口位置。

8.5.2 通风管道及布置

8.5.2.1 通风管道

（1）涂装作业场所通风系统的进风口和排风口应设防护网，并应直接通到室外不可能有火花坠落的地方。排风管上应设防火阀，并应设置防雨、防风措施。

（2）涂漆工艺用的通风管道应单独设置。

（3）输送 80℃ 以上气体或易爆气体的管道应用不燃烧体材料制作。

（4）需进行调节风量的通风系统，应在管道内气流较稳定的截面处设置风量测定孔。

（5）为观察高温排风系统风管内的空气温度，应在风管上设置温度观察孔和温度计。

（6）通风装置和风管应采取有效措施，防止污染物沉积，并应定期清理。

（7）通风净化设备和管道所输送的空气温度有较显著的提高或降低时，或者可能冻结时，应采取隔热、保温或防冻措施。

（8）排风管的防雷措施，应符合 GB/T 50057—2010《建筑物防雷设计规范》的规定。

（9）通风管道的计算应符合下列规定：

1）风管内的风速，按以下数值选用：输送酸碱气体和有机溶剂蒸汽的水平支管，风速为 8～12m/s，垂直支管为 4～8m/s；输送含尘空气的水平支管，风速为 16～18m/s，垂直支管为 14～16m/s。

2）确定通风机风量时，应附加风管和设备的漏风量，应根据管道长度及其气密程度，按系统风量的百分比附加，附加值如下：对一般送、排风系统，取 5%～10%；对除尘净化系统，取 10%～15%。

3）确定通风机风压时，应同时考虑系统压力损失附加值。可按下列百分比附加：对一般送、排风系统，取 10%～15%；对除尘净化系统，取 15%～20%。

8.5.2.2　通风管道等布置

（1）涂装作业场所送排风系统应明设。涂装化学前处理生产线的排风管宜明设，有冷凝水析出的风管应按 1% 坡度敷设，并在最低点设泄水管，接向排水沟。

（2）用于过滤有爆炸危险粉尘的干式除尘器和过滤器，应布置在系统的负压段。

（3）排出有爆炸危险的气体和蒸气混合物的局部排风系统，其正压段风管不应通过其他房间。

（4）输送高温气体的风管，当其外表温度为 80～200℃时，其与建筑物的易燃结构和设备的距离应不小于 0.5m，距耐火结构和设备的距离应不小于 0.25m。

（5）管壁温度高于 80℃ 的风管与输送易燃易爆气体、蒸气、粉尘的管道之间的水平距离不应小于 1m；输送热气体的风管应铺设在输送较低温度气体的风管上面。

（6）输送 80℃ 以上气体或易爆气体的管道应用不燃烧体材料制作。管壁温度不小于 80℃ 的管道与输送易燃易爆气体、蒸气、粉尘的管道同沟敷设时，应采取保温隔热措施。

（7）电线、煤气管、热力管道和输送液态燃料的管道，不应装在通风管的管壁上或穿过风管。

（8）当风管穿过易燃材料的屋面或墙壁时，在风管穿过处应敷以耐火材料或使风管四周脱空。

（9）通风管道不宜穿过防火墙，如必须穿墙，应在穿过处设防火阀。穿过防火墙两侧各 2m 范围内的风管及其保温材料应采用非燃烧体。风管穿过的空隙应用非燃烧体填塞。

（10）排风室的布置位置应尽量靠近需局部排风的设备，应采取隔声措施，如排风机放置在平台上时，平台要隔到顶或设置风机隔声罩，做好防振隔声。

（11）南方地区及气候不十分寒冷的北方地区，风机可以考虑放置在室外，根据具体情况，可搭棚供遮阳挡雨。

（12）通风管道的敷设通常有架空敷设、地面敷设、地沟敷设和地下室敷设等四种形式可选择。

（13）机械送风系统进风口位置，应符合下列要求：

1）应设在室外空气清洁和无火花坠入的地点，并安装铁丝网和百叶格栅。

2）应设在排风口常年最小频率风向的下风侧，且应低于排风口2m。

3）进风口底边距室外地坪不宜低于2m，当其设在绿化地带时，可不低于1m。

4）进风口和排风口如设在屋面以上的同一高度时，其水平距离应不小于管径的10倍，并不应小于10m。

5）进风口应避免设在有有害物质排出的天窗口附近。

8.5.3 通风管道材料及附件

通风管道的管材有砖、钢筋混凝土、砖沟内贴磁砖、大理石、薄钢板、PVC板、胶合板等可选。选材时要考虑满足机械强度要求，同时保证经济性。钢板排风管的联接方式可选法兰、焊接、咬口等。法兰盘间应放入3~5mm厚的密封衬垫。

使用PVC管时，温度10~60℃，每隔15~20m处设伸缩节，每隔1.5~3m设置支架或吊把等。

8.6 通风装置的计算

8.6.1 槽边局部排风罩的计算

8.6.1.1 条缝式排风罩的设计与计算

A 条缝式排风罩的设计

（1）确定采用何种截面形式。排风罩的形式分为高截面（$E > 250\text{mm}$）和低截面（$E < 250\text{mm}$），一般采用低截面。

（2）根据浸渍槽的宽度确定排风形式。排风形式分为单侧、双侧和密闭三种。

（3）条缝尺寸要适当，以保证风速分布均匀，也不能因为排风罩的尺寸而影响正常生产。

B 排风量的计算

因条缝式有不同截面形式和单、双侧之分，所以其通风量的计算公式也不同，可按表4-3所列各式计算；也可根据槽内产生的有害气体的性质、溶液温度等因素查表4-4得出液面排风计算风速v，再结合槽子内部平面尺寸，可由表8-2和表8-3分别查得单侧及环形和双侧及周边排风的排风量。

C 条缝尺寸的计算与校验

（1）排风罩断面风速计算。

计算排风罩断面风速可根据式（8-1）计算。排风罩断面风速v_1一般为5~10m/s，排风量大时可适当提高，若$v_1 > 5 \sim 10\text{m/s}$，需重新设计。

$$v_1 = \frac{Q}{E \times F \times 3600} \tag{8-1}$$

式中 v_1——排风罩断面风速，m/s；

　　　Q——排风总量，m^3/h；

　　　E——排风罩断面高度，m；

　　　F——排风罩断面宽度，m。

（2）条缝口风速：一般 $v_2 = 7 \sim 10 m/s$，排风量大时可适当提高。

（3）条缝口的总面积计算。

$$f = \frac{Q}{v_2} \tag{8-2}$$

式中 f——条缝口的总面积，m^2；

　　　Q——排风总量，m^3/h；

　　　v_2——条缝口风速，m/s。

（4）条缝高度计算。

$$h_0 = \frac{f}{L} \tag{8-3}$$

式中 h_0——平均条缝高度，m，应使 $h_0 < 60mm$，若 $h_0 > 60mm$ 则为错误；

　　　f——条缝口的总面积，m^2；

　　　L——槽子长度，m。

（5）校验条缝口风速是否均匀。

对于等高条缝排风罩，若条缝较长，则可能使条缝口的风速分布不均匀，影响排风效果，即靠近主风道处风速较大，远离主风道处风速较小，所以需要校验条缝口风速是否均匀，通常以条缝口总面积与排风罩断面面积比值 f/F_1 的计算值作为判断依据（F_1 按式（8-4）计算）。若 f/F_1 之值越小，则排风量越均匀。当 $f/F_1 \leq 0.3$ 时，条缝口处的风速分布均匀，$f/F_1 > 0.3$ 时，条缝处的风速不均匀。

$$F_1 = E \times F \tag{8-4}$$

式中 F_1——排风罩断面面积，m^2；

　　　E——排风罩断面高度，m；

　　　F——排风罩断面宽度，m。

当 $f/F_1 > 0.3$ 时，为使条缝的全长上能均匀排风，宜将直线条缝设计为楔形条缝（如图8-1 所示）。对于楔形条缝，不同的 f/F_1 值对应一组不同 h/h_0 值，参看表8-4。显然，只要求两端的高度 h_1，h_2，然后作直线，即可确定楔形面积。具体计算时，依据得到的 f/F_1 在表中查出。若表中无 f/F_1 值，则可用直线插入法求得，即选择最近的两点作为端点，利用图解法求得。

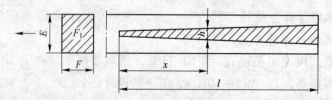

图8-1 楔形条缝口示意图

表 8-2   条缝式单侧及环形低截面槽边排风罩性能

A	v	单侧								环形			
		B = 500		B = 600		B = 700		B = 800		D	v	Q	h
		Q	h	Q	h	Q	h	Q	h				
600	0.25	780	52	975	(51)	1170	(55)	1370		500	0.25	530	14
	0.30	935	(48)	1170	(60)	1400		1645			0.3	640	17
	0.35	1090	(56)	1365		1640		1920			0.35	740	19
	0.40	1250		1560		1875		2190			0.4	845	22
	0.50	1560		1950		2340		2740			0.5	1060	27
800	0.25	980	49	1220	60	1470	(57)	1725		600	0.25	770	16
	0.30	1175	58	1465	(57)	1765		2070			0.3	890	19
	0.35	1375	(53)	1710		2060		2420			0.35	1060	23
	0.40	1570	(60)	1950		2350		2760			0.4	1205	26
	0.50	1960		2440		2490		3450			0.5	1510	32
1000	0.25	1175	47	1460	58	1760	(55)	2060		700	0.25	1030	19
	0.30	1410	56	1750	(55)	2110		2470			0.3	1235	23
	0.35	1645	(51)	2045		2465		2890			0.35	1440	27
	0.40	1880	(59)	2330		2820		3300			0.4	1650	30
	0.50	2350		2920		3520		4120			0.5	2060	39
1200	0.25	1365	45	1695	56	2030	(53)	2385	(60)	800	0.25	1345	22
	0.30	1640	54	2030	(52)	2440		2860			0.3	1610	26
	0.35	1910	(49)	2375	(60)	2840		3340			0.35	1880	31
	0.40	2185	(56)	2170		3250		3815			0.4	2060	35
	0.50	2730		3390		4060		4770			0.5	2690	44
1500	0.25	1625	43	2025	54	2440	(51)	2860	(59)	900	0.25	1705	25
	0.30	1950	52	2430	(50)	2930		3430			0.3	2050	30
	0.35	2280	60	2830	(59)	3420		3480			0.35	2390	35
	0.40	2600	(54)	3240		3900		4575			0.4	2730	39
	0.50	3250		4050		4800		5720			0.5	3410	49
2000	0.25	2050	41	2550	50	3070	60	3610	(56)	1000	0.25	2110	27
	0.30	2460	49	3060	(51)	3670	(57)	4330			0.3	2530	33
	0.35	2870	57	3570	(56)	4300		5060			0.35	2940	38
	0.40	3280	(51)	4084		4910		5770			0.4	3370	43
	0.50	4100		5100		6140		7220			0.5	4290	55

注: A—排风罩长度, mm; B—浸渍槽宽度, mm; v—液面排风计算风速, m/s; Q—排风量, m^2/h; D—浸渍槽直径, mm; h—条缝高度, mm; h 项括号内的数字相应的条缝口风速为 9m/s; 不带括号的数字相应的条缝口风速为 7m/s。

表 8-3　条缝式双侧及周边槽边排风罩性能

A	v	Q	$a\times b$	v_1	h双	h周	Q	$a\times b$	v_1	h双	h周	Q	$a\times b$	v_1	h双	h周	Q	$a\times b$	v_1	h双	h周	Q	$a\times b$	v_1	h双	h周
800	0.25	1062	300×100	9.8	27	15	1280	350×100	10	32	17	1500	400×100	11.1	40	20										
	0.30	1280	300×100	11.9	32	18	1535	400×100	10.7	39	20	1800	400×120	10.4	45	22										
	0.35	1490	300×120	11.5	37	21	1795	400×120	10.4	45	24	2100	450×120	10.8	53	28										
	0.40	1700	400×120	9.8	43	28	2050	450×120	10.5	51	27	2400	500×120	11.1	60	30										
	0.50	2130	450×120	11	53	30	2560	450×150	10.5	60(50)	32(34)	3000	500×120	13.9	(59)	37										
1000	0.25	1275	300×100	11.7	25	16	1535	400×100	11.1	31	18	1800	400×120	10.4	36	20	2350	450×120	12.2	47	23	2940	500×150	10.9	60	27
	0.30	1550	400×100	10.6	31	19	1840	400×120	11.1	37	22	2160	450×120	11.1	43	24	2830	500×150	10.5	56	28	3530	(300×150)×2	10.9	(55)	32
	0.35	1780	400×120	10.3	36	22	2150	450×120	11.7	43	25	2520	500×120	11.7	50	28	3310	(300×150)×2	10.2	(52)	33	4120	(350×150)×2	10.9	60	37
	0.40	2040	450×120	10.5	41	25	2460	500×120	10.7	50	33	2880	500×150	10.7	58	32	3780	(350×150)×2	9.9	(59)	38	4710	(400×150)×2	10.9	60	43
	0.50	2550	500×120	11	50	32	3070	(300×150)×2	11.1	60	47	3600	(300×150)×2	11.1	60	47	4720	(400×150)×2	10.9	60	47	5870	(500×150)×2	10.9	60	53
1200	0.25	1480	300×120	11.4	26	16	1770	400×120	10.7	30	19	2080	450×120	10.7	35	21	2710	500×150	11.1	45	31	3390	(300×150)×2	10.5	57	31
	0.30	1775	400×120	10.2	30	20	2125	450×120	10.2	35	22	2500	500×120	11.6	42	25	3250	(300×150)×2	10.1	54	37	4070	(350×150)×2	10.8	(52)	37
	0.35	2070	450×120	10.7	34	23	2480	500×120	10.7	41	26	2910	500×150	10.8	50	29	3800	(350×150)×2	10.1	60	43	4750	(400×150)×2	11.0	60	43
	0.40	2370	400×150	11	46	26	2830	500×150	11	47	33	3330	(300×150)×2	8.7	56	33	4350	(400×150)×2	10	(56)	49	5420	(500×150)×2	10.0	60	49
	0.50	2960	500×150	11	49	33	3540	(350×150)×2	9.4	60	37	4160	(350×150)×2	9.4	60	37	5450	(400×150)×2	10.2	(57)	60	6780	(500×150)×2	12.6	60	60
1500	0.25	1760	400×120	10.5	23	17	2120	450×120	10.9	28	19	2500	450×120	10.3	33	22	3260	(300×150)×2	10.1	43	32	4050	(350×150)×2	10.8	54	32
	0.30	2110	450×150	8.7	28	20	2545	500×150	10.5	34	23	2900	500×150	11.1	40	26	3920	(350×150)×2	10.4	52	39	4870	(450×150)×2	10	(50)	39
	0.35	2470	450×150	10.2	33	23	2970	500×150	11	40	26	3500	500×150	9.3	47	30	4570	(400×150)×2	10.6	60	45	5670	(500×150)×2	10.5	(59)	45
	0.40	2820	(300×120)×2	10.9	38	24	3390	(300×150)×2	10.8	45	27	4000	(350×150)×2	10.8	(54)	30	5220	(500×150)×2	12	(54)	48	6480	(500×150)×2	10.8	54	48
	0.50	3520	(350×150)×2	9.3	47	33	4240	(400×150)×2	10.3	57	38	5000	(400×150)×2	10.3	57	38	6520	(500×150)×2	12	(52)	(50)	8100	(500×150)×2	10.5	(59)	(50)
2000	0.25						2670	500×150	9.9	27	20	3140	500×150	9.8	27	20	4100	(300×150)×2	8.5	41	27	5100	(450×150)×2	10.5	51	32
	0.30						3200	(300×150)×2	9.9	32	24	3770	(300×150)×2	9.9	32	24	4900	(350×150)×2	10.1	49	33	6125	(500×150)×2	11.3	61	38
	0.35						3740	(350×150)×2	9.4	37	28	4400	(350×150)×2	9.4	37	28	5750	(400×150)×2	10.7	58	48	7140			(55)	44
	0.40						4270	(400×150)×2	10.3	43	31	5020	(400×150)×2	10.3	43	31	6540	(500×150)×2	12.1	(51)	(51)	8160			51	51
	0.50						5340	(480×150)×2	11.0	53	39	6280	(480×150)×2	11.0	53	39	8200	(500×150)×2	11.7	55	55	10200			(50)	55

注：A—排风罩的长度，mm；B—浸渍槽宽度，mm；v—液面排风计算风速，m/s；Q—排风量，m^2/h；v_1—$a\times b$ 断面风速，m/s；Q—排风量，m^3/h；v_1—排风量计算风速，m/s；$a\times b$—排风罩主管断面尺寸，mm；h—条缝高度，mm。h 项括号内数字为相应条缝口风速 7m/s，不带括号的数字为相应条缝口风速 9m/s 时的数字；h 值不大于 60mm。

表 8-4　条缝相对高度 h/h_0 值

f/F_1	x/l 值下的 h/h_0										
	0	0.1	0.2	0.3	0.4	0.5	0.6	0.7	0.8	0.9	1.0
0.5	0.70	0.80	0.85	0.90	0.97	1.00	1.10	1.15	1.20	1.25	1.30
1.0	0.60	0.64	0.70	0.80	0.90	1.00	1.20	1.25	1.30	1.40	1.40
1.5	0.45	0.50	0.55	0.60	0.70	0.80	1.10	1.35	1.60	1.80	1.90
3.0	0.35	0.37	0.40	0.45	0.50	0.60	0.80	1.10	1.60	2.50	3.00

8.6.1.2　平口式槽边排风的计算

（1）先由表 4-4 查出排风计算风速 v。

（2）再由 v 及槽子尺寸，由表 8-5 查得排风量 Q。

（3）再由 Q 值确定出排风罩的尺寸（表 8-6）。

平口式槽边排风罩的罩口，可伸至极棒上面，罩子的高度 E 值较低，故广泛运用于自动生产线上。

表 8-5　平口式排风罩排风量　　　　　　　　　　　　　　　（m^3/h）

A	v	B													
		500	600	700	800	600	700	800	900	1000	1100	1200	1300	1400	1500
600	0.20	700	900	—	—	700	—	—	—	—	—	—	—	—	—
	0.25	850	1125	—	—	850	—	—	—	—	—	—	—	—	—
	0.30	1050	1350	—	—	1050	—	—	—	—	—	—	—	—	—
	0.40	1400	1800	—	—	1400	—	—	—	—	—	—	—	—	—
800	0.20	840	1080	1340	1630	850	1050	1250	—	—	—	—	—	—	—
	0.25	1050	1350	1675	2040	1060	1310	1565	—	—	—	—	—	—	—
	0.30	1200	1620	2010	2445	1275	1576	1875	—	—	—	—	—	—	—
	0.40	1680	2160	2680	3260	1780	2100	2500	—	—	—	—	—	—	—
1000	0.20	1000	1300	1550	1850	1050	1250	1500	1750	2000	—	—	—	—	—
	0.25	1250	1625	1940	2310	1310	1565	1815	2187	2500	—	—	—	—	—
	0.30	1500	1950	2320	2775	1575	1875	2250	2625	3000	—	—	—	—	—
	0.40	2000	2600	3100	3700	2100	2500	3000	3500	4000	—	—	—	—	—
1200	0.20	1150	1450	1750	2100	1200	1500	1750	2000	2300	2550	2850	—	—	—
	0.25	1440	1810	2190	2625	1500	1875	2190	2500	2875	3190	3565	—	—	—
	0.30	1725	2175	2625	3150	1800	2250	2625	3000	3450	3825	4275	—	—	—
	0.40	2300	2900	3500	4200	2400	3000	2500	4000	4600	5100	5700	—	—	—
1500	0.20	1350	1750	2100	2500	1450	1800	2100	2400	2700	3100	3400	3750	4200	4540
	0.25	1690	2190	2625	3120	1810	2250	2620	2800	3375	3875	4250	4690	5250	5680
	0.30	2025	2625	3150	3750	2175	2700	3150	3600	4050	4650	5100	5600	6300	6810
	0.40	2700	3500	4200	5000	2900	3600	4200	4800	5400	6200	6800	7500	8400	9080

A	v	B													
		500	600	700	800	600	700	800	900	1000	1100	1200	1300	1400	1500
1800	0.20	1600	2000	2400	2850	1750	2100	2450	2800	3200	3600	4000	4400	4850	5250
	0.25	2000	2500	3000	3560	2190	2620	3060	3500	4000	4500	5000	5500	6060	6560
	0.30	2400	3000	3600	4280	2620	3150	3675	4200	4800	5400	6000	6600	7275	7875
	0.40	3200	4000	4800	5700	3500	4200	4900	5000	6400	7200	8000	8800	9700	10500
2000	0.20	1750	2200	2650	3100	1950	2300	2700	3100	3500	3950	4400	4800	5300	5760
	0.25	2190	2750	3315	3975	2400	2875	3375	3875	4375	4940	5500	6000	6625	7190
	0.30	2625	3300	3975	4650	2925	3450	4050	4650	5250	5925	6600	7200	7950	8500
	0.40	3500	4400	5300	6200	3900	4600	5400	6200	7000	7900	8800	9600	10600	11520
2500	0.20	2150	2700	3250	3800	2350	2800	3300	3800	4300	4800	5300	5850	6400	6900
	0.25	2690	3375	4070	4750	2940	3500	4125	4750	5375	6000	6625	7310	8000	8650
	0.30	3225	4050	4875	5700	3525	4200	4950	5700	6450	7200	7950	8775	9600	10350
	0.40	4300	5400	6500	7600	4700	5600	6600	7600	8600	9600	10600	11700	12800	13800
		单侧排风				双侧排风									

注：A—浸渍槽长度，mm；B—浸渍槽宽度，mm；v—液面排风计算风速，m/s，v>0.4 时，则 v=0.4m/s 的排风量数值上再乘 1.1~1.15 的系数。

表 8-6　平口式排风罩的性能及尺寸

型号	v_1 /m·s^{-1}	ξ	v_2/m·s^{-1}								A	B	C	h	F	H	H_1	n	金属罩质量 /kg	塑料罩质量 /kg
			4	5	6	7	8	9	10	11										
			Q/m³·h^{-1}																	
1	1.7~4.6		225	280	340	365	450	515	565	620	400	300						10	14.7	5
2	1.7~4.8		285	360	430	500	580	650	720	790	500	370						10	17.49	5.93
3	1.7~4.7	1	340	425	510	595	685	770	845	935	600	450	120	40	25	500	100	12	20.46	7.02
4	1.6~4.5		400	500	600	700	800	900	1000	1100	700	550						14	23.46	8.13
5	1.6~4.4		455	570	680	795	910	1020	1140	1250	800	650						14	26.83	9.19
6	2.2~6.1		340	425	510	590	685	770	845	930	400	300						10	15.52	5.2
7	2.2~6.1		425	530	640	750	855	965	1060	1160	500	370						10	18.41	6.32
8	2.2~6.8	1.4	510	635	765	900	1020	1150	1270	1390	600	450	140	60	35	500	130	12	21.39	7.14
9	2.1~5.8		600	750	900	1050	1200	1350	1500	1650	700	550						14	24.6	8.51
10	2.0~5.6		785	860	1030	1200	1370	1550	1720	1880	800	650						14	27.86	9.59
11	2.6~7.1		450	560	680	800	900	1030	1130	1240	400	300						10	16.18	5.47
12	2.6~7.1		570	720	830	1000	1160	1300	1440	1580	500	370						10	19.1	6.58
13	2.6~7.1	1.7	680	850	1020	1190	1370	1540	1690	1870	600	450	160	80	40	500	150	12	22.06	7.59
14	2.5~6.8		800	1000	1200	1400	1600	1800	2000	2200	700	550						14	25.37	8.88
15	2.4~6.6		910	1140	1360	1590	1820	2040	2280	2500	800	650						14	28.59	9.93

注：ξ（按 v_1 计算）为局部阻力系数。

8.6.1.3 倒置式槽边排风罩的计算

（1）使用倒置式排风罩时，应使槽内液面与槽顶保持 180~200mm。

（2）排风罩的吸口处的风速 $v_{吸} = 2~4.3\text{m/s}$；排风罩的排口处的风速 $v_{排} = 7~12.5\text{m/s}$。

（3）排风量按表8-7估算。

表 8-7　倒置式槽边排风罩的概略排风量

温差/℃	槽宽/mm					
	单侧排风		双侧排风			
	500	600	700	800	1000	1200
30	457	600	1083	1320	1850	2433
40	527	692	1250	1525	2140	2810
50	590	775	1400	1705	2380	3140
60	645	845	1530	1865	2610	3432
70	695	913	1650	2010	2813	3700
80	743	975	1763	2150	3010	3960
90	790	1035	1870	2280	3194	4200
100	830	1090	1970	2400	3360	4420
110	872	1144	2070	2520	3525	4640
120	910	1195	2160	2933	3680	4840
130	946	1242	2245	2740	3830	5040
140	984	1290	2335	2846	3980	5240

注：表中数值为室温20℃情况下，不同槽宽、不同温差、槽长为1000mm的概略排风量（m³/h）。如果实际槽长不是1000mm，其排风量可按下式换算：实际排风量＝实际槽长(mm)/1000mm×表中排风量。

8.6.1.4 带吹风的槽边的排风罩的计算

（1）吹风量 Q_1：参见第4章固定式浸渍设备中带吹风的槽边通风量的计算；

（2）吹风口高度（m）：$h_1 = B/80$，但 $h_1 > 5~7\text{mm}$；

（3）吹风口风速（m/s）：$v_3 = 6.67 \times K \times B$，但 $v_3 < 12\text{m/s}$；

（4）排风量：$Q_2 = 6Q_1$；

（5）排风口高度（m）：$h_2 = 6h_1$；

（6）排风量风速（m/s）：$v_4 = 2.5 \times K \times B$。

8.6.2 通风橱排风量的计算

$$Q = 3600 \times F \times v$$

式中　Q——通风橱排风量，m³/h；

　　　F——工作口面积，m²；

　　　v——工作口截面处的平均排风速度，m/s，v 值可查表8-8。

表 8-8 通风橱工作口截面的排风速度

序号	工 序 类 别	有害物名称	工作口截面的平均抽风速度/m·s^{-1}
1	汽油除油	汽油蒸汽	0.7~0.8
2	三氯乙烯除油	三氯乙烯蒸汽	0.5~0.7
3	电解除油	碱雾	0.3~0.5
4	酸洗（硝酸）	酸蒸汽和氧化氮	0.7~1.0
5	酸洗（盐酸）	酸蒸汽（氯化氢）	0.5~0.7
6	调漆	溶剂蒸汽	0.5~0.7
7	有甲酸戊酯、乙酸戊酯和甲醇的漆	溶剂蒸汽	0.7~1.0
8	无甲酸戊酯的漆	溶剂蒸汽	0.5~0.7
9	喷漆	漆悬浮物和溶剂蒸汽	1.0~1.5
10	松散材料的称量和分装	工作尘埃的许可浓度 1~10mg/m³	0.7
		小于 1mg/m³	0.7~1.0

8.6.3 全面通风换气计算

（1）全面排风换气量应按空气中各种有毒物质分别稀释至允许浓度所需要的空气量的总和计算。

（2）散入涂装作业场所的有害气体量，在没有工艺设计资料或不可能用计算方法求得时，按房间的换气次数确定。全面通风换气次数参照表 8-9 内数值。

表 8-9 需全面通风换气的工作间及辅助间的换气次数

工作间（室）名称	换气次数/次·h^{-1}	排风位置
有机溶剂（汽油）除油	10~20[①]	上部、下部
刷漆间	20~30[①]	上部、下部
打磨间（室）	15~20[①]	上部、下部
表面准备擦净室	20~30	上部、底部
晾干（流平）室	≥30	上部、下部
纯水制备间	5	上部
化验室	5	上部
实验室	5	上部
工件退漆间	15~20[①]	上部、下部
滑橇、格栅清理间	10	上部
油漆库	10	上部、下部
调漆间	15~20	上部、下部
地下油漆库	10	上部、下部

工作间（室）名称	换气次数/次·h^{-1}	排风位置
PVC 涂料供给室	10	上部、下部
有机溶剂库	10	上部、下部
电泳漆库	5～10	上部
粉末贮存库	5～10	上部
化学品库	5～10	上部
辅助材料库	5	上部
洁净间（室）	15（只送不排）	喷漆室和流平室的外围空间
敞开工位	仅送风，送风量为 800m^3/(h·m)（即 1m 长敞开工位 1h 的送风量，包含在厂房送风量）	

注：1. 汽油除油间内的局部排风如不能全部排除有机溶剂蒸气时，还应考虑加上全面换气通风，其换气次数可取下限值。
　　2. 当在工作间内刷漆，并在工作间内自然干燥时，涂料的有机溶剂挥发全部进入工作间，必须进行全室换气通风，以冲淡有机溶剂到容许浓度。全室换气排风量按每种有机溶剂蒸气分别稀释至最高允许浓度所需风量的总和计算。如缺乏计算数据时，按表中数值采用。
① 表示无局部排风时的全面换气次数。

8.6.4　通风管道的计算

8.6.4.1　通风管道截面积计算

通风管道的流速选定后（一般为 8～10m/s），如果确定了排风量，则可根据下式计算管道的截面积：

$$S = \frac{Q}{3600 \times v}$$

式中　S——排风管道截面积，m^2；
　　　Q——排风管道排风量，m^3/h；
　　　v——排风管道风速，m/s。

8.6.4.2　通风管内系统阻力的计算

气流阻力包括两个主要部分，即管壁摩擦阻力和局部流体阻力，可根据气流阻力计算公式计算。

A　管壁摩擦阻力计算

$$W_R = R \times L$$

式中　W_R——管壁摩擦阻力，Pa；
　　　R——单位管长的阻力，Pa/m；R 取值按照实测或经验确定，一般钢管的 R 为 1.2Pa/m，砖砌或混凝土管的 R 为 5Pa/m；
　　　L——排风管道长度，m。

B　局部流体阻力计算

$$W_\varepsilon = \varepsilon \frac{v^2}{2g} \gamma$$

式中　W_ε——局部流体阻力，Pa；

　　　ε——局部阻力系数，按实测或经验确定，也可参阅表 8-10 确定，外加意外阻力损耗 10%；

　　　v——排风管内气流的速度，m/s；

　　　g——重力加速度，m/s^2，一般 g 取 9.8m/s^2；

　　　γ——空气密度，kg/m^3，一般 γ 取 1.2kg/m^3。

表 8-10　通管道管件局部阻力系数表

管件名称	粗大滤网	收缩管	扩散管	集水坑	三通管	90°转折	180°转折	90°弧弯	蝶阀	防雨罩	吸风罩
ε	2.5	0.25	0	0.2	0.5	1.1	3.5	0.25	1.5	2.1	1.4

9 涂装车间电控设计

设计内容提要

（1）列出本车间业主和工艺设备对电控设计的需求。

（2）说明当地供电情况。

（3）说明本车间主要生产设备（前处理设备、电泳设备、喷涂室、烘干室、搬运及输送设备）用电原则和设计要求。

（4）确定本车间的变配电情况，厂区线路走向与架设，车间配电分布等。

（5）说明各类电气设备选择及布置情况。

（6）计算车间用电负荷。

涂装车间工艺设备用电主要有前处理设备、电泳涂漆、直流电源、各种涂装设备、粉末涂装设备、烘干及固化设备、检测仪器、搬运、输送机械设备及自动控制、通风设备装置、废气废水净化处理等。在新工厂的电气设计之初，要估算全厂用电量，了解当地供电线路容量，然后确定工厂的变配电情况，厂区线路走向，车间配电分布等，并在此基础之上选择各类电气设备，特别是先进的电气控制设备，这些都是电气设计工程师必须具备的知识，也是涂装工艺师在车间设计工作中应该了解的电气设计知识。电控设计涉及到的任务书包括接地及避雷装置设计任务书（见表1-11），弱电设计任务书（见表1-12）等。

电气设计相关的标准规范及手册：

GB 5226.1—2002 《机械电气设备第1部分:通用技术条件》；

GB 50150—1991 《电气装置安装工程电气设备交接试验标准》；

GB 50058—1992 《爆炸和火灾危险场所电力装置设计规范》；

GB 50254—1996 《电气装置安装工程低压电器施工验收规范》；

GB 50255—1996 《电气装置安装工程电力变流设备施工及验收规范》；

GB 50257—1996 《电气装置安装工程爆炸和火灾区危险环境电气装置施工及验收规范》；

GB 50303—2002 《建筑电气工程施工质量验收规范》；

GB 50093—2002 《自动化仪表工程施工及验收规范》；

GB 50054—1995 《低压配电设计规范》；

GB 50171—1992 《电气装置安装工程盘、柜及二次回路接线施工及验收规范》；

GB 50254—1996 《电气装置安装工程低压电器施工及验收规范》；

JBJ 6—1996 《机械工厂电力设计规范》；

手册1：王锡春．涂装车间设计手册；

手册2：中国航空工业规划设计研究院．工业与民用配电设计手册。

9.1　电控设计需求

（1）业主需求。首先要了解清楚建设方（业主）的相关需求，包括被涂物类型、产量、建设地点、工期进度、自动化水平、管理方式、分几期施工、预留接口及预留容量等方面的需求。这些信息可通过与业主的沟通交流以及从初步设计文件、项目实施方案、招标文件与技术协议等资料中寻找。

（2）工艺设备需求。在开展电控设计之前，必须先明确所控设备的工艺动作、相关参数及电控要求。电控设备最重要的依据就是非标设备和机械化输送专业为电控专业提出的设计任务书，包括工艺动作、安全、控制方式、工作模式、信息显示、消防、记录、用电设备位置、用电设备数量和参数、设备主要参数、桥架及电线管敷设区域等。

9.2　电控设备选择要求

9.2.1　前处理设备电控设计要则

（1）由于前处理设备的电机较多，为了简便操作，一般要有自动顺序启停的功能。

（2）前处理设备有工位多、室体长等特点，对产量高、投资大的项目，采用PLC加现场总线的控制方案更为合理。

（3）前处理设备有温度和液位等参数，这些参数一般需要通过仪表在控制柜（或就近的控制箱）上显示。如果车间未设置中控室，有时需要在控制柜上安装相关参数的记录仪。

（4）对计量、搅拌泵等的控制应采用就近操作的方式实现启停。

（5）设备照明建议在控制柜和室体的门附近均可以控制的方式。

（6）设备与机械化输送系统应有必要的联锁，前处理设备应将运行信号、故障信号传递给输送系统，输送系统也应将运行和故障信息传递给前处理设备，当工件垂直升降时，输送系统还应将升降位置信号传递给前处理系统，以控制喷淋系统的启停时间。

（7）室体门附近应设置指示灯且与门联锁，当有人员进入时，该指示灯可起到提示作用。

（8）设备槽体四周有时需要设置拉线式开关作为保护措施。

（9）当中控室需要采集前处理设备的模拟量信息时，常规的做法是将仪表采集的模拟量信号变送输出至PLC的模拟量输入单元，再由PLC转换成数字信号传送至中控室。另外，也可以用PLC直接采集模拟量信号并转换成数字信号传送到中控室。

（10）部分液位的极限位置除需要提示外，还要有相应的停泵或关闭阀门等保护功能。

（11）风机一般安装在设备顶部，由于距离控制柜较远，建议就近设置手动操作元件以方便调试与维修。

（12）如果控制柜安装在设备下方，应考虑防水。

9.2.2　电泳设备电控设计要则

（1）电泳设备的很多控制环节与前处理类似，可以参考前处理设备的相关设计要则。

（2）因为电泳设备有不间断的工作要求，所以，不间断工作的装置需要与车间备用电源相连接，PLC 的电源也应接于备用电源。备用电源的切换可以在设备电控系统中实现，也可在车间公用供电系统中完成。这取决于各个单位对专业分工的具体规定。

（3）直流电源与输送系统需要可靠联锁。对间歇式输送方式，应在工件完全入槽后，直流电源再通电。对连续式输送方式，一般有高压和低压两个工段，应保证工件在电气上平滑过渡。

（4）电泳设备有时需要设掉件保护功能，当检测到工件掉入时，应向机械化输送设备发出停止信号，同时在电泳控制柜上要有声光指示。掉件检测的常用方法是在电泳槽底部安装拉绳并与槽外开关连接。

（5）设备槽体四周应设置拉线式开关以保护人身安全。

9.2.3　喷漆室系统设备电控设计要则

（1）喷漆室系统设备（含擦净间、漆泥和空调装置）为涂装车间的关键设备，且联锁关系比较复杂，建议采用 PLC 进行控制。

（2）一般喷漆室的启动顺序为供水泵→空调送风机→排风机。当送风机和排风机数量较多时，在保证室体为正压的前提下，应交替启停空调送风机与喷漆室的排风机。

（3）如果将喷漆室、漆泥处理设备及空调设备规划为一个控制系统（动力供电可以相对独立），且主控柜设在喷漆室附近，则漆泥处理设备和空调设备附近要设置操作指示站，通过它们可以实现对应设备的手动启停。

（4）当喷漆室、漆泥处理设备与空调各为一个独立系统时，为了保证启动顺序，它们相互间的联锁就显得非常重要。这种情况下，建议以喷漆系统为核心进行信息交换和逻辑判断，尤其是喷漆系统采用了 PLC，而另外两个系统未采用 PLC 时，更应充分发挥喷漆系统的逻辑控制功能。

（5）喷漆室属于防爆区，应尽量避免在室体内部或周围安装电气设备。必须安装时，应选防爆装置并采取必要的防爆安装措施。喷漆室与消防系统应有联锁，有消防信号时，设备风机和防火阀等应及时停止和关闭。

（6）控制系统应有必要的保护回路。比如在门关闭状态下，送风机工作而排风机不工作，或排风机工作而送风机不工作时，应立即停止送风机或排风机等类似的保护回路。

（7）如设备室体内有风速自动调节要求，可采用变频器控制风机，采用相关的传感器检测风速和压力。

（8）设备与机械化输送系统应有必要的联锁。喷漆设备应将正常运行信号、故障信号传递给输送系统，输送系统也应将运行和故障信息传递给喷漆系统。

（9）设备送风机与排风机在启动前，应保证送排风管路上的阀门处于开到位状态。

（10）在设备运行过程中，如某台设备（水泵、送风机或排风机）因故障停止运行，则其他匹配设备也应停止并有故障提示。

（11）设备与机器人系统应有必要的联锁。喷漆设备应将正常运行信号、故障信号传递给机器人系统，机器人系统也应将运行和故障信息传递给喷漆系统。

（12）工件识别系统应将工件的型号、尺寸和颜色等信息传递到自动喷涂系统中以调用不同的程序。

9.2.4　烘干设备电控设计要则

（1）烘干设备的能源种类比较多，常用的有电、天然气、蒸汽及导热油等，对应的控制方式也有所不同。当电为能源时，采用调功器（成套设备）进行温度控制。当蒸汽或导热油能源时，采用仪表和电动调节阀进行温度控制。当天然气和燃油为能源时，一般采用燃烧（自带的控制系统）进行温度控制。调功器或燃烧机控制系统应能接收烘干室控制系统的为机启动指令，并能发送运行状态和故障状态信息至烘干室控制系统。

（2）一般情况下，风机和加热器应有联锁，风机应在加热器工作前启动，加热器停止工作后，风机应延时一段时间停止。如风机因故障停止运行，加热器应立即停止运行。联锁保护功能最好为双重，以防止燃烧机因局域故障而过热。常用保护措施通过对压力、温度、转速和电流等的检测比较来实现。

（3）设备与机械化输送控制系统应有必要的联锁，烘干设备应将正常运行信号、故障信号传递给输送控制系统，输送控制系统也应将运行和故障信息传递给烘干室控制系统。当输送控制系统故障、停止一段时间后，烘干设备应停止加热，具体时间长短由工艺确定。

（4）温度是烘干设备的重要参数，一般需要通过仪表在控制柜（或就近的控制箱）上显示。如果车间未设置中控室，需要在控制柜上安装各区段温度参数的记录仪。

（5）当中控室需要采集烘干设备的模拟量信息时，常规的做法是将仪表采集的模拟量信号变送输出至PLC的模拟量输入单元，再由PLC转换成数字信号传送至中控室。当然，也可以通过PLC模拟量模块直接采集温度信号，用HMI进行温度显示。

（6）烘干设备最好与强冷设备合并为一个控制系统。

（7）当设备温度超过极限值时，除需要声光提示外，还要有停止加热等的保护功能。

（8）某些类型的烘干室需要与消防系统联锁，功能可参照喷漆室。

9.3　电器与线路架设

9.3.1　控制柜布置

（1）电控系统中的电器元件和电气装置，除必须安装在特定位置上的器件（如传感器、安全开关常、安全、柱形指示灯等）外，需与电控柜（箱、台、盒）组装在一起，以保证电控系统正常可靠的工作和便于维修管理。

（2）电控柜（箱、台）应满足使用环境的要求。当用于高湿度或温差变化较大的场所时，应在已选定的防护等级的基础上，增设防止内部产生异常性凝露的装置。

（3）电器元件工作时所产生的热量、电弧、冲击、振动、磁场或电场，不得对其他电器元件及线路正常功能的发挥有所影响。

（4）对电控柜（箱、台）内的电器元件和电气装置，体积较大和质量较大的应尽量布置在下面，发热元件应尽量布置在上面。

（5）电控柜（箱、台）内的弱电部分应加屏蔽和隔离，以防止来自强电部分以及其他部分的信号干扰。

（6）需要经常检修和操作调整的电器元件或电气装置，如接插件、可调电阻、熔断器等的安装位置，不宜过高（大于 1700mm）或过低（小于 1100mm）。

（7）电器元件和电气装置的布置，需保证有足够的拆修距离、接线空间和安全距离，其位置须在维修站台或基础面之上 300～2000mm 之间，引出或内部互联的接线端子排的位置需在维修站台或基础面上至少 200mm 处，以便于接线。

（8）电控柜（箱、台）内一个电器元件与另一个电器元件的导电部件之间或一个导电部件（母线、金属架、金属导体等）与另一个导电部件之间的爬电距离和电气间隙不得低于如表 9-1 所示的数值。

表 9-1　导电部件间的爬电距离和电气间隙

额定绝缘电压/V	爬电距离/mm	电气间隙/mm
≤300	10	6
>300～600	14	8

（9）电控柜（箱、台）中的裸露、无电弧的带电零件与柜壁板之间必须留有适当的间隙。对于 250V 以下的电压、间隙不小于 15mm，对于 250～500V 的电压，间隙不小于 25mm。

（10）电器布置应适当考虑对称，可从整体考虑对称，也可从局部考虑对称。

（11）当电控柜（箱、台）的温度或湿度超出了装设的某些电气装置和电器元件的温度或湿度的规定范围后，应改善控制柜结构，增设加热、除湿、通风或冷却装置。对于散热量很大的元器件，应单独安装。

（12）对于安装在地面上的电控柜（箱）或悬挂在电控箱（盒）上且需要观察的指示仪器、仪表的高度，不得高于地面 2000mm，操作器件（手柄、按钮等）应安装在易于操作的高度位置上，通常其中心不得高于地面 1900mm。

（13）电控柜（箱、台、盒）的电器布置图必须按比例绘制。应清晰地表示出每个器件、装置以及重要配件、支撑件在柜（箱、台、盒）内部或操作面板上的安装位置尺寸。元件、配件、支撑件等可将其最大轮廓简化成正方形、长方形、圆形（信号灯、按钮等）表示，并列表注明其文字代号（与原理图相同）和型号。对其中的保护元件、时间元件、数字元件等，还应注明其整定值或设定值，对于操作面板上的元件，应注明其标牌上书写的文字内容。

（14）电器布置图中，应给出电控柜（箱、台、盒）的加工安装尺寸，以便于制造和施工。

（15）电源开关操作手柄一般安装在电控柜前面。电源开关上方不宜安装其他电器，否则应把电源开关用绝缘罩罩住。

（16）排列柜中的电控柜，其高度和厚度都应相同。如无屏蔽隔断要求而又有换气、布线等需要时，可取消中间侧板，此时电控柜之间需加橡胶密封垫并用螺栓连接。

（17）控制柜一般应为钥匙开关门的自承重结构。

（18）选用标准按钮盒时，按钮盒上元件的相对位置应在布置中表示出来。

（19）柱形信号装置一般安装在控制柜顶部。

（20）控制柜前门内侧应设置图纸资料盒。装有 PLC 的控制柜，其前门内侧还应设置编程器支架。

（21）布置图中最好将元件名称、型号和规格等以表格形式表示出来。

（22）为了方便调试和维修，有时需要将 PLC 等智能设备的通讯接口引至控制柜门上并配装防护盖。

（23）发热装置的排风通道上不应安装其他电气元件或装置。

（24）可以在控制柜门上设计较为形象的工艺、设备或流程图，并在图中配上指示灯以显示工作状态。

9.3.2　端子接线

（1）端子接线图应根据电控原理图和电控柜（箱、台、盒）电器布置图绘制。主要用于安装接线、线路检查、线路维修和故障处理等。内部元件接线由电控柜（箱、台、盒）的制造厂家根据电控原理图和电控柜（箱、台、盒）电器布置图进行二次配线设计。

（2）端子接线图必须清晰地表示出端子的排布、端子间的短接情况、端子的线号、柜内及柜外接线的去向等。柜外接线还应表示出导线（电缆）型号、规格、数量等。另外，还要说明有关布线施工方面的技术要求。

（3）端子在排列上应按动力与控制分开、交流与直流分开、强电与弱电分开、不同电压等级分开的原则进行。

（4）控制柜（箱、台）及操作板的进线、出线必须经过接线端子板。对于大电流的进线和出线、可直接接到器件或装置的接线端子上。

（5）图中应注明端子排的代号。

（6）进入电控柜的供电电源线应直接接到电源总开关上。必须经过接线端子时，该接线端子组应独立安装，其上应有绝缘防护。

9.3.3　外部管线

（1）电控外部管线图应清楚地表示出控制柜（箱、台）与其外部用电设备或装置连接关系。它是布线施工和维护检修的必要技术资料。

（2）电控外部管线图中的电控柜（箱、台）和用电设备，可用正方形、长方形、圆形等简化图形或用与原理图一致的图形符号表示，并用粗实线绘制且注明代号。

（3）为了将电控外部管线图表示得更为清晰准确，一般需要至少两个视图来反映接线关系和计算桥架、钢管及导线（电缆）的长度。

（4）应注明各段桥架及钢管的型号和规格。钢管的长度及其内部导线或电缆的数量、型号、规格等也要注明。

（5）应清晰地表示出各用电设备、机械设备、厂房柱等的相互位置关系并注明绘图比例。

（6）两根绝缘导线穿过同一根钢管时，管内径不应小于两根导线直径之和的 1.35 倍，三根及三根以上绝缘导线穿过同一钢管时，导线的总截面积不应大于钢管内净截面积的 40%。

（7）钢管埋地或敷设在楼板内，管径不应小于 20mm，钢管必须穿越大片设备基础或重负荷堆置区时，管径不应小于 25mm。当钢管穿过设备基础沉降缝处，应加保护管或采取其他措施。

（8）下列电路的电线或电缆，允许敷设在同一根钢管内。

1）一台交流电机的动力回路、控制回路等。

2）同一设备或同一流水线设备的动力回路和无防干扰要求的控制回路。

3）有联锁关系（如皮带机）的动力回路和控制回路。

4）无防干扰要求的各种电机、电器和用电设备的信号回路、测量回路、控制回路。

5）同一方向、相同电压和相同照明种类（工作照明或事故照明）的 8 根以下的照明线路。

（9）互为备用的线路不得共管敷设。工作照明与事故照明的线路不得共管敷设。

（10）单根电缆穿管敷设时，保护管的内径不应小于电缆外径（包括外护层）的 1.5 倍。同时要注意任何转弯处的转弯半径不应低于电缆转弯半径的规定范围。

（11）低压动力电缆与控制电缆共用同一桥架时，应设置隔板将其分隔开。

（12）需屏蔽电磁干扰的电缆电路以及有防护外部影响（如油、腐蚀性液体、易燃粉尘等）要求的电缆电路等，应选用有盖板的无孔桥架。

（13）外部管线图的设计深度应满足施工要求。对颜色有要求的导线或电缆还需标注颜色或色标。电线管与桥架的走向或敷设方式在图中无法完全表示清楚时，应在图中用文字加以说明。

（14）有防爆要求的区域，桥架可添加具有耐火或阻燃性的板网材料构成封闭式结构，并在表面涂刷符合《钢结构防火涂料应用技术规范》的防火涂层等。

（15）安装在同一防护通道内的导线束都要提供附加的备用线。除动力线外，控制电缆也要留有同样比例的备用线。备用线根数如表 9-2 所示的规定。

表 9-2 备用线根数

同一管中同截面电线根数	3～10 根	11～20 根	21～30 根	30 根以上
备用线根数	1 根	2 根	3 根	每递增 1～10 根增加一根

（16）烘干室内部及附近安装的各种开关、对应接线应考虑耐高温。

（17）移动电气设备的接线应使用带穿线孔的软链式桥架。移动电气设备的接线应使用柔软导线和电缆。

（18）桥架应根据不同区段内导线的数量和规格改变其截面的大小，从而达到节省材料的目的。

（19）如果需要在现场分线，必须使用分线盒。外线图中应表示出分线盒的位置并注明盒内端子的规格和数量。

9.3.4 车间变电所、配电室的设置

当车间设备用电量较大时，可考虑设置车间变所，用电量较小时设置配电室。变电所位置宜布置在用电负荷较集中且距厂总配电站（所）较近而进线较方便的地方。

车间的变、配电所的设置应符合建筑设计防火规范的规定。变、配电所不应设置在甲、乙类厂房内或紧邻建造，且不应设置在爆炸性气体、粉尘环境的危险区域内。供甲、乙类厂房专用的 10kV 及以下的变、配电所，当采用无门窗洞口的防火墙隔开时，可一面紧邻建造，并应符合 GB 50058—1992《爆炸和火灾危险环境电力装置设计规范》等规范

的有关规定。

　　变电所所用变压器，近年来，逐渐采用干式变压器取代湿式（油浸）变压器。大型用电量较大的涂装车间，根据用电负荷布置的需要，可以将干式变压器直接放置在车间内，但需符合 GB/T 6514—2008《涂装作业安全规程涂漆工艺安全及其通风净化》等规范的有关规定。

9.3.5　低压电器及线路敷设

　　（1）车间内低压电气设备如动力配电箱、照明分电箱、铁壳开关、磁力启动器、控制按钮等，应布置在通风良好、腐蚀较轻微且安全的地方。

　　（2）前处理酸洗间腐蚀严重，电气设备应尽量装在酸洗间外，如装在酸洗间内时，要求防腐蚀密闭。

　　（3）前处理磷化、阳极氧化等化学处理间，电气设备布置在通风良好、腐蚀较轻微的地方，如通风良好的生产线的端头、走廊等处。

　　（4）有机溶剂除油间（如汽油去油间等）挥发出大量易燃易爆有机溶剂气体，电气设备宜布置在有机溶剂除油间外面，如布置在除油间内时，应采用防爆产品。

　　（5）电气设备的布置位置不应影响工艺设备的生产操作和日常维修；不应影响交通运输。

　　（6）电气设备不应靠近水槽、水龙头、洗手池、污水池等设备；也不宜装在可能滴水的管道和设备的下方。

　　（7）应将车间变电所、配电间（室）其布置在进出线方便的地方。但不应设置在厕所、浴室及有水工作业场所的下面，也不宜与其相邻。

　　（8）前处理酸洗磷化等生产线上的电动葫芦轨道线，尽量用直线，以便采用软电缆供电。

　　（9）涂装间的电缆敷设一般采用电线穿钢管敷设和槽式桥架敷设。

　　（10）桥式起重机供电滑线宜选用导管式安全滑触线。当采用角钢和电缆滑线时，应涂刷安全色，并应设信号灯和防触电护板，大车供电滑线不应设在驾驶室同侧。桥式起重机双层布置时，下层起重机的滑线应沿全长设置防护板。

　　（11）车间内需要设有插座，供临时用电用，需装有电插座的场所如下：

　　1）前处理间、作业地、化验室、工艺试验室、检验室、挂具制造及维修间等，需要装有 380V 的插座，供临时供电用。插座的位置可以在工作间、作业区周围的墙上、工作台上、化学分析台上、化验通风橱上或其他方便处。

　　2）在涂漆区内一般不装插座，如一定要装，装防爆插座。

　　3）检验室内、检验工作台等处，如需低压的局部照明，可装有 36V 照明用电插座。

　　4）在地坑地沟内或地下室半地下室内等部位检修各种系统装置、管道需要低压照明时，可设置 36V 照明用电插座；但检修人员所处环境的导电性较良好，如在钢平台上等检修所需低压照明时，宜设置 12V 照明用电插座。

　　5）办公室、技术室、会议室、休息室等房间，可能临时需要电源，如电器、电扇等，可装设 220V 插座。

　　6）其他场所如平台架台上下等处如需要，可考虑安装插座。

（12）室内电气线路、电气设备与其他管道、设备之间需保持一定距离，其最小净距见表9-3。

表9-3 室内电气线路、电气设备与其他管道之间最小净距离 （m）

敷设方式	管道及设备名称	管道	电缆	绝缘导线	裸导（母）线	滑触线	母线槽	配电设备
平行	煤气管	0.1	0.5	0.1	1.8	1.5	1.5	1.5
	乙炔管	1.0	1.0	0.1	2.0	3.0	3.0	3.0
	氧气管	0.5	0.5	0.5	1.8	1.5	1.5	1.5
	蒸汽管	1.0/0.3	1.0/0.3	0.1/0.5	1.0	1.0	1.0/0.5	0.5
	热水管	0.3/0.2	0.3/0.2	0.3/0.2	1.0	1.0	0.3/0.2	0.1
	通风管	0.1	0.2	0.1	1.0	1.0	0.1	0.1
	上下水管	0.1	0.20	0.1	1.0	1.0	0.1	0.1
	压缩空气管	0.1	0.5	0.15	1.0	1.0	1.0	0.1
	工艺设备	0.1	—	—	—	1.0	—	—
交叉	煤气管	0.1	0.3	0.3	0.5	—	—	—
	乙炔管	0.25	0.5	0.5	0.5	0.5	0.5	—
	氧气管	0.1	0.3	0.3	0.5	0.5	0.5	—
	蒸汽管	0.3	0.3	0.3	0.5	0.5	0.3	—
	热水管	0.1	0.1	0.1	0.5	0.5	0.1	—
	通风管	0.1	0.1	0.1	0.5	0.5	0.1	—
	上下水管	0.1	0.1	0.1	0.5	0.5	0.1	—
	压缩空气管	0.1	0.5	0.15	0.5	0.5	—	—
	工艺设备	0.1	—	—	—	1.5	—	—

注：1. 表中分子数字为线路在管道上面时及分母数字为线路在管道下面时的最小间距。

2. 线路与蒸汽管不能保持表中距离时，可在蒸汽管与线路间加隔热层，平行净距离可减至0.2m。交叉处只需考虑施工维修方便。

3. 线路与热水管不能保持表中距离时，可在热水管外包隔热层。

4. 裸母线与其他管道交叉不能保持表中距离时，应在交叉处的裸母线外面加装保护网或罩。

9.4 涂装车间的负荷及计算

涂装车间除电泳循环泵、搅拌泵为二级负荷外，其他均为三级负荷，备用电源可以是柴油发电机组或其他电源，断电时间不大于30min即可，主要为防止电泳漆沉淀报废。涂装车间用的大部分电气设备为风机和水泵，负荷计算按手册上的风机和水泵类取值即可。电泳整流的系数取值在现有手册、资料上查不到，根据经验取0.4即可，配电设施按整流电源额定直流输出功率配置。其他计算可参见第6章有关电消耗计算。

10 涂装车间给排水设计

+·+

设计内容提要

（1）说明本车间对水质、水压、水温的具体要求。

（2）说明不同槽体、装置和设备的用水方式。

（3）简要说明车间给水管道敷设方式及管道选用材质。

（4）简要说明本车间排水管、沟的布置方式。

（5）估算车间废水浓度。

+·+

涂装车间的给排水设计的合理与否关系到涂装工艺的质量和投资，给排水设计者在设计时应给予足够的重视，使得涂装车间的给排水设计更加合理。给排水设计任务书见表1-5。

10.1　给　水　设　计

10.1.1　涂装车间生产主要用水

涂装车间生产用水主要用于：

（1）工件清洗、冲洗用水。

（2）溶液蒸发等损失的补充用水。

（3）配制槽液及调整槽液用水。

（4）设备冷却用水。

（5）液体（湿）喷砂机的用水。

（6）喷漆室漆雾净化过滤装置用水。

（7）涂层湿打磨用水。

（8）高压水冲洗退漆用水。

（9）喷漆室空调送风装置用水等。

10.1.2　对水质、水压、水温的要求

（1）水质对于生产用水的水质，依据生产过程工序的工艺要求和水的用途的不同，有着不同的要求。车间用水一般有自来水和纯水等。

1）采用自来水（城市自来水或工厂自建水源地的供水）水质的用水有：

① 工件化学前处理过程中的清洗用水、大型工件前处理的冲洗用水。

② 设备冷却用水。

③ 喷漆室漆雾净化过滤装置用水。

④ 涂层湿打磨用水。

⑤ 高压水冲洗退漆（如退滑橇、吊具、喷漆室内地板格栅等）用水等。

2）采用纯水水质的有：

① 为避免从清洗槽水中的杂质带进电泳涂漆槽，进电泳涂漆槽的前一道清洗槽的水宜采用纯水。

② 对工件处理后清洗质量要求较高时，最后一道清洗槽的水宜采用纯水，如磷化槽、铝件阳极化槽、电泳涂漆槽等的最后一道清洗槽用纯水。

③ 当采用闭路循环逆流清洗，而清洗水又返回处理槽中使用时，则逆流清洗用水宜采用纯水。

④ 槽液因蒸发补充用水、配制调整槽液等用纯水。

3）纯水的水质要求。涂装车间的纯水水质要求，如无特殊要求，一般采用纯水的电导率为 $10\mu S/cm$，即电阻率100000Ω。

（2）水压。涂装车间的供水水压，一般无特殊要求，采用 0.2MPa 左右。车间内如采用冲洗大型工件及用高压水退漆时，设备上会自带升压装置，只需一般供水。

（3）水温。涂装车间用水的水温，一般无特殊要求，常温即可。铝件阳极氧化槽、电泳涂漆槽等的槽液冷却，一般采用冷却水（制冷设备装置提供）冷却。当这些槽的负荷量较小，使用率又不高，有条件时，也可采用自来水、地下水或深井水来冷却，其水温不宜超过 17℃。

10.1.3 设备的用水方式

涂装车间设备的用水方式，分为连续用水和定期用水两种方式。设备的用水方式见表 10-1。

表 10-1 设备的用水方式

设备名称	用水方式
冷水清洗槽	连续用水
温水清洗槽	连续用水
热水清洗槽	连续用水
纯水清洗槽	连续或定期用水
清洗机	连续用水
高压清洗（冲洗）设备	定期用水
喷漆室	定期用水（漆雾过滤器用水）
涂层湿打磨	定期用水
水冷式硅整流器或可控硅整流器	连续用水（冷却水少）
喷漆室空调送风装置（当采用喷水淋段时）	定期用水
液体（湿）喷砂机	定期用水

10.1.4　给水管道敷设及管材

车间给水入口装置上应装设总水表，用水量较大的生产线上也可安装水表，便于计量。较长的给水支管上应装设阀门，有利于管理和检修。

（1）给水管道敷设管道的布置及敷设应便于施工、安装及维修。给水管道一般沿墙、柱及生产线非操作面明设。化学前处理生产线上的给水支管，可安装在生产线非操作面的管道支架上。设备或工序用水（如湿式喷漆室、整流器等）设备用水，湿打磨、冲洗等工序用水，给水管接到设备或工序的指定地点。车间内架空敷设给水管道，应采取防结露滴水措施。

（2）给水管材根据各作业区域、生产线的环境对管道的腐蚀程度来选用给水管材。在化学前处理生产线上常用镀锌钢管、焊接钢管及铸铁管等；而酸洗间等腐蚀性较强的场所，宜采用塑料管材；其他的给水管材，没有特殊要求。在给水管管径的计算上，应留有适当的余地。

（3）管道防腐蚀明设的给水管道及其附件的外壁涂覆防腐涂料（如环氧树脂漆、乙烯防腐漆、酚醛树脂漆等）。埋地铸铁管的外壁宜涂覆沥青防腐蚀涂料。

10.2　排水设计

10.2.1　各种设备的排水方式、性质及温度

各种设备的排水方式、性质及温度见表10-2。设备和槽的排水量一般与给水量相同。

表10-2　各种设备的排水方式、性质及温度

设 备 名 称	排 水 方 式	排水温度/℃	排 水 性 质
除油槽	定期溢流排水（或不排）	60～90	碱、少量油污
冷水槽	连续排水	室温	依据前面溶液槽的槽液性质而定
温水槽	连续排水	60	依据前面溶液槽的槽液性质而定
热水槽	连续排水	70～90	依据前面溶液槽的槽液性质而定
纯水槽	连续或定期排水	室温	依据前面溶液槽的槽液性质而定
清洗机	连续排水	室温	少量碱、油污
水冷整流器	连续排水（冷却水）	约40	清水
电泳涂漆清洗槽	连续排水	室温	少量漆、少量有机溶剂
喷漆室	定期排水（喷雾过滤器）	室温	少量漆、有机溶剂
液体（湿）喷砂机	定期排水	室温	
涂层湿打磨用水	定期排水	室温	

10.2.2　排水管、沟的布置

车间内化学前处理线一般采用明沟排水，当排水明沟布置在槽前操作面时，明沟上需设置盖板（铸铁、铁格栅或玻璃钢盖板）。从明沟处排出到室外废水处理构筑物或处理

池，采用暗管排放。化学前处理线如有含铬废水，且浓度超过排放标准时，需进行废水净化处理，这时含铬废水单独设置排水管道，排至含铬废水处理装置。酸、碱混合废水用管、沟排至废水处理构筑物或处理池。从喷漆室的漆雾过滤器排出的含漆废水，一般采用管道排至废水处理装置。

排水明沟断面一般采用矩形，沟宽一般为 200～300mm；沟起点深度为 100～150mm；纵向坡度一般为 1%～2%，当明沟较长做坡度有困难时，可适当减少，但不应小于 0.5%。

排水管一般采用双面涂釉的陶土管、陶瓷管及铸铁管，用沥青玛𬭤脂接口，管径不宜小 100mm。车间内部明设的排水管，采用钢管、硬聚氯乙烯塑料管，当温度不高时，尽量采用硬聚氯乙烯塑料管。废水处理站大多采用硬聚氯乙烯塑料管。

10.2.3 车间废水浓度的估算

车间排出的废水浓度与涂装产量、工艺条件、工件特征、生产性质、设备负荷、生产均衡性、生产操作及用水方式等因素有关。由于影响因素较多，即使同一个车间在不同时间里排出的废水量及浓度的变化范围有时也较大。所以，对车间排出的废水浓度无法进行准确计算，只能作为概略的估算。最好将估算值与同类型产品、规模类似厂的废水浓度实测值结合起来，加以分析比较后确定。当老厂改扩建或技术改造设计时，可将老厂实际生产中排出的废水浓度实测值与估算值结合起来，加以分析比较后，确定其设计中采用的数值。

化学前处理线排出废水浓度按下式估算：

$$A = BVC_1 \tag{10-1}$$

$$C_2 = \frac{A}{Q} \tag{10-2}$$

式中　A——每小时带出溶液中某有害物或重金属的量，g/h；

　　　B——每小时进行处理的工件及挂具面积，m^2/h，如缺乏挂具面积时，可按约占工件面积的 10% 左右计算；

　　　V——每平方米工件及挂具面积的溶液带出量，L/m^2，影响 V 值的因素很多，如有实测值，按实测值采用，如缺乏数据，V 值可参考表 10-3 中数值采用；

　　　C_1——每升溶液中所含某有害物或重金属的量，g/L；

　　　C_2——排出的废水浓度，g/L；

　　　Q——每小时排出的废水量，m^3/h。

表 10-3　每平方米工件及挂具面积的溶液带出量

工件外形特征	溶液带出量/L·m^{-2}
形状简单的工件	0.05～0.1
形状较复杂的工件	0.1～0.2
形状复杂的工件	0.2～0.3
滚筒处理的工件	0.3～0.4

11 涂装车间厂房建筑设计

涂装车间在生产过程中散发出大量的腐蚀性气体，有机溶剂气体和水蒸气，并排出大量含有酸碱及其他腐蚀性介质的废水，因而对建筑的防腐、装饰、厂房形式、及参数都有一定要求。作为工艺设计人员应熟悉厂房建筑设计方面的有关知识，以便于对厂房建筑设计提出准确而合理的要求。涂装车间厂房建筑设计所涉及的任务包括建筑设计任务书（见表1-3）等。

11.1 车间对建筑物的要求

（1）依据车间生产性质、设备及平面布置等情况，确定火灾危险性级别，进行建筑物的建筑和结构设计。

（2）涂装车间与其他车间共同布置在综合性联合厂房内时，涂装车间一般用防火墙与其他车间隔开。涂装车间内的通道宽度、安全出口及疏散距离等的要求，见第12章的车间平面布置的相关内容。

（3）车间建筑物形式应适应工艺、满足生产使用要求。车间内应具有良好的自然通风和自然采光；除涂层外观质量（装饰性）要求较高的车间外，一般应设有天窗。

（4）在气候炎热的南方地区，应考虑建筑物的隔热、防暑降温和建筑物的朝向。

（5）在严寒的北方地区，为防止车间大门长时间或频繁开启而受冷空气的侵袭，应根据具体情况设置外室、门斗或热空气幕。

（6）涂装车间建筑物与其他建筑物之间距离，应符合防火间距要求；涂装车间的外大门，以及车间内部危险性较大的工作间，如有机溶剂除油间、油漆库、调漆间、有机溶剂库、配电室等，门应向外开。

（7）涂装车间火灾危险性级别较高，依据建筑设计防火规范，应有足够的对外安全出口和安全疏散距离；有爆炸危险的甲、乙类厂应设置泄压设施（泄压面）。泄压设施的设置应避开人员密集场所和主要交通道路，不宜靠近有爆炸危险的部位。

（8）油漆库、调漆间及有机溶剂库等室内，由于能散发出比空气密度大的可燃性气体，不宜设置地沟，必须设置时，其盖板应严密，地沟应采取防止可燃气体在地沟积聚的有效措施，且能与相邻厂房连通处应用防火材料密封。

（9）根据涂装车间建筑物的占地面积大小、建筑物的外形大小，按建筑设计防火规范（GB/T 50016—2006），来规划设置消防车道，消防车道的净宽度和净高度均不应小于4m。

（10）车间内部通风机、清理滚筒等发出噪声，强度较高，持续时间长，故在建筑上应采取隔声、防振等措施控制噪声，降低噪声危害。

（11）化学前处理线的排水沟、湿式喷漆室的地下漆雾净化循环水池等，沟、池底面及内壁要求防腐蚀及不渗水。做好根据设备设计制造提出的地坑、地沟、预埋件及风管拉索的预埋件等的要求。

（12）大型湿式喷漆室的地下漆雾净化循环水池比较深，尽量躲开墙和柱子来布置。如躲不开柱子，新建的建筑物在靠近池子的几根柱子的基础加深。

（13）需穿过地基、墙、平台、屋面板的各种管道，在穿越部位需预开洞。风管穿过孔洞的空隙应填实，尤其是在屋面板处，以防漏水。

（14）建筑物的柱间支承要避开门、通道、输送机械及大型管道等，或采取措施避免与其相碰。

11.2 车间建筑物的结构形式及参数确定

11.2.1 车间建筑物形式选择

11.2.1.1 外形形式

涂装车间建筑物形式有单独建筑物与其他车间合建建筑物，最好采用单独建筑物。建筑物外形力求简单，应有足够的开窗面积，一般情况下宜设置天窗，以利于自然通风和采光。涂装车间单独建筑物的外形形式如图11-1所示。涂装车间在合建建筑物中的位置及形式如图11-2所示。

11.2.1.2 结构形式

车间厂房有混凝土结构厂房与钢结构厂房两种，通常涂装车间的厂房采用混凝土结构，钢结构厂房运用相对较少。涂装车间厂房常见的几种建筑物结构形式包括：

（1）单层建筑：屋架、屋面板等主要承重物件，应采用预应力钢筋混凝土，屋面梁、天窗架等不可采用钢结构。这种结构简单，施工方便，造价低，设置地坑、明沟等较容易；

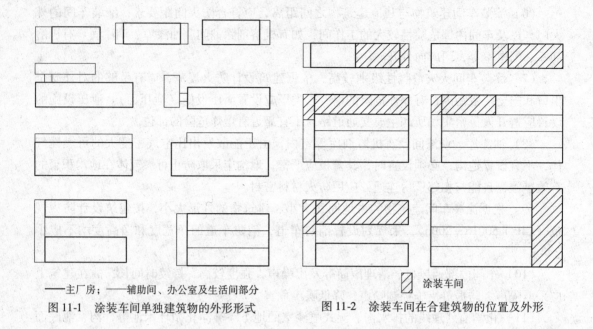

———主厂房；———辅助间、办公室及生活间部分　　　　　　　▨ 涂装车间

图 11-1　涂装车间单独建筑物的外形形式　　　图 11-2　涂装车间在合建筑物的位置及外形

但地下风沟易积水、腐蚀，管道架空，感观差；当工艺槽较高时，需提高层高，设置深地坑。

（2）双层建筑：宜采用整体式钢筋混凝土钢架结构。所用管道一般布置在底层，易检修；底层排水性好，不易积水；工艺槽较深时，可直接放于底层。缺点是增加了垂直运输，生产不便，结构复杂，造价高，楼面防腐要求高。

（3）多层建筑：宜采用整体式钢筋混凝土钢架结构。多层建筑对节约用地有利，但通风采光较差，风机设在楼层噪声、振动大；楼板防腐构造复杂造价高；生产使用不方便。

（4）带地下室建筑：对于该结构，各种管道都布置在地下室，易于检修；车间布置整齐美观，风机在地下室，噪声、振动较小；当槽较深时，可把槽伸入地下室内。然而，其结构复杂，造价较高；楼面防腐处理要求严格；开沟、设坑较困难，地下室采光、通风较差；如排水不当，易造成积水。

对涂装车间而言，应尽量选用抗腐、坚固、体型简单的结构形式，优先采用单层厂房，因为在这种情况下有利于设备的安装，简化了各车间设备之间的运输，厂房的造价也相对较低，此外对车间的消防也带来了便利。当生产规模较小，设备负载较轻，且厂区范围又有限时，采用多层厂房是合理的，通常在家电工业，轻工业，仪表制造业及汽车零部件等产品，采用多层厂房，楼面允许的负荷一般不大于 $2.5t/m^2$。在采用多跨厂房时，应注意厂房的跨度与高度尽量一致。在选择厂房的型式时，在不妨碍生产线设备合理布置的情况下，不同的跨度与高度应为最少。

11.2.2　车间建筑物参数

11.2.2.1　厂房跨间长度

$$L = ud_2 \tag{11-1}$$

式中　L——跨间长度，m；

　　u——柱距数；

　　d_2——柱距，m。

通常涂装车间的跨间长度是由所安装设备的生产线长度确定的，而生产线的长度取决于生产产品的纲领与产品的长度。对于一定批量的汽车类涂装车间，其跨间长度通常在 100～300m 之间，而对于家电类、轻工类、仪表制造业及生产汽车零部件等产品，其跨间长度通常不大于 120m，这主要是由于该类生产线的宽度相对较狭窄，当生产线长度要求较长时，可采用改变流水线的方向来解决。

车间的柱距通常采用 6m 或 9m，有时也采用 4.5m 或 3m 等规格。如果是砖木结构推荐 4m，钢筋混凝土结构推荐 6m。对于汽车类涂装车间，其厂房的中间柱距有时采用 12m 的柱距，以方便流水线的方向改变。

11.2.2.2　厂房跨度

$$b = b_1 + b_2 \qquad\qquad (11\text{-}2)$$

式中　b——厂房跨度，m；

　　b_1——生产线的宽度之和，m；

　　b_2——车间通道，设备间距的宽度之和，m。

厂房跨度通常取决于生产线的宽度，厂房内通道的宽度，间距及厂房的层数等因素。对于汽车类涂装车间，其厂房跨度通常为 18m、21m、24m 规格，有时也采用 12m、27m 等规格。对于家电类，轻工类等产品，其厂房跨度通常为 12m、18m 等规格，有时也采用 6m、9m 等规格。对于多层厂房，由于厂房结构处理上的难度，一般其跨度不宜超过 12m。多层厂房跨度通常为 6m。

11.2.2.3　厂房跨间高度

$$h = h_1 + h_2 \qquad\qquad (11\text{-}3)$$

式中　h——厂房跨间高度，m；

　　h_1——生产线设备的高度，m；

　　h_2——设备与厂房屋架下沿的间距，m，通常为 0.5～2m。

涂装车间通常的高度不小于 5.4m，改建的厂房的高度不低于 4.2m。大型车间的屋架下弦高不低于 6m，中小车间的屋架下弦高不低于 5m，辅助间及其他隔间为 3～5m，地下室为 3.5m。对于汽车类涂装车间，其单层厂房高度通常在 8.5～15m 之间。建筑物高度要与跨度相适应，跨度大及多跨度建筑物，其高度相应要高些，高度还应考虑设备高度及其附属装置等的高度，并考虑所采用的搬运设备及输送机械设备设置所需的高度。辅助间高度根据用途及辅助设备、装置设施等具体情况确定，一般为 3～5m。

11.2.2.4　厂房基础

为了完成工艺设备的平面布置，在绘制柱网时，基础的尺寸和柱的大小与柱距和跨度关系相当密切，图 11-3 与表 11-1 为通常的柱截面尺寸与基础截面尺寸的相互关系。

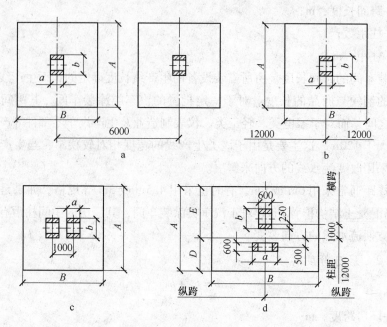

图 11-3　柱的基础尺寸（mm）

a—边柱；b—中间柱；c—边柱有伸缩缝；d—纵跨和横跨交界处基础和柱

表 11-1　基础和柱的尺寸

L/m	起重量/t	基础底面尺寸/mm		柱截面尺寸/mm	
		A	B	a	b
边柱（见图 11-3a）					
18	10	3800	2700		
	20	4200	2900	400	
	30	4500	3000	500	1000
24	10	4200	2900	400	
	20	4500	3000		
	30	5000	3400		
	50	5200	3600		1300
30	10	4500	3100	500	
	20	4700	3300		1000
	30	5200	3600		
	50	5600	4000		1300
中柱（见图 11-3b）					
18	10	5200	3600		
	20	5600	3800		
	30	6200	4200	500	1300

L/m	起重量/t	基础底面尺寸/mm		柱截面尺寸/mm	
		A	B	a	b
中柱（见图 11-3b）					
24	10	5800	3900		
	20	6200	4200		
	30	6800	4600		
	50	7200	5000	600	1400
30	10	6200	4200		
	20	6400	4400	500	1300
	30	7000	5000		
	50	7800	5400	600	1400
边柱、伸缩缝（见图 11-3c）					
18	10	3800	3400		
	20	4260	3600	400	
	30	4500	3800	500	
24	10	4260	3600	400	1000
	20	4500	3800		
	30	4700	4000		
	50	5200	4300		1300
30	10	4500	3800	500	1000
	20	4700	4000		
	30	5100	4300		
	50	5600	4700		1300
中柱、伸缩缝（见图 11-3d）					
18	10	5200	4300		
	20	5600	4500		
	30	6200	4900	500	1300
24	10	5800	4600		
	20	6200	4900		
	30	6400	5100		
	50	7200	5700	600	1400
30	10	6200	4900		
	20	6400	3100	500	1300
	30	7000	5700		
	50	7800	6100	600	1400

11.2.2.5 设备基础

对于家电类、轻工类、仪表制造业及汽车零部件等产品的涂装车间，由于生产线的规模较小，故设备基础工作相对较少。

对于汽车类涂装车间，设备基础工作主要是预处理的浸槽、电泳浸槽、大型喷漆室及机运设备等。预处理的浸槽，电泳浸槽由于体积较大，质量较重，如负载超过地坪的平均负载时，必须另外布置设备的基础。大型喷漆室通常采用底部抽风的方式，故含漆雾的空气须在底部水槽中进行处理，一般水槽均安放在地坪之下，故其基础工作量相对较大，并且由于其深度一般均超过2m，超过了一般的厂房柱子的深度，故大型喷漆室的布置与厂房柱子有一定的距离要求。对于汽车类涂装车间而言，在车间底层设置设备的基础层，二层设置工作层，三层设置辅助层，大型喷漆室的室体布置在二层平台上，而将大型喷漆室的基础布置在底层，大型喷漆室的进风机组与静压室分布在三层，车身通过机械运输设备的提升送入二层设置工作层，从而减少厂房的基础工作，也有利于工艺平面的布置。机运设备的基础主要是指地面链的链轨与动力站，张紧装置与设备的地坑。

11.2.2.6 车间地面

涂装车间地面可分为几种情况：

（1）预处理及电泳部分。在预处理及电泳部分的地面及地沟通常采用耐腐蚀地坪，一般地坪采用防腐涂料作为表层，有时也采用花岗岩材料作为地坪的表层。

（2）喷漆室与调漆室。在喷漆工位，调漆室及其他工位中，对地面的要求为不起灰与不引燃，以保证车间的洁净度，同时也确保车间的消防安全。

通常整个车间的地面均应进行油漆，并在地面上区划出工件的上下料堆放场地，人行安全通道等。

11.2.2.7 大门

大门的尺寸由物料性质和外形尺寸以及运输设备的类型而定。

通常车间的门洞尺寸见表11-2。

表11-2   常用的车间门洞尺寸   （m）

序 号	大门的宽度	大门的高度
1	2.1	2.1
2	2.4	2.4
3	3.0	3.0
4	3.6	3.0
5	3.6	3.6
6	4.2	3.6
7	5.4	4.8

按物料性质和运输设备的类型，在具有相应的工艺依据时，大门尺寸可以相应变动，但通常门洞尺寸应是300mm的倍数。车间大门的宽度一般不小于1.8m，并应大于运输设备最大宽度的400mm以上。车间大门高度一般不小于2.1m，并应超过运输设备最大高度的200mm以上。

对于生产要求比较高的涂装车间，在车间男女更衣室与车间之间设置一道风幕门，以减少灰尘的带入。

11.2.2.8　涂装建筑物的采光等级

一般涂装车间应具有良好的自然采光。建筑物的采光等级根据作业精确度（识别对象的最小尺寸）分为五个等级，即Ⅰ级（特别精细）、Ⅱ级（很精细）、Ⅲ级（精细）、Ⅳ级（一般）、Ⅴ级（粗糙），涂装车间建筑采光标准为Ⅲ级（GB/T 50033—2001《建筑采光设计标准》）。视觉作业场所工作面上的采光系数标准值见表11-3。涂装车间及办公室等采光等级见表11-4。

表11-3　视觉作业场所工作面上的采光系数标准值

采光等级	视觉作业分类		侧 面 采 光		顶 部 采 光	
	作业精确度	识别对象的最小尺寸 d/mm	采光系数最低值 C_{min}/%	室内天然光临界照度/lx	采光系数平均值 C_{av}/%	室内天然光临界照度/lx
Ⅰ	特别精细	$d \leqslant 0.15$	5	250	7	350
Ⅱ	很精细	$0.15 < d \leqslant 0.3$	3	150	4.5	225
Ⅲ	精细	$0.3 < d \leqslant 1.0$	2	100	3	150
Ⅳ	一般	$1.0 < d \leqslant 5.0$	1	50	1.5	75
Ⅴ	粗糙	$d > 5.0$	0.5	25	0.7	35

表11-4　涂装车间及办公室等采光等级

采光等级	车间、房间名称	侧 面 采 光		顶 部 采 光	
		采光系数最低值 C_{min}/%	室内天然光临界照度/lx	采光系数平均值 C_{av}/%	室内天然光临界照度/lx
Ⅰ	涂装（油漆）车间	2	100	3	150
Ⅱ	设计室、绘图室	3	150	—	—
Ⅲ	办公室、视屏工作室、会议室	2	100	—	—
Ⅳ	复印室、档案室	1	50	—	—
Ⅴ	走道、楼梯间、卫生间	0.5	25	—	—

11.3　建筑物构造设计

（1）屋顶。

1）尖顶：桥式屋架，适于单层、单跨厂房，车间内无柱网。

2）平顶：在预制构件层面板上做防水层。

涂装车间的屋面形式有四种：彩色压型钢板自防水屋面构造；钢筋硅板卷材防水屋面构造；太空板卷材防水屋面构造；钢承板硬质岩棉板卷材防水型构造。这四种材料共同的特点为刚性高、防水性强、耐火性强。

（2）天窗。天窗直接影响车间的通风和采光，从采光要求来确定天窗尺寸。天窗跨度为厂房跨度的1/3，天窗高度为天窗跨度的1/5～1/2。天窗高度增加，则照度会下降。

（3）楼梯。涂装车间的楼梯设计关系着运输方便的问题，如果楼梯设计合理，可减少生产成本，它也关系着危机发生后疏散的问题。应设计不少于两个安全疏散的楼梯，楼梯设计的重点为防火设计，楼梯间墙要达到三级耐火等级，耐火时间为≥2.5h，疏散楼梯的耐火等级为≥1.0h。其他需要考虑的设计参数包括：

1）坡度：最舒适的楼梯坡度是30°左右，20°~45°的坡度适于室内楼梯，20°以下的坡度适于坡道及台阶，爬梯用60°以上的坡度。

2）宽度：单人行楼梯宽≥850mm，双人行楼梯宽为1000~1100mm，三人行楼梯宽为1500~1650mm。

3）楼梯空间高度：超过人体最高长度及考虑捎物等因素。

4）楼梯踏步尺寸：踏步高为150~175mm，踏步宽为250~300mm。

（4）窗。涂装车间窗户常用形式：

1）外（内）平开窗：普遍采用。

2）中悬窗：用于高侧窗，通风效果好。

3）百叶窗：用于通风或遮阳，通风效果好。

（5）门。

1）开启形式：平开门、弹簧门（自关）和推拉门。

2）洞口尺寸：

单人：宽为900mm；高为2100mm。

双人：宽为1500mm；高为2100mm。

手推车：宽为1800mm；高为2100mm。

电瓶车：宽为2100mm；高为2400mm。

轻卡车（2t）：宽为3000mm；高为2700mm。

中卡车（4t）：宽为3300mm；高为3000mm。

涂装车间均设计物流门，物流门设计为门斗形式，门斗的深度一般≥6m，设内外两道提升门，并设内外两个人员通行的平开小门。

11.4 建筑制图基础

11.4.1 图线

绘图时，首先按所绘图样选用的比例选定粗实线的宽度"b"，然后再确定其他线型的宽度。

11.4.2 定位轴线

定位轴线是用来确定房屋承重结构位置的。它表明了构件的布置、墙柱间的相互关系等。它是施工时放线的依据。定位轴线一般在承重墙或柱的中心线上。

定位轴线用细点划线表示，末端画细实线圆，圆的直径为8mm，圆心应在定位轴线的延长线上或延长线的折线上，并在圆内注明编号。水平方向编号采用阿拉伯数字从左至右顺序编写。竖向编号应用大写拉丁字母从下至上顺序编写（拉丁字母中的J、O、Z不得用为轴线编号，以免与数字1、0、2混淆）。

平面图的图线如图11-4所示。

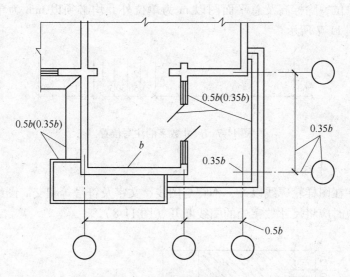

图 11-4 平面图的图线

11.4.3 尺寸的标注

11.4.3.1 尺寸的组成

图样中的尺寸，由尺寸界线、尺寸线、尺寸数字和尺寸起止符号组成，如图 11-5 所示。

（1）尺寸界线。尺寸界线用来限定所注尺寸的范围，用细实线绘制，一般应与被注长度垂直，其一端应离开图样轮廓线不小于 2mm，另一端宜超出尺寸线 2~3mm（见图 11-6）。

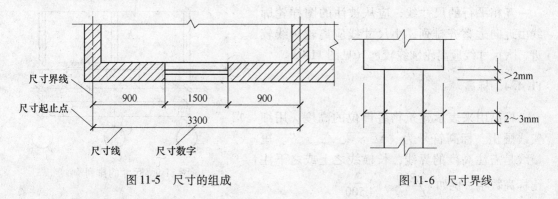

图 11-5 尺寸的组成   图 11-6 尺寸界线

（2）尺寸线。尺寸线用来表示尺寸的方向，用细实线绘制，应与被注长度平行，且不宜超出尺寸界线。任何图线均不得用作尺寸线。

（3）起止符号。起止符号用以表示尺寸的起止，一般应用中粗斜短线绘制，其倾斜方向应与尺寸线成顺时针 45°角，长度宜为 2~3mm。

半径、直径、角度与弧长的尺寸起止符号，宜用箭头表示。

（4）尺寸数字。图样上的尺寸数字为物体的实际大小，与采用的比例无关。建筑工程图上的尺寸单位，除标高及总平面图以 m 为单位外，均必须以 mm 为单位。尺寸数字的注写位置如图 11-7 所示。

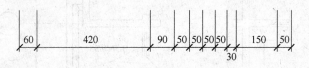

图 11-7　尺寸数字的注写位置

11.4.3.2　尺寸标注

尺寸宜标注在图样轮廓线以外，不宜与图线、文字及符号等相交。图线不得穿过尺寸数字，不可避免时应将尺寸数字处的图线断开（图 11-8）。

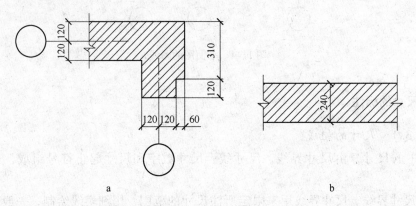

图 11-8　尺寸标注的要求
a—尺寸不宜与图线相交；b—尺寸数字处图线应断开

互相平行的尺寸线，应从被注的图样轮廓线由近向远整齐排列，小尺寸线应离轮廓线较近，大尺寸线应离轮廓线较远（见图 11-9）。

11.4.4　标高

标高用来表示建筑物各部位的高度。用细实线画出。标高符号为"▽￣、△￣"。短横线是需注高度的界线，长横线之上或之下注出标高数字，例如 $\frac{3.200}{▽}$、$\frac{△}{4.500}$。

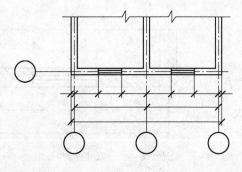

图 11-9　尺寸的排列

小三角形高约 3mm，是等腰直角三角形。标高符号的尖端，应指至被注的高度。在同一图纸上的标高符号，应上下对正，大小相等。

总平面图上的标高符号，宜用涂黑的三角形表示。标高数字可注明在黑三角形的右上方，如：

$$\underset{▼}{\overline{2.750}}$$

标高数字以米为单位，注写到小数点以后第三位。零点标高应注写成 ±0.000，正数标高不注"＋"，负数标高应注"－"，如3.000、－0.600。

11.4.5 指北针

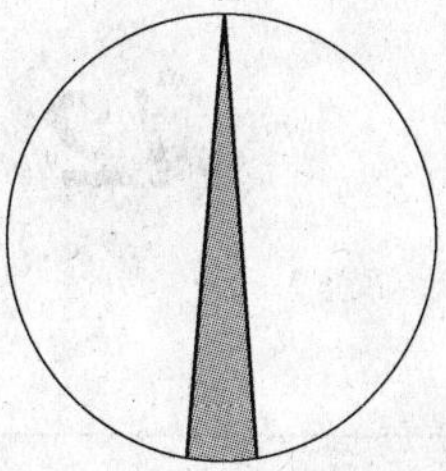

指北针符号的形状如图 11-10 所示，圆用细实线绘制，其直径为 24mm，指北针尾部的宽度宜为 3mm。

11.4.6 绘制平面图的步骤

一般先打底稿，再加深。最后注尺寸、写说明。

对于平面图：画出定位轴线；定墙身线及门窗位置；画门窗、楼梯、台阶等细部。检查无误后加深图纸，最后画尺寸线、标高以及其他各种符号，标注轴线、尺寸、数字、文字说明等（见图 11-11）。

图 11-10 指北针

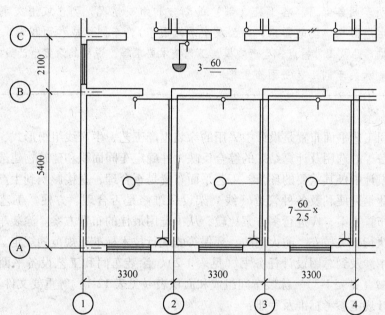

图 11-11 平面图示例

12 涂装车间工艺平面布置设计

设计内容提要

（1）简要说明车间生产线组织及平面布置原则、特点、物料流向、工艺路线等情况。

（2）若本车间规定有发展目标和分期建设时，则应说明考虑发展的预留、接建或分建等采用的具体措施。

（3）说明车间各部门、各工段（部）的划分和组成情况，列表或用文字说明车间组成和面积（生产面积、辅助面积、办公及生活间面积），车间组成和面积表。

（4）依据产品及工件特点、生产规模、工艺技术要求等，说明其涂装生产线的组织形式。

（5）绘制涂装车间工艺平面布置图。

涂装车间工艺平面布置是设计中采用的涂装生产工艺、生产线组织形式、设备装置和搬运输送设备等的选用及计算结果的综合反映，并确定车间面积和建筑物建造形式，是涂装车间工艺设计中极其重要的环节。工艺平面布置是否合理，直接影响到生产流程是否顺畅，生产作业是否便利及各种管道（线）架设及维修是否合理、方便。工艺平面布置往往会有几种布置方案，应进行多方案比较，从中选用最佳的布置方案。涂装车间平面布置设计应贯彻执行有关技安、防火消防、环保等的现行技术标准、规范的规定。涂装车间工艺平面布置中涉及到总图设计任务书（见表1-2）、涂装车间和工艺设备平面布置图、建筑设计任务书（见表1-3）、涂装车间组成和面积表（见表12-1）等重要文件。

相关设计规范参考标准及手册：

（1）GB/T 6514—2008《涂装作业安全规程　涂装工艺安全及其通风净化》。

（2）GB/T 7691—2003《涂装作业安全规程　安全管理通则》。

（3）GB/T 50016—2006《建筑设计防火规范》。

（4）GBZ 1—2010《工业企业设计卫生标准》。

（5）JBJ 18—2000《机械工业职业安全卫生设计规范》。

（6）JBJ 16—2000《机械工业环境保护设计规范》。

（7）GB 50058—1992《爆炸和火灾危险环境电力装置设计规范》。

（8）傅绍燕．涂装工艺及车间设计手册。

（9）叶扬祥，潘肇基．涂装技术实用手册。

12.1　涂装车间在总图中的位置

（1）从工厂整体物流合理性考虑，车间位置应便于工厂组织整体生产流程，做到工序衔接紧密，生产路线及物料传送路线最短，物流量和装运次数最少。为缩短车间之间运输距离，涂装车间一般靠近冲焊、机加工、装配等车间。

（2）涂装车间易产生有害气体、粉尘及异味等，宜布置在厂区的下风侧，且地势开阔、通风条件良好的地段，并应与厂前区、洁净厂房及人流密集处留有一定的防护距离。

（3）涂装车间，尤其是装饰性要求较高的涂装车间。不宜靠近喷砂、铸工（特别是清理工部）、木工场等产生大量尘埃的车间，以避免大量灰尘进入涂装车间，影响涂层质量。

（4）涂装车间内如设置有前处理（如脱脂、酸洗、磷化及电泳涂漆作业）时，排出的废水及湿式喷漆室排出的含漆废水需进行处理。车间位置宜靠近表面处理车间，以便与表面处理车间共用废水处理设施，如涂装车间规模较大或工件、制品不便运输等具体情况下，车间不便靠近前处理车间时，可单独设置废水处理设施。

（5）涂装车间周围应考虑留出布置通风装置、废气处理装置、废水处理设施及其构筑物等场地。

（6）车间位置还要考虑防火要求及环境保护的需要。

12.2 涂装车间组成及面积

12.2.1 车间组成

涂装车间由生产部分、辅助部分和办公室及生活部分等组成。涂装车间内所需设置的生产线、辅助间应根据车间规模、产品类型、涂装种类及工艺生产需要而定；办公室根据车间规模确定；生活间根据本车间的卫生特征分级确定。

12.2.1.1 生产部分

生产部分指直接参与产品生产过程的工作场地，主要包括前处理、主工艺、后处理、检验四部分。

（1）涂装前处理线（间）包括以下部分：

1）机械前处理包括抛丸清理、喷丸清理、喷砂清理、手工机械除锈及退除旧漆等。

2）化学前处理包括脱脂、除锈、磷化处理、铝件阳极氧化及化学氧化处理、塑料件前处理及有机溶剂脱脂（如汽油去油）等。

（2）涂装线（间）包括以下部分：

1）电泳涂漆、刷漆、浸漆、喷漆等生产线；粉末涂装（粉末流化床涂装、火焰喷涂、静电喷涂等）生产线等。

2）直流电源间、生产区域内的检验工作场地、工件存放场地、运输通道及作业区内的人行通道等。

12.2.1.2 辅助部分

辅助部分指不直接参与产品生产过程的工作场地，包括工艺实验室、化验室、冷冻机室、变电所、配电室、应急电源间、检验室、纯水制备室、工具制造及维修间、挂具库、零件库、成品库、化学品库、辅助材料库、油漆库、调漆室、有机溶剂库、电泳漆库、粉末涂料库、抽风机室、送风机室、值班室及非生产区域内的通道等。

12.2.1.3 办公室及生活间部分

办公室及生活间部分指办公室、技术资料室、会议室、休息室、更衣室、盥洗室、厕所、淋浴室等。

12.2.2 车间面积

车间面积分为生产面积、辅助面积、办公、生活及其他面积。

生产面积按各生产线、生产工作间的布置确定，根据平面布置图统计出生产面积。辅助区的面积，根据车间规模实际需要等情况而定。

辅助面积在概略估算时可按生产面积的30%~50%考虑（如有大规模成品检验室时，辅助面积占生产面积的指标还要大些）。

车间办公室、更衣室、淋浴室等面积，根据车间规模、职工人数，按下列指标采用（具体面积大小由建筑专业规划确定）。

（1）车间办公室的使用面积，按车间应有办公人员计算。

车间职工人数≤100人，每个办公人员占用$6.5m^2$；

职工人数>100人者，每个办公人员占用$6m^2$。

（2）如需要设置资料室，其使用面积一般≤$20m^2$。

（3）更衣室的使用面积，根据在册工人数，按每人$0.6m^2$计算。

（4）淋浴室的使用面积，根据最大班人数的93%，按每5~8人使用一个淋浴器，一个淋浴器使用面积为$4.5m^2$（包括换衣间面积）计算。

（5）休息室、厕所的使用面积，根据车间规模等具体情况而定。

经过设计和计算后，涂装车间的组成和面积可列入表12-1中。

表 12-1　涂装车间组成和面积表

序号	名　　称	面积/m^2			备　注
		原有	新建	合计	
	一、生产部分				
1	……				
2	……				
	合计				
	二、辅助部分				
1	……				
2	……				
	合计				
	三、办公、生活间部分				
	四、其他面积				
	总计				

注：1. 如全部为新建面积，则原有面积栏可以略去。

　　2. 工艺在统计面积时，经常按轴线面积算。为与总图和土建的算法一致，表内各项面积均应填入建筑面积。
　　轴线面积换算为建筑面积，按下列计算：建筑面积＝轴线面积×面积系数（面积系数一般取1.05）。

12.2.3　辅助间的位置

车间辅助部分主要包括上下件堆放场地，男女更衣室，男女厕所，办公室，化学分析室和化学品储存间等部分。对于汽车类涂装车间而言，还将包括中央控制室，调漆间与储漆间，备用电源室，气体灭火设备室等部分。

辅助间（包括部分生产隔间）在车间中的位置，既要考虑便于生产，又要考虑不影响车间的自然通风及采光。辅助间及部分生产隔间的布置位置，一般考虑如下，具体如图12-1 所示。

（1）把辅助间布置在车间的两端或一端。

（2）当建筑物较长时，可以在建筑物中部布置部分隔间。

（3）辅助间也可与生产主体建筑物分开，在主体建筑物附近单独建立建筑物，必要时中间用走廊与主体建筑物相连接。

（4）当车间设置地下室时，可把通风室等部分辅助间布置在地下室内。

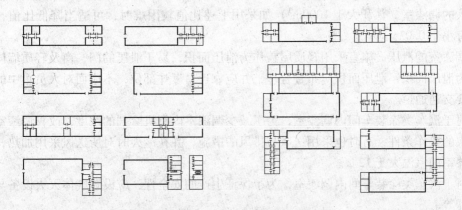

图12-1　建筑物内的各种隔间位置示例

车间辅助间各个部分的具体区划和布置如下所述。

12.2.3.1　生活间布置

在车间内男女更衣室及男女厕所的布置应根据车间的工作人员数量与性别，尽量考虑到其方便与实用。对于汽车类涂装车间，通常将车间的男女厕所与车间的盥洗室布置为一体，其中盥洗室的盥洗水龙头数量，可根据设计的使用人数按表12-2 的规定计算。

表12-2　盥洗水龙头的使用人数

序　号	车间卫生特征级别	每个水龙头的使用人数
1	1 级	20 ~ 25
2	2 级	25 ~ 30
3	3 ~ 4 级	30 ~ 40

注：有条件的车间可供热水。

12.2.3.2　办公室布置

在车间内办公室及化学分析室应根据车间管理人员及化学分析员数量进行合理的布

置，通常中央控制室，办公室及化学分析室布置在车间的东南角或二层楼面，在条件允许的情况下，中央控制室，办公室及化学分析室应设置空调。

对于化学分析室应尽量避开振动源，以避免由于振动对天平等仪器的影响，从而对分析结果带来误差。

对于汽车类涂装车间，由于车间的面积较大，还应在各条生产线旁设置现场化学分析室，以保证生产的顺利进行。

12.2.3.3 调漆室布置

调漆主要是完成涂料的稀释和配置，使其达到工作状态的黏度要求，有时也进行腻子的配置，根据生产规模大小，混料，发料与机械混料，管道涂料的供给可分为手工、管道输送涂料到工作点两种方式。

调漆室的布置应充分考虑到厂房的防爆问题，根据 GBJ 16—1987《建筑设计防火规范》第 3.4.3 条泄压面积与调漆室厂房体积之比值（m^2/m^3）宜采用 0.02 ~ 0.22，爆炸介质的爆炸下限较低或爆炸压力较强以及对于体积较小的调漆室，应采用大比值，对于体积较大的调漆室（体积大于 $1000m^3$）如采用上述比值较困难时，可适当降低比值，但比值不宜小于 0.03。

调漆室的泄压设施宜采用轻质屋盖作为泄压面积，易于泄压的门，窗及轻质墙体等也可作为泄压面积，泄压面积应布置合理，并应靠近易爆炸部位，不应面对人员集中的地方和主要交通通道。

对于汽车类涂装车间内调漆室，为了减少调漆室内有机溶剂的浓度，改善调漆室内操作工人的操作条件，有时也采用送风与排风的措施，并在冷天时对所送风采用加热，以保证调漆室的室温大于 12℃。

对于汽车类涂装车间内调漆室，为了保证生产的安全性，应设置气体灭火设备与火灾报警器等。

12.2.3.4 化学品储存间布置

车间内的化学品储存间主要为储漆间和预处理药剂堆放间，通常储漆间安排在调漆室旁边的隔间内，为了车间的安全，在储漆间或化学品储存间内油漆材料及预处理药剂的储存量不应超过 1~2 班的正常生产耗量，故可根据上述依据来相应布置，并设置气体灭火设备及报警信号。

12.3 涂装车间生产组织形式

12.3.1 涂装作业组织形式

根据工厂建设规模、涂装产量、产品涂装技术要求、工艺方法、工件特征及物流等具体情况，来确定涂装作业组织形式。可选择的涂装生产作业形式有以下三种：

（1）组织集中的涂装车间。一般情况下，涂装作业尽可能集中设置，组织集中的涂装车间，以节省投资、提高工艺水平和机械化水平、便于管理；减少排污点，有利于治理污染；动力供应（蒸汽、压缩空气、燃气、给排水、供电等）和消防设施等统一考虑。但物料及加工工件周转运输量会大一些。

（2）组织单一的涂装工段。涂装作业组织在一个涂装工段中进行。在单件小批量生产时，零部件涂装及成品涂装都在同一涂装工段中进行。涂装工段可附属于有关的一个车间管理。

（3）组织多个的涂装工段。涂装作业组织在若干涂装工段中进行。

12.3.2 涂装生产线组织形式及排列方式

根据涂装产量、工艺方法及工件特征等因素来确定涂装生产线组织形式。涂装生产线一般有以下六种组织形式可选择。

12.3.2.1 连续移动生产线

连续移动生产线中，工件是借助于不间断移动的输送机连续不停地通过涂装工艺过程的全部工序或工位。设备及工位的长度可按输送机传递工件的输送速度来计算。连续移动生产线适用于中小型工件或制品，用于大量、大批量生产的流水生产线。连续移动生产线形式示例如图 12-2 所示。

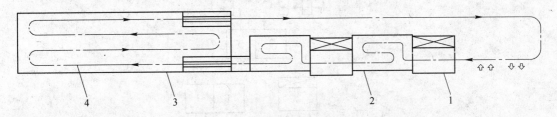

图 12-2 连续移动生产线形式
1—喷漆室；2—流平室；3—烘干炉；4—悬挂式输送机

12.3.2.2 间歇移动生产线

间歇移动生产线中，工件是借助于间歇移动的输送机间歇地通过涂装工艺过程的全部工序或工位，工序加工处理时，工件处于静止状态。间歇移动生产线适用于大中型工件或制品，用于大批量或批量生产的流水生产线。间歇移动生产线形式如图 12-3 所示。

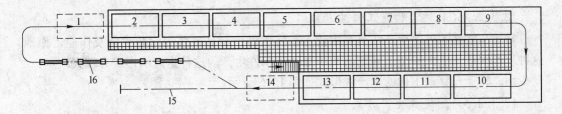

图 12-3 间歇移动生产线形式
1—上料工位；2—脱脂槽；3—温水槽；4，7，8—冷水槽；5—表调槽；6—磷化槽；9—纯水槽；
10—阴极电泳漆槽；11，12—超滤液（UF）洗槽；13—纯水槽；14—卸料工位（运进烘干室烘干）；
15—自行小车输送机检修线；16—自行小车输送机

周期性间歇移动生产线中，工件借助输送机，按生产节拍周期性地向前移动通过涂装作业的各个工位、设备的流水生产线。设备及工位可按生产节拍时间来计算。周期性间歇移动生产线形式如图 12-4 所示。

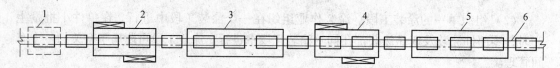

图 12-4　周期性间歇移动生产线形式

1—表面准备工位；2，4—喷漆室；3，5—烘干室；6—输送机

12.3.2.3　工件往复移动式（摆动式）生产线

工件往复移动式（摆动式）生产线是工件、制品可以从一个工位到另一个工位来回多次往返移动，完成涂装作业的各个工序。工件制品采用输送机输送时，采用可换向输送机，几乎适用于各类型工件，小型工件可放置在小车上，并适用于小批量和单件生产。工件往复移动式生产线形式如图 12-5 所示。

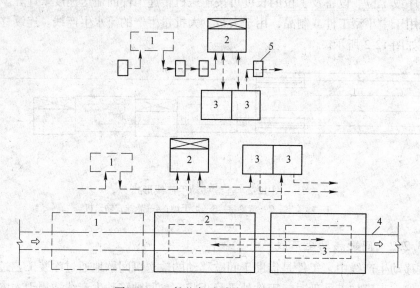

图 12-5　工件往复移动式生产线形式

1—准备工作工位；2—喷漆室；3—烘干室；4—输送机；5—小车

12.3.2.4　转运车输送工件生产线

转运车输送工件的生产线是利用转运车将工件、制品转移到涂装设备及作业工作地。这种生产线适用于大中型工件制品的小批量和单件生产。这种生产线形式有较大缺点，尽量少用。转运车移动工件的生产线形式如图 12-6 所示。

12.3.2.5　固定式生产方式

固定式生产方式的特点是工件、制品的涂装作业几乎均在同一个工作位置上完成。这种生产方式适用于大型、重型或难于搬动制品的小批量和单件生产。固定式生产方式如图 12-7 所示。

12.3.2.6　大件通过式喷涂方式

大件通过式喷涂方式的特点是大型长工件、制品通过较短的喷漆室一边移动一边进行喷漆，这种喷涂方式，可大大缩短喷漆室，降低能耗，喷漆通风效果也较好。这种生产方式适用于大型长工件、制品的小批量和单件生产。大件通过式喷漆室喷漆的喷涂方式如图 12-8

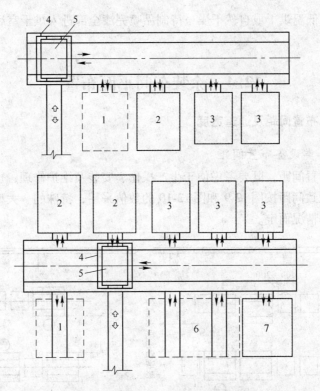

图 12-6　转运车移动工件的生产线形式

1—准备工作工位；2—喷漆室；3—烘干室；4—转运车；
5—工艺小车；6—刮腻子工位；7—打磨室

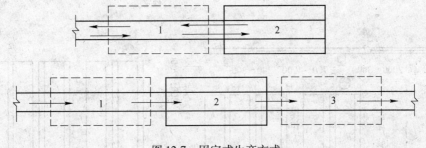

图 12-7　固定式生产方式

1—准备工作工位；2—喷烘两用喷漆室；3—检验、修整工位

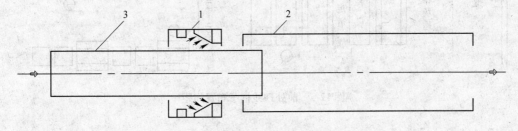

图 12-8　大件通过式喷漆室喷漆的喷涂方式

1—喷漆室；2—烘干室；3—制品

所示。烘干室采用低温烘干或自然干燥，待制品喷完漆全部进入烘干室后，关上烘干室门进行烘干。

12.4　涂装车间平面布置

12.4.1　各类设备布置间距及通道宽度

12.4.1.1　各类设备布置间距

设备、槽子布置间距，既要考虑便于生产操作、安装及维护修理，也要节约用地。设备、槽子布置的大致间距按图 12-9 和图 12-10 的数值采用，特殊的、大型的设备，槽子布置间距，根据具体情况而定。

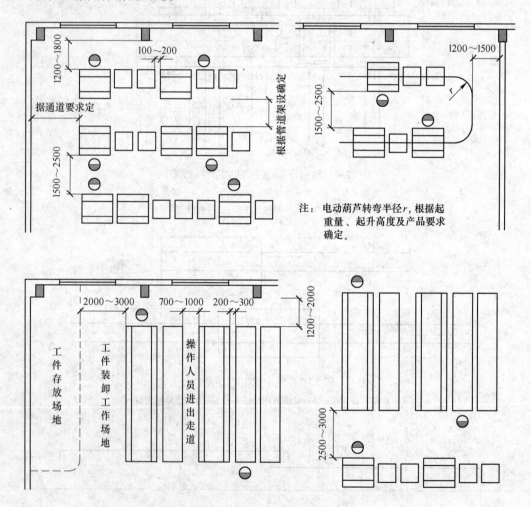

图 12-9　前处理线槽子布置间距

12.4.1.2　通道宽度

车间通道宽度是根据车间性质和规模、厂房形式和跨度、工件特征（类型、外形大小）、运输工具类型和规格、行驶状况（单向行驶、对开行驶）、车间作业等具体情况来定。通道宽度要确保运输车辆、运送物料、人行等顺畅通行，并符合技术要求。涂装车间通道宽度目前尚无完整的标准规定，参考其他车间（冷加工车间、热加工车间等）通道宽度，根据涂装作业特点等具体情况，提出涂装车间的通道宽度见表12-3。当生产特殊的特大型的工件、构件、制品时，通道宽度根据具体情况确定。安全出口距离见表12-4。

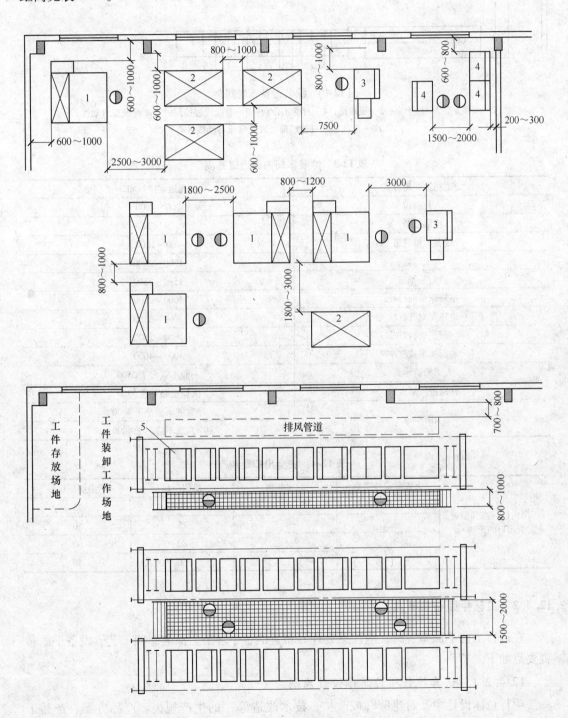

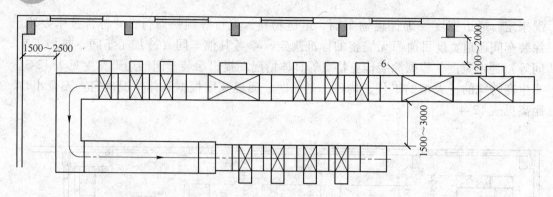

图 12-10　涂装设备布置间距

1—喷漆室；2—烘干室；3—浸漆槽；4—打磨工作台；5—直线式程控门式行车前处理自动线；
6—悬挂输送机连续前处理及电泳自动线

表 12-3　涂装车间内的通道宽度

通道用途运输方式	通道宽度/mm
人行通道	700 ~ 1000
疏散通道	≥1400
设备检修通道	700 ~ 1000
人工运输	1500 ~ 2000
通行手推车	1500 ~ 2500
电瓶车单向行驶	2000 ~ 2500
电瓶车对开行驶	3000 ~ 3500
通行三轮汽车	2000 ~ 2500
通行叉车或汽车	3000 ~ 4000
人工搬运距离	一般不宜大于 2500
铁路进厂房入口	入口道路宽度 5500
消防车道	净宽度不应小于 4000
	净高度不应小于 4000

表 12-4　安全出口距离

	火灾危险性类别	耐火等级	单层厂房	多层厂房
厂房内任一点到最近安全出口的距离/m	甲	一、二	30	25
	乙	一、二	75	50
	丙	一、二	80	60
		三	60	40

12.4.2　工艺平面布置要点

在进行工艺平面布置时，应注意处理好布置的各个环节。涂装车间工艺、设备平面布置要点如下。

12.4.2.1　认真执行项目总体设计原则

项目总体设计中，对建厂（或改扩、技术改造等）的生产规模、产品方案、产品工艺技术要求、建设内容、对各专业的设计要求及总体设计原则等作出指导性说明，涂装车间设计要认真贯彻项目总体设计原则并结合本专业特点，做好平面布置的前期规划。

（1）在新建车间时，工艺布置要考虑扩建和发展的可能性，考虑有一定的发展空间，以适应产品的更新换代和技术进步；当分期建设时，应使设备装置、输送系统、公用设施等配合得当合理，前期和后期衔接合理，不影响或少影响生产。

（2）在利用工厂原有建筑物进行改建、扩建或技术改造时，应对原有建筑物进行鉴定。在不影响生产的情况下，设备的选用、生产线的组织应尽量适应原有建筑物条件，应从工厂原有建筑物实际出发，尽量避免对原有建筑物大拆和大改动。

（3）平面布置及工艺专业要与总图及公共工程专业密切联系配合、协调，搞好内外技术接口，提高综合设计质量。

12.4.2.2　车间位置及内部布置力求物流、人流合理

车间位置力求产品生产物流合理；内部布置保持工艺生产流程顺畅。

（1）涂装车间在总平面布置图上的位置应合理，符合工厂生产总体物流的流动方向。

（2）车间的物料（工件及材料）进出口（建筑物的大门）位置，要符合工厂生产总体物流的流动方向，尽量避免迂回、倒流。工件入口处要考虑留有工件暂存地及吊具、挂具存放的场所。工件出口处要有必要的储存地，其他的如零部件、制品运出前需要包装的，要考虑留出包装场地。

（3）车间内部各工序之间布置力求紧凑，符合涂装工艺生产流程，使生产路线顺畅，缩短运输路线，减少搬运次数，避免物料倒流，避免工件在生产过程来回往复运输，尤其是大型、重型工件。

（4）人流路线是指作业人员在涂装线上日常作业行走的距离范围，距离最短效果最好。因此应分析工件和材料的搬运，工件与输送机间的装卸等作业，能将作业集中在同一场所附近为好。并注意设计好人员的安全疏散行走距离。

12.4.2.3　车间之间及其内部间隔的要求

（1）涂装车间与其他车间一起共同布置在综合性联合厂房内时，涂装车间应用防火墙与其他车间隔断，应布置在综合性建筑物的外边跨（即涂装车间的长边应靠厂房边跨的外墙）。

（2）涂装工段或工部布置在其他车间内时，加工工序联系较密切、大型笨重工件构件需利用同跨度的起重机（吊车）等，当生产上需要和技术上可行时，可以不隔断，但应采用封闭式或半封闭式喷漆室，与其他加工工序设备的距离应符合技术安全要求。

（3）化学前处理线除了与涂装线直接组成连续或间歇流水生产线外，宜与涂装线用墙隔开，以免酸、碱气体、蒸汽对涂装设备及搬运输送机械设备的腐蚀；需靠厂房外侧墙布置。

（4）涂装的机械前处理如抛丸（喷丸）、喷砂清理，为避免粉尘进入涂漆作业区，应用墙隔断；当大型重型工件构件的抛丸（或喷丸）清理，又与后续工序联系密切，而且是防腐蚀性涂层对外观装饰要求不高时，可将抛丸（喷丸）清理放置厂房内不隔断。

（5）车间油漆、有机溶剂贮存及调漆应设置单独的隔间，靠厂房外墙布置。其他的辅助间根据具体情况进行间隔，或布置在厂房的坡屋内。

（6）平面布置应考虑作业工位有良好的自然采光、自然通风，并有良好的作业环境，一般情况下建筑物宜设置天窗。要求较高的装饰性涂装车间，如轿车涂装车间等，不宜设

置天窗，厂房的外窗也应设置为密闭窗。

12.4.2.4　按作业的不同功能、环境，宜分区布置

按照涂装作业工序的不同功能、对工作环境和清洁度的不同要求，宜将涂装作业、辅助设备等分区布置，便于设备、生产管路和清洁度的控制，也便于热能的回收利用等。

（1）在大型、大规模的涂装车间，可按照工序的不同功能，对工作环境及清洁度的不同要求，根据涂装作业分为涂漆区、烘干区、人工操作区等，并还要保持涂装作业生产的流水性。

（2）多层或局部多层的涂装车间，如大量生产的大型轿车车身涂装车间，可以实现多层立体分区布置方式：

1）结合涂装设备庞大且辅助设备、附属设备多的特点，将辅助设备、附属设备分别布置于主体设备的上方（层）或下方（层）。

2）将主要工艺操作区与辅助系统操作区分开。

3）将环境清洁度、温度等要求相同的工序相对集中，例如按清洁度分为洁净区和高洁净区，将喷漆室相对集中，布置在一个高洁净区内。

4）将能散发热量的烘干室尽可能相对集中，相应布置在一个区域或一层上（或局部一层上），以减少散热对车间内作业环境气温的影响。

5）对大型喷漆室、擦净室、流平室等的空调送风系统装置，往往系统多且设备装置庞大，一般放置在喷漆室等上层（一般是建筑物的顶层），这样不但送风系统短，管理维修方便，也大大减少了送风系统的噪声。

6）对大型喷漆室、擦净室、流平室等的排风系统装置，尽可能集中在这些设备的下层（建筑物的底层），便于排风管道架设、设备检修，减少了排风系统的噪声。

（3）在中小型涂装车间或工段的分区布置中，当对涂层装饰性要求较高时，也可对要求较洁净作业区（如喷漆区域）用墙单独隔开；对刮腻子、打磨腻子层、打磨漆层和粉尘多的区域，应隔开布置；烘干设备在条件允许的情况下，尽量集中布置，可能时集中在一端布置，以利于车间内热量相对集中，便于车间的通风和散热。

12.4.2.5　生产线的优化布置

（1）电动葫芦操作生产的前处理设备宜用直线布置，可采用软电缆供电，以避免采用滑线供电时，易遭受腐蚀。如受场地限制需转弯布置时，其转弯半径应稍大一些，便于电动葫芦运行。

（2）悬挂输送机的连续生产前处理线，直线布置最好，不得已转弯的场合，也要保证磷化工序前后的水洗工序呈直线布置。

（3）电泳涂漆工序与后面的清洗工序均宜直线布置。

（4）前处理设备与电泳涂漆设备组成一条生产线时，最好能直线布置，如受场地限制需转弯布置时，则在磷化后转弯再布置电泳涂漆设备。而磷化设备与电泳涂漆设备各自均呈直线布置。工序间的过渡段以及生产线的出入口段在满足要求的情况下，应尽可能小。

（5）磷化前处理后设置的水分烘干室，应尽量靠近布置，工件出前处理线就立即进入水分烘干室，可缩短输送链的无效长度，也避免工件在空间停留过长而导致生锈。

（6）喷漆线的布置。预喷段、自动喷漆段、补喷段及流平段，希望呈直线布置。

（7）采用悬挂输送式的热风循环桥式多行程烘干室时，为使从输送机上落下的尘埃最少，其悬链转弯越少越好。最低限度为最初的5min（升温段）内应保持直线。

（8）输送系统应紧凑布置，其长度、所占面积、所占空间等越少越好，尽可能提高输送链的有效利用率。

（9）在满足工艺需求的功能和生产能力的前提下，悬挂输送机及地面输送机的布置，其转弯及升降段（上坡及下坡段）越少越好；滑橇输送机线路应尽可能短，各工序间应尽可能紧凑衔接，升降机和横向转移单元也应尽可能少用，这样便于输送机的稳定运行，以减少投资和故障点。

12.4.2.6　合理布置好辅助、附属设备及辅助间的位置

（1）布置各种设备时，应考虑留出辅助设备、附属设施装置的用地；与涂装作业关系较密切的辅助设备、附属设施及其辅助间应靠近布置，如电泳涂漆用的直流电源、超滤装置及冷却系统装置及其辅助间等，应靠近电泳涂漆设备布置；喷漆室用的排风机、空调送风装置及油漆调漆室等，应靠近喷漆室布置等。

（2）布置涂装设备还应注意建筑物的柱间支承位置。涂装设备、大型的通风管道、内部通道及门等，应避开柱间支承位置。

（3）当油漆材料消耗量较大时，最好设置油漆集中配制、管道输送循环系统，将调配好的油漆用管道输送到喷漆室内各喷枪上。集中配漆室应靠近油漆库，以便供漆。使用溶剂型涂料量较少时（一般少于20kg），允许在涂漆区现场配制，但调配漆操作人员，应严格遵守安全操作规程。

（4）涂漆作业场所允许存放一定量的涂料和辅料，但不应超过一个班次的用量。

（5）调漆室应与油漆库、有机溶剂库靠近布置。调漆室、油漆库、有机溶剂库应布置在靠建筑物的外墙，并应采用耐火墙和耐火极限不低于1.5h的不燃烧体板与其他部分隔开。

（6）辅助间、办公室及生活间等，尽量不要布置在厂房高度较高的主厂房内，而布置在靠外墙的坡屋内；当在建筑物长边建坡屋时，应尽量避免建在夏季主导风向的迎风面。

（7）排出有害气体及灰尘的设备如喷漆室、抛（喷）丸室、喷砂室等应靠建筑物外墙布置，以便于在建筑外放置排风装置及其废气净化处理装置。

（8）通风机（抽风机、送风机）尽量放置在室外（可设置遮雨顶棚），如需要放置在室内时，可设单独隔间；为节省占地面积，充分利用空间，可放置在平台上，无论是通风机还是通风平台，应靠建筑物外墙布置，以便于将风管接至室外；如不靠建筑物外墙布置时，将风管穿出屋面板接至室外。

（9）涂装车间如单独设置废水处理设施时，其处理设施装置应尽量靠近排放废水的设备位置。

（10）根据车间平面布置情况，需要时在车间建筑物周围留出布置辅助设施的用地。

（11）敞开的人工操作工位除保证有足够的操作场地外，还要考虑有工位器具、料箱、料架的摆放位置及相应的材料供应运输通道。

12.4.2.7　各种管、沟、坑等应统筹规划、合理布置

涂装车间内的各种管道、地沟、地坑、水池等应统筹规划，合理布置，以便于安装及维护修理。

（1）化学前处理线的排风管宜明管架设，排风效果好，也便于维修及生产线的调整；

其他的管道如供水、排水、蒸汽、冷凝水及压缩空气等管道，可在生产线槽的一侧等处设置管道统一支（管）架，整齐排列，便于维修及生产线的调整。

（2）喷漆室的排风管、送风管，抛（喷）丸室的排风管等的管道较粗，需要穿过墙、基础、屋面板至室外，需要在墙上、墙的基础下、平台上及屋面板下开洞，所以作设备平面布置时，要统筹考虑，既要使管道架设长度最短，又要避开搬运设备（如起重机）和输送机械设备相碰，还要易于躲开建筑物上部构件，易于在墙上及屋面板上开洞。

（3）布置大中型湿式喷漆室（如水旋式、文丘里式喷漆室）时，要注意考虑喷漆室与墙、柱子的距离，因这类喷漆室的底部漆雾净化装置的水池较深，以避免水池与柱子基础相碰。如是新建的建筑物，靠近水池的柱子基础，必要时可作加深处理；如是改建扩建利用现有建筑物时，尽量使这类喷漆室离墙、柱子远一些，以避免水池与柱子基础相碰。

12.4.2.8　合理布置输送机械设备

（1）在不影响工艺生产的条件下，紧凑布置输送机械设备，使它所占用的面积越小越好，长度越短越好，悬挂输送机的转弯轨道越少越好。

（2）输送机（链）的布置要考虑尽可能提高输送链的有效利用率，即在输送链的全长中各涂装工序所必需的长度所占的比例。各工序所必需的长度所占输送链全长的比例越高，其输送链的有效利用率就越高，一般输送链有效利用率约为70%~80%。

（3）为提高输送机有效利用率，工艺设备装置应合理、紧凑布置，尽量缩小设备与设备之间不必要的距离。

（4）输送机械设备的布置、架设及走向等不应影响物料的运输和人员的通行。

（5）在布置输送机械设备的同时，应考虑留出附属设施装置（如输送机的驱动装置和张紧装置等）的用地。必要时，还应考虑悬挂输送机在空间立体交叉时所需的空间和用地。

（6）当采用转运车输送工件，而转运车过跨的柱距距离不够时，新建建筑物设计时，可考虑去掉一根柱子；还应注意建筑物的柱间支承位置，搬运输送设备应避开柱间支承位置。

（7）大型涂装车间的物料运输量较大时，也可采用地下通过和空间廊道运输。如大量生产的轿车涂装线，车间之间的车身输送常采用空间廊道输送。

12.4.2.9　车间办公室、生活间的设置

（1）涂装生产设计单独的涂装车间时，应设置车间办公室，办公室的规模及面积大小，根据办公人数（即工程技术人员及行政管理人员的人数之和），按照《机械办公与生活建筑设计标准》来确定。

（2）涂装生产（或工部）附属于其他车间时，则办公室由附属的车间统一考虑设置。

（3）生活间的规模及面积大小，根据车间人数按 GBZ 1—2010《工业企业设计卫生标准》来确定。

12.5　车间平面布置示例

车间工艺设备平面布置示例见图 12-11~图 12-16，供参考。

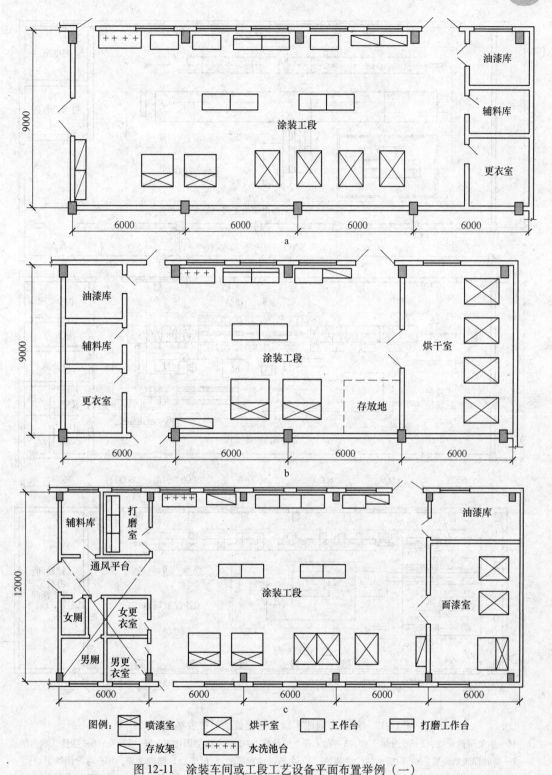

图例： ⊠ 喷漆室   ⊠ 烘干室   ▭ 工作台   ▭ 打磨工作台
       ▨ 存放架   ++++ 水洗池台

图 12-11 涂装车间或工段工艺设备平面布置举例（一）
a—适合于中小型工件，多品种，小批量生产，手工操作生产，灵活性大；b—将烘干室集中放置单独隔间内，
烘干室散热对其他作业影响小，也便于通风排风；c—将喷面漆室及面漆烘干室单独隔间，采用送风净化
过滤，保持室内一定的清洁度，提高涂层外观质量，用于一般装饰性的涂装

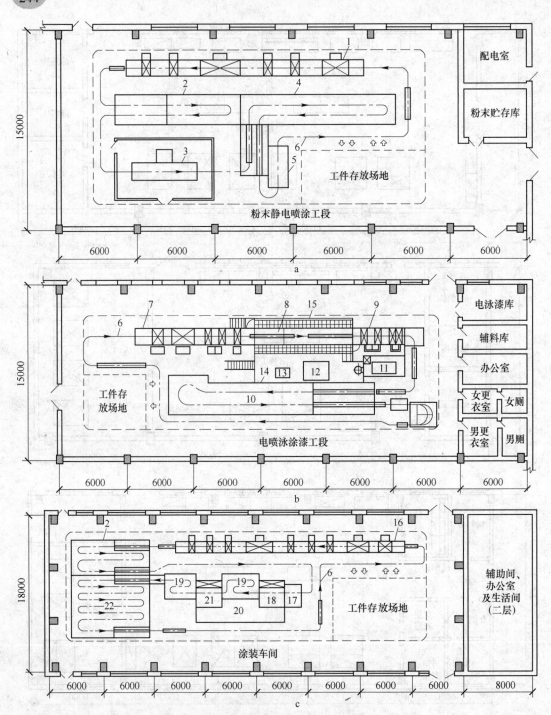

图 12-12   涂装车间或工段工艺设备平面布置举例（二）

1，16—前处理磷化线；2—水分烘干炉；3—粉末静电喷涂室；4—粉末涂层固化室；5—强冷室；6—悬挂式输送机；

7—前处理脱脂装置；8—阴极电泳涂漆装置；9—电泳涂漆后超滤液（UF 液）清洗装置；10—电泳漆烘干炉；

11—电泳槽液冷却装置；12—超滤(UF)装置；13—控制装置；14—平台(平台下放置电泳涂漆附属装置等)；

15—电泳槽边观察走道；17—擦净室；18—底漆喷涂室；19—流平室；20—漆料准备室；

21—面漆喷涂室；22—油漆烘干炉

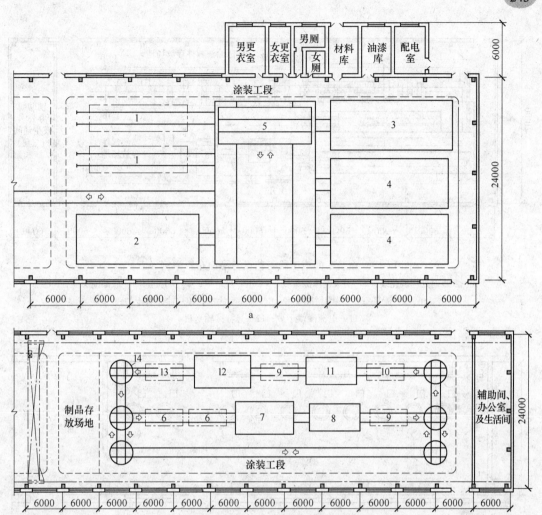

图 12-13　涂装车间或工段工艺设备平面布置举例（三）

1—表面准备、刮腻子工位；2，12—腻子打磨室；3，7—喷漆室；4—油漆、腻子烘干炉；5—转运车；6—表面
准备工位；8—油漆烘干炉；9—自然冷却工位；10—刮腻子工位；11—腻子烘干炉；13—周转工位；14—转盘

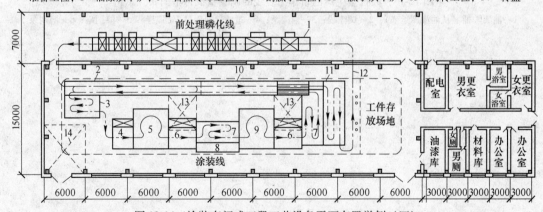

图 12-14　涂装车间或工段工艺设备平面布置举例（四）

1—前处理磷化线；2—水分烘干炉（在底层）；3，11—强冷室；4—除尘（擦净）室；5—"Ω"静电喷底漆室；
6—补喷室；7—流平室；8—漆料准备室；9—"Ω"静电喷面漆室；10—油漆烘干炉（在上层）；
12—悬挂式输送机；13—抽风平台；14—空调送风平台

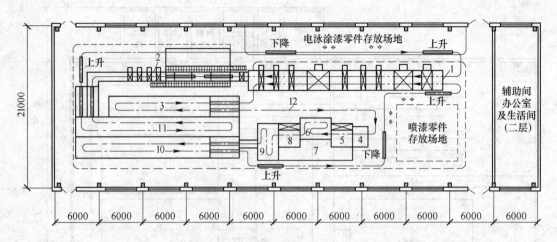

图 12-15 涂装车间或工段工艺设备平面布置举例（五）

1—双线前处理磷化线；2—阴极电泳涂漆线；3—水分烘干炉；4—擦净室；5—底漆喷涂室；

6，9—流平室；7—漆料准备室；8—面漆喷涂室；10—油漆烘干炉；

11—电泳漆烘干炉；12—悬挂式输送机

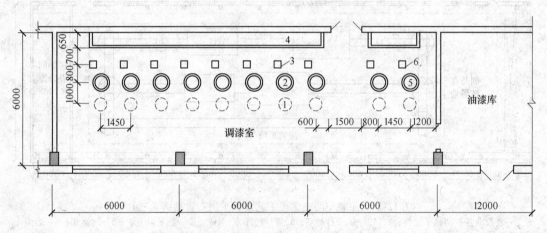

图 12-16 大批量生产的轿车涂装线的调漆室设备平面布置示例

1—油漆贮桶（从油漆库运来）；2—调漆罐；3—输漆泵；4—过滤器及附件等用架台；5—溶剂罐；6—溶剂泵

13 涂装车间三废处理设计

设计内容提要

（1）说明生产过程中产生有害气体、废水、废液、废渣等的污染物的生产部位和程度。

（2）说明本车间设计中，为减少污染物的产生和排放，以及清洁生产等方面，在采用涂料、生产工艺和设备等方面所采取的措施。

（3）说明本车间的废气、废水、废液废渣等的排放方式、治理要求及措施、处理效果，以及废弃物的处置要求及措施。

（4）说明本车间工艺设计中其他方面有关环境保护的主要防范措施和设施，或需要其他专业治理的要求。

涂装车间的"三废"排出，对自然环境和生活环境造成社会性危害，所以涂装三废处理也是涂装车间设计不可缺少的重要设计项目。在涂装车间设计和建设中，要充分了解涂装各工序的环境负荷（三废）量（列于表 13-1）。在工艺和设备设计过程中应严控"三废"的产生，尽量选用无三废排放的或排出量少的涂装工艺、涂装材料和涂装技术，开发再生循环利用技术，以减少"三废"处理量，提高资源利用率和节省三废处理的投资，如表 13-2 所列的为削减漆前处理工艺的环境污染负荷可采取的措施。

表 13-1　涂装各工序的环境负荷量

| 项　目 | | 前处理 | 水分烘干 | 喷　涂 | | 调漆 | 晾干 | 烘干 | 剥离打磨 | 合计 |
				自动补	手动补					
环境污染物	大气污染物/kg·h^{-1}									
	、排水/m^3·h^{-1}									
	废弃物/m^3·月$^{-1}$									
能源项目	电气/kW									
	水/m^3·h^{-1}									
	燃气/kg·h^{-1}									
材料	涂装材料/kg·月$^{-1}$									
	辅料/kg·月$^{-1}$									

表 13-2　削减漆前处理工艺的环境污染负荷措施

工　序	污染环境	消减（环保措施）
脱脂	脱脂废油	脱脂工序的改进（双工序化，药剂的使用方法，回收，低温化）。 改善附属设备（油水分离机，尘埃淤泥除去装置等）。 变更含有环境污染物的脱脂剂（生物降解的表面活性剂，无磷无氮脱脂剂）
	浮游性淤泥	
	沉降性淤泥	
	脱脂液雾	
	液态废弃物	
	环境污染物	
表调	液态废弃物	采用液态水性表调剂，或带有表调效果的脱脂剂缩短工艺
磷化	磷化渣	改善药剂使用方法（少渣化、药剂回收、低温化）。 完善附带设备（除渣装置，渣利用法、外部加热器、浓度管理装置、自动过滤器、防止渣附着装置）。 沉渣再利用（制陶瓷品、用作制前处理药剂原料）。 探索减少或不用环境污染物（锌、锰、氟等）的磷化液
	磷化液雾	
	废容器	
	一般尘埃	
	环境污染物	
水洗	排水	改进水洗工序：（1）增加水洗次数及逆工序补水的效果；（2）闭合式水洗系统。 改进纯水洗工序：（1）制纯水工艺；（2）纯水洗系统。 变更燃料，选用热效率好的烘干室，节能型燃烧器。 定期清扫，采用喷嘴、支管闭塞法，其他易修部件。 排水闭合工艺（蒸发法、回收法、原料化）
纯水洗	再生时排水	
水分烘干	排气	
维护、排水		

13.1　废气处理设计

涂装车间的废气主要是涂料所含的有机溶剂和涂膜在烘干时的分解物，统称为挥发性有机化合物（VOC）。废气处理设计时，需要充分了解涂装各工序排放的废气量（见表 13-3）。

表 13-3　涂装各工序排放的废气量

工序	相关联设备	大气污染物质	排放量/ $\times 10^4 m^3$	浓度/$mg \cdot L^{-1}$	备注
前处理 脱脂 磷化	前处理设备	脱脂磷化液雾（酸、碱） 蒸气			
烘干水分	水分烘干室	排气（CO_2、NO_x、SO_x）			
调色调漆	溶解罐	有机溶剂蒸气、单体漆雾、 尘埃、涂料			

工序	相关联设备	大气污染物质	排放量/$\times 10^4 m^3$	浓度/$mg \cdot L^{-1}$	备注
涂装 喷雾涂装	喷漆室 涂装机 排风管	有机溶剂蒸气、 单体漆雾、尘埃			
晾干		有机溶剂蒸气			
烘干	烘干室	有机溶剂蒸气、单体排气 （CO_2、NO_x、SO_x）			
脱漆	脱漆设备 （溶剂式、燃烧式）	有机溶剂蒸气			
涂膜 打磨 湿打磨	打磨设备 袋式过滤器	打磨灰			

其中，涂装车间废气主要发生源是喷漆室、晾干室和烘干室三者的排气。

（1）喷漆室的排气：一般是排风量大，VOC 浓度极低，其体积分数在 0.001% ~ 0.002% 的范围内，约 $500\mu L/L$，另外还含有过喷涂产生的漆雾。

（2）晾干室的排气：它是湿涂膜在烘干或强制干燥前流平过程中挥发出来的有机溶剂蒸气，几乎不含漆雾。

（3）烘干室的排气：它含有湿涂膜带来的有机溶剂、烘干过程产生的涂膜分解物及反应生成物和燃料燃烧废气。在采用燃气场合，费用虽高，可是燃烧废气较清洁，且具有设备费用低，维护容易，热效率高等优点。在以电或蒸汽为热源的场合，就不考虑燃烧或加热系统排出的废气。

涂装废气中的臭气成为污染近邻的主要问题，一般嗅觉能觉出的极限浓度很低，在技术上很难测量，一般还是以嗅觉为基准。涂装废气中恶臭成分如表 13-4 所列。

表 13-4　涂装废气中产生的恶臭物质

臭气物质 名称	临界值 /$\times 10^{-6}$	主要发生源	臭气物质 名称	临界值 /$\times 10^{-6}$	主要发生源
甲苯	0.48	喷漆室	甲醛	1.0	烘干室
二甲苯	0.17	喷漆室	丙烯醛	0.21	烘干室
甲乙酮	10.0	喷漆室、晾干室、 烘干室	铬酸	0.00006	电泳槽、水洗槽

涂装废气的处理主要是处理烘干室和晾干室废气。喷漆室废气由于排气量大，有机溶剂含量低（1/10000 以下），暂无有效的处理大型喷漆室排出的废气，仅采用高空排放，要求集中单点排放，排放点高度应符合 GB 16297—1996《大气污染综合排放标准》的规定，它是治标的处理方法；排风量小的小型喷漆室配置有活性炭吸附装置处理其废气。治本的办法还是要采用无 VOC 或低 VOC 型涂料替代有机溶剂型涂料，才能根除或降低喷涂工序的 VOC 排出量。在喷涂现场可采取削减 VOC 的措施（见表 13-5），在涂装领域的各种 VOC 处理法与风量、浓度和适用性如表 13-6 和图 13-1 所示。

表 13-5　在涂装有机溶剂型涂料现场削减 VOC 排出量的措施

项　目	措　施
提高涂着效率	喷涂机低压化，静电化
	改进涂装方法，机器人化
	涂装条件合理化
降低溶剂使用量	使用高固体分涂料；回收洗枪用的溶剂再利用
	换色编组，顺序统一；涂料、溶剂容器加盖
设备的改进（优化）	设置溶剂再生装置；涂料管线缩短化
	调整喷漆室的风速

表 13-6　VOC 处理方法的比较

处理方法	废气对象		设备费	运转费	适 用 性				备　注
	浓度大	排气量大			电泳烘干室	粉末烘干室	溶剂烘干室	溶剂喷漆室	
直接燃烧式	◎	△	○	△－×	○	○	○	×	价低，运转费用大
催化剂燃烧式	◎	○	△	△	△	△	○	×	设备费用大，催化剂维持难
蓄热式	◎	○	△	△	△	△	△	△－×	设备费和占地面积都大
吸附（活性炭）	△	○	△	×	×	×	×	△	设备费大，再生方法难
吸附（沸石）	△	○	△	△	△	△	△	△	设备费大，再生方法难
浓缩式	浓度小	◎	△	△	△	△	△	○	适用于喷漆室
生物脱臭式	△	×	○	○	△	△	△	△	除去 VOC 10%～50%
吸收式	△	△	○	△	△	△	△	△	除去 VOC 30%～50%

注：◎—适用；○—尚可用；△—有问题；×—不适当。

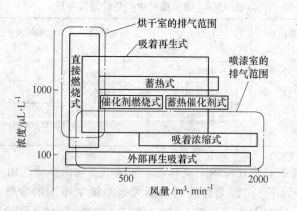

图 13-1　排气的状态与适用装置

　　涂装废气处理方法有活性炭吸附法、直接燃烧法、催化剂氧化分解法和蓄热式燃烧法，它们的处理原理、优缺点列于表 13-7 中。设计时需根据废气的成分、处理量和现场条件，选择脱臭和经济效果最佳的方法。现今排气处理装置的设备费用与排风量成比例关系，在考虑经济成本后，决定选用之。按排出废气的浓度和风量可选用再处理装置。

表13-7 涂装废气处理方法的比较与选择

处理方法	原理及主要控制条件	优　点	缺　点
吸附法	用活性炭吸附，处理气体流速 0.3~0.6m/s，炭层厚度 0.8~1.5m	(1) 可回收溶剂； (2) 可净化低含量、低温度废气； (3) 不需要加热	(1) 需要预处理除去漆雾、粉尘、烟、油等杂质，高温废气需要冷却； (2) 仅限于低浓度
直接燃烧法	600~800℃下燃烧，停留时间 0.3~0.5s	(1) 操作简单，维护容易； (2) 不需预处理，有机物可完全燃烧； (3) 有利于净化含量高的废气； (4) 燃烧热可作为烘干室的热源综合利用	(1) NO_x 的排气增大； (2) 当单独处理时，燃料费用较大，均为后者的3倍（若烘干室热能采用燃气，可综合利用）
催化剂氧化法	在 200~400℃ 下，靠催化剂催化氧化停留时间 0.14~0.24s	与直接燃烧法相比： (1) 装置较小； (2) 燃料费用低； (3) NO_x 生成少	(1) 需要良好的预处理； (2) 催化剂中毒和表面异物附着易失效； (3) 催化剂和设备较贵，约为前者的3倍

烘干室的废气宜采用直接燃烧法处理，尤其在采用燃气、燃油为热源的场合。常见的燃气烘干室废气综合处理实例如图13-2所示。晾干室的废气可作为补充空气进入烘干室，随后成为烘干室废气排出，进入燃烧炉直接燃烧处理。在风量多的场合还可利用设备费用高，而运转成本低的蓄热式燃烧装置。

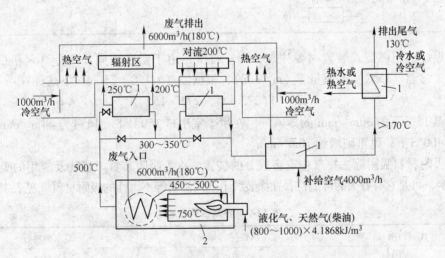

图13-2 燃气烘干室废气综合处理装置
1—热交换器；2—燃烧炉

明确适用于涂装线废气处理目的的，应选定具有综合功能的排气处理装置。在处理装置的处理效率方面，在处理 VOC 达到限制浓度以下的场合，必须有 80%~90% 的效率，在组合处理场合也要选用 30% 效率的装置。

　　从脱臭的观点而言，通常达不到90%以上的效率，就不能期待有恶臭的脱臭效果。在排风量方面，喷漆室等排风量大的场合，若处理装置不经济，还是选用低VOC涂料的措施更经济。

　　在排气温度方面，需注意吸附吸收80~300℃烘干室排气时的耐热性。在现场施工方面，应注意考虑喷漆室、烘干室与排气处理装置之间的排风管附着漆雾和油烟，而引起的堵塞和着火，需考虑易清扫、更换、保养和检修。

　　有机溶剂的燃烧必须在700℃下、1s接触时间内，从这700℃回收废热，能大大地改变运转费用。通常借助换热器加热新鲜的空气可回收30%~40%，随后的回收供生产线各工序利用。催化剂燃烧法仅适用于由烘干室发生的成分如甲苯、二甲苯等有机溶剂，不能适用于易使催化剂中毒、低分子树脂等。该技术在300~400℃下就能燃烧分解有机溶剂，因而与直接燃烧法相比，能大幅降低运行成本（见表13-8）。

表13-8　燃烧方式的比较

方　　式	温度流程	设备费用	维修运行费用	设置场所
直接燃烧式	700℃	小	大	小
催化剂燃烧式	400℃	中	中	小
蓄热式	150℃→700℃ 200℃→700℃	大	小	大

　　在设计选用燃烧式装置时要注意，同一排气，由于温度不同，风量（风机的容量）有差异。常温（15℃）的风量V（m³/min），根据温度t（℃）不同按下式计算：

$$V_t = V(273 + t)/(273 + 15) \qquad (13-1)$$

　　常温15℃下的30m³/min的排风量，在烘干室出口150℃下，风量为44m³/min；脱臭炉出口400℃下，风量则增到70m³/min。

　　靠吸附材料吸附除去排气中有害成分的装置，称为吸附装置。最普及应用的吸附材料是活性炭，可是它有着火的可能性，在涂装线上适用沸石等不燃性的吸附材料（见表13-9）。

表13-9　吸附剂的比较

比　较　项　目	活性炭（纤维）	疏水型沸石
耐火性	可燃性	不燃性
耐热温度	140℃	800℃
再生温度	110~130℃	最大250℃
再生热量	低	高
湿度的影响	大（0.145g/g）	小（0.035g/g）
吸附成分沸点	最大130℃	最大220℃

比 较 项 目	活性炭（纤维）	疏水型沸石
细孔径	分布（1~4nm）	均一（0.5~0.8nm）
选择性	注意酮系溶剂	小
价格	便宜	高

吸附式处理废气场合的课题是再生方法（使饱和的活性炭再度利用），一般是由制造厂商进行再生（更换吸附材料）。

吸附装置是设置在排风管路中的装有吸附材料的吸附塔（箱形），结构简单，可是通过吸附材料的压力损失增大，易造成排风机动力增加（见图 13-3），其结果是耗电量增加、噪声增大，因此需用 2 台排风机。

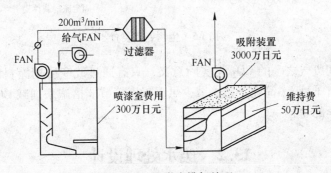

图 13-3 吸附式排气处理

装有吸附材料的吸附塔质量在处理排风量为 50m³/min 场合时，约为 1t，需独立增强支撑，并要有装、卸吸附材料的维护场所，约需 1m×2m。再生式的场合吸附箱应有 2 个，需有作业空间，一般多设置在屋外。

吸附处理法是用固体吸附材料吸附气体成分；而吸收处理法是用水等液体溶解气体成分，它是排气处理的最简便的方法，在市场上称为水洗装置、洗净装置、洗涤器等。在涂装生产线上应用于喷漆室的排气处理，烘干室的脱臭等。

排气成分中的树脂挥发分，醇系溶剂等易溶解，但吸收成分中含量最多的甲苯、二甲苯等芳香组的气体难溶解，吸收效果差。对它们的处理一般多采用喷淋方式，风量小的场合利用效率良好的洗涤器、文丘里式等。排风管通常要高出屋顶，故设置在房顶或室外较便利处（见图 13-4）。吸收处理方法的设备费用、运转成本较低，循环洗净水的浓度增大时，可定期更新。采用生物处理法的排水处理装置进行排水处理或将废弃液转移给废弃液处理站处理。

生物处理法是使用微生物（见图 13-5），装置费用、运行费用低是其特征，它是利用排气与含菌液体接触的方法，即将菌混入洗

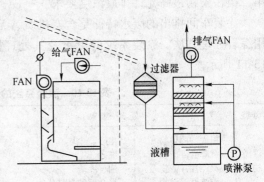

图 13-4 洗涤式处理装置

涤装置的槽液中，使菌成为吸附载体。这种方法是以循环水吸附排气中的有害成分为前提，仅适用于除去效率20%～50%程度和降低VOC为目的的场合，在以脱臭为目的的场合，应事前确认臭气与浓度的关系。

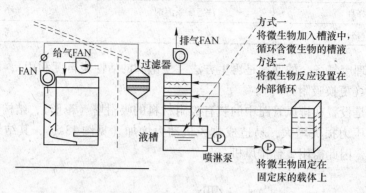

图13-5　生物处理装置

处理涂装车间废气之一的CO_2无实际意义，只有通过改变所用涂料的固化性能（如低温化，烘干变自干型）、简化工艺、减少烘干工序等节能措施来削减CO_2排出量，达到环保要求即是科学的途径。

13.2　废水处理设计

在设计涂装车间时，首先应选用节水和水利用率高的技术，加大清洗水再生循环利用技术上的投入，努力实现前处理和电泳后清洗水的"零"排放，或大幅度地减少废水的排出量；提高水的循环利用率。

在工业涂装工艺过程中，主要是漆前处理工艺和电泳后清洗用水量大，它是涂装废水处理的主要对象。喷漆室的循环水在漆雾凝聚剂选用正确和精心管理的情况下几乎可不排放污水。

在设计、选用废水处理方法及装备前，必须先化验分析废水中所含的有害物质，才能确定采用何种方法、清除到何种程度，并与当地有关部门衔接好排放标准（工业废水最高容许排放浓度），最后排出水应符合GB 8979—1996《污水综合排放标准》中第一类、第二类污染物最高允许排放浓度要求。

涂装车间排出的废水特征是含有机质、无机质，单独物质污染的场合较少，所以多采用综合处理方法。涂装系统的废水及其处理操作法列于表13-10中。排水处理技术如表13-11所示。

表13-10　涂装系统的废水及其处理操作法

分类	处理对象		适用操作方法	
浮游物质	粗大的固体物	粗砂、尘埃	过滤法	一次处理
	沉降性浮游物	细砂、泥	沉淀法	
	漂浮性浮游物	油、漆渣	上浮分离	
	胶体性浮游物	重金属的氢氧化物	凝聚沉淀法	

分类	处理对象		适用操作方法		
溶解性物质	水乳化油	脱脂废水	凝聚沉淀法（酸分解）吸附处理	二次处理	
	溶解性无机物	重金属类 铬酸、氰、氟离子	中和、pH调整法、还原、凝聚、吸附、离子交换、蒸发、反渗透	三次处理	多次处理
	溶解性有机物	BOD、COD源、活性剂染料、酚及其他	生物分解、吸附臭氧分解、反渗透、充气氧化、UV处理		
	淤渣	凝聚沉降的淤浆污泥	浓缩、脱水干燥		

表 13-11　排水处理技术一览表

处理技术	方法、方式	分离对象
机械的处理（浓渣、滤饼）	过滤网、过滤器	固态物
	沉降分离、倾斜板分离、重力分离、上浮分离	固态物
	砂过滤、急速过滤、硅藻过滤、精密过滤、离心过滤、回转加压、带式压滤机、螺旋压力机	凝聚沉淀后处理涂料渣
	真空脱水、加压脱水	沉渣脱水
	膜分离（MF、UF、RO）	胶体状、微小固体、离子
物理化学处理（含液-液分离）	中和	前处理剂（酸、碱）
	氧化还原	滤前处理（Cr等）
	活性炭吸附	微小物体
	离子交换	离子
	膜分离（UF、RO）	电泳涂料、离子
生物化学的处理	活性污泥、曝气、散气装置	前处理油、涂料、溶剂
	好气、嫌气、无氧、氧气载体利用	难分解性（COD）
	生物膜利用	
	接触氧化	
	脱氮	水性涂料（含氮化合物）

废水的处理按其处理程度和要求可划分为三个阶段（即一、二、三级处理）。

（1）一级处理。它是用机械方法或简单的化学方法，使废水中的悬浮物或胶状物沉淀，以及中和水质的酸碱度，这是预处理。

（2）二级处理。它是采用生物处理或添加凝聚剂，使废水中的有机溶解物氧化分解，以及部分悬浮物凝聚分离，经二级处理后的废水大部分达到排放标准。

（3）三级处理。它是采用吸附、离子交换、电渗析、反渗透和化学氧化等方法，使水中难以分解的有机物和无机物除去，经这一级处理过的废水可达到地面水质标准。

涂装车间的污水处理方法主要是液-液分离和液-固分离，其中有凝聚沉淀法、上浮分离处理法、离子交换法、膜分离法、物化处理法等。实际上涂装车间的污水是通过几种方法综合处理的，且与涂装方式和所用涂料类型有关（见表 13-12）。

表 13-12　涂装线的污水处理

种 类	一次处理 凝聚沉淀（物理化学处理）	二次处理 活性污泥（生物处理）	三次处理 活性炭、UV、O_3（高度处理）
表面处理	需要	不要	N、P 限制区域
电泳涂料	需要	需要	COD 限制区域
溶剂型涂料	需要	需要	与涂料种类有关
水性涂料	需要（事先除渣）	需要（明确限制差值）	需要（处理 BOD、COD）
粉末涂料	不要	不要	不要
UV 涂料	湿式喷漆室场合	不要	不要

13.2.1　凝聚沉淀法

涂装车间废水中的物质多具有胶体溶液的性质，部分还可溶于水中，要使这些物质分离出来，首先要把它们从液相中变为液 – 固两相。像电泳废水，其树脂成分是溶于水中的，但在不同的 pH 值中，它可以析出不溶物，磷化废水中的 Zn^{2+}、Mn^{2+}、Ni^{2+} 等通过调整 pH 值，也可以形成分散于水中的氢氧化物胶体，加入适当的絮凝剂，可以使胶粒互相碰撞而凝聚成较大的粒子，从溶液中分离出来。

水处理用絮凝剂有多种，有酸性的无机絮凝剂如硫酸铝钾、硫酸亚铁、硫酸铁等，碱性的无机絮凝剂有生石灰、熟石灰及皂土等。

有机的絮凝剂一般为相对分子质量低的聚酸胺树脂，加入的质量分数约为 0.2%。凝聚沉淀法靠絮凝的粒子自然沉降从水中分离出来，需要较长的时间，所以该法不适于在短时间内处理水量大的情况。

13.2.2　上浮分离处理法

上浮分离处理法适用于凝聚物质的密度比水轻的场合如含油废水中的油类。该法是将上浮于水面上的油类，用橡皮管或泡沫塑料连续地将油带出并挤压除去，如图 13-6 所示。

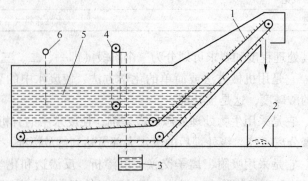

图 13-6　上浮法除去脱脂废水中的油脂

1—刮板除渣；2—储渣槽；3—储油槽；4—吸油器；5—脱离脂液储槽；6—浮子液位计

当沉渣的密度与水相差不大时，也可以靠加表面活性剂等起泡物质，使沉渣粒子附着在空气泡上而上浮，用刮板或溢流除去，如喷漆室过喷的涂料就是靠这种上浮法除去的。

膜分离法主要用于废水排出前回收方法的应用。

涂装车间的废水在涂装车间进行第一次、第二次处理，然后送往厂废水处理站进行第三次处理（主要是调整 pH 值、沉淀和加氧处理），最后送往城市公共污水处理场再进一步处理。涂装车间作为一级处理系统，将脱脂废水、阴极电泳废水和其他污水（由钝化工序产生的废钝化液要单独输送）分别输送到集中槽。分开输送主要考虑由于酸碱度不同的废水中和时产生的沉淀可将输送管路堵塞。脱脂废水采用链式除油装置脱脂，然后将三种废水在沉降中混合，经调整 pH 值后，阴极电泳树脂和磷化废液中的重金属离子产生沉淀，由沉淀槽底部的刮板链将沉淀除去。清液在加入石灰水后在几个大的锥形槽中进一步沉降后，再通过砂过滤器，排入厂污水处理池中。

13.3　废渣处理设计

随着资源的有效利用及二次利用，涂装工场的废弃物有效减少，但仍会有下列废弃物需设法处理。

（1）废涂料仍呈液态状，组成和性能与原涂料无大差别，如仅因各色混合、弄脏或变质的涂料。

（2）废溶剂是指洗净设备和容器等的清洗溶剂，仅含有少量的涂料、树脂和颜料等。

（3）涂料废渣（固态或半固态）有以下几种：

1）腻子、已凝胶的涂料等没有或失去流动性的组成；

2）喷漆室的废漆渣、刷落的旧涂膜等；

3）蒸馏、再生废溶剂的残渣。

（4）水性沉渣有磷化沉渣、水处理后的沉渣、废水性涂料（乳胶涂料、水溶性树脂涂料等）几种。

（5）废的涂料桶和其他包装容器内附着的残留涂料（约为涂料耗量的1%）应清洗回收利用。

上述几种废弃物的性质和形态随所用涂料的种类、排出的场所、收集、保管方法而异。

（1）凡公司或社会有关部门能处理的产业废弃物，都委托或卖给它们进行专业化处理，在涂装车间的工艺设计中不再考虑产业废弃物的处理工艺及设置。

（2）洗喷具和换色产生的废漆液、废溶剂应尽可能回收利用。如经过滤后，可使其回收，用做调配相同颜色的涂料或作底涂料、中间层涂料的稀释剂用；或设置小型的真空蒸馏或蒸汽蒸馏装置再生利用。

（3）在涂装材料耗用量大的场合，涂装材料的包装容器应尽可能做到反复使用，以减少废容器和降低材料成本。例如设计采用可用叉车输送的、塑料制或不锈钢制的特种专用容器（容积 $0.5m^3$ 或 $1m^3$），装运漆前表面处理用的药剂和耗量大的涂料，在材料供应厂商和用户之间反复使用。

（4）涂装车间工艺设计，应考虑涂装废弃物的物流和存放地，做到分类收集存放，以便专业化处理。如果不分类收集、保管，混杂在一起，则会增加涂装废弃物处理的难度。

（5）涂装废弃物有些仍是可燃物质和有害物质，对环境仍有污染或引起火灾事故，因此不允许乱摆乱放，随意丢掉。要注意分类存放地的环境条件和专业化处置。

涂装各工序排放的废弃物量列于表 13-13。

表 13-13　废弃物量和处理费用

工　序	废 弃 物	排出量/m³·月⁻¹（t·月⁻¹）	处理费用/万元·月⁻¹
挂具脱漆	喷射加工处理		
前处理	脱脂		
	磷化		
调漆间			
喷漆室	废液		
	废渣		
烘干	热风		
打磨	打磨灰、废砂纸		
涂膜	含 Pb、Cr 废料		
小计			

13.4　涂装车间排水再利用循环技术

排水再利用循环技术，指使用少量能源将污水处理后的排水变为干净水，回生产线再利用的节水技术，属污水处理后再生法。前处理、电泳的排水经絮凝沉淀，上澄清液再经膜分离（RO 装置），膜透过水返回生产线供清洗水用；RO 装置的未透过水借助蒸馏（蒸发）装置浓缩，产生蒸馏水，也返回生产线供纯水清洗用。两种对 RO 装置的浓缩进行处理装置的特征如表 13-14 所示。

表 13-14　排水处理装置比较

名　称	作 业 原 理	热　源	手　法	收　益
蒸发装置	利用涂装车间的废热（烘干室废气、燃烧炉的烟道气）对浓缩液进行处理	干燥废热（300℃）	蒸发气液接触（直接）	废热利用
减压蒸馏装置	排水进入容器减压，在降低沸点的状态下供热，将沸腾的水蒸气取出（蒸馏水）再利用	锅炉蒸汽（100℃）	蒸馏传热（间接）	回收蒸馏水节水

利用废热的蒸发装置的结构及流程设计如图 13-7 所示。

减压蒸馏装置的构成及流程设计如图 13-8 和图 13-9 所示。

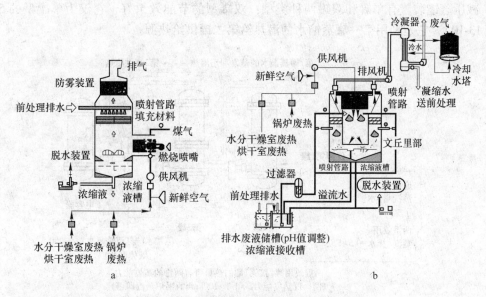

图 13-7 两种利用废热的蒸发装置

a—PV-3 型；b—PV-6 型

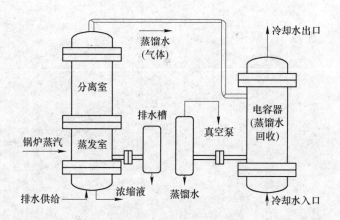

图 13-8 减压蒸馏装置的构成

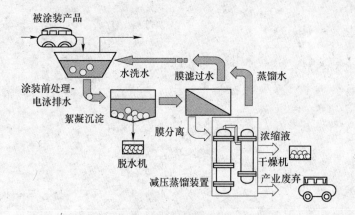

图 13-9 减压蒸馏装置的流程

　　减压蒸馏装置有单罐和双罐两种类型：双罐型的节能效果好，它仅为单罐型的50%（图13-10），它是利用第一罐蒸馏水的潜热给第二罐供给热源。

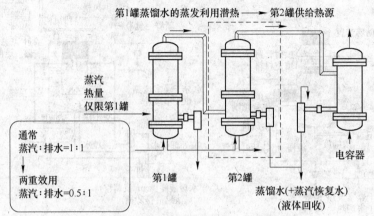

图 13-10　双罐型减压蒸馏装置

参 考 文 献

[1] 王锡春. 涂装车间设计手册 [M]. 北京：化学工业出版社，2013.

[2] 傅绍燕. 涂装工艺及车间设计手册 [M]. 北京：机械工业出版社，2013.

[3] 叶扬祥，潘肇基. 涂装技术实用手册 [M]. 北京：机械工业出版社，2003.

[4] 机械工业部第四设计研究院. 油漆车间设备设计 [M]. 北京：机械工业出版社，1985.

[5] 胡宗武，石来德，徐履冰. 非标准机械设备设计手册 [M]. 北京：机械工业出版社，2003.

[6] 吴涛. 汽车涂装车间工艺设计基础 [M]. 吉林：吉林工业大学出版社，1993.

[7] 张学敏. 涂装工艺学 [M]. 北京：化学工业出版社，2002.

[8] 孙一坚，沈恒根. 工业通风（第4版）[M]. 北京：中国建筑工业出版社，2010.

[9] 冯立明，张殿平，王绪建. 涂装工艺与设备 [M]. 北京：化学工业出版社，2013.

[10] 赵光麟. 涂装设备简明设计手册 [M]. 北京：化学工业出版社，2013.

[11] 张瑞，王玉宽，李虎，等. 涂装车间工艺、物流及输送设计 [J]. 现代涂料与涂装，2007，10 (5)：35～37.

[12] 应仁俊. 涂装车间设计概要 [J]. 涂料工业，1990 (4)：24～28.

[13] 孙昭钦. 涂装车间的建筑设计 [J]. 工程建设与设计，2006 (s1)：113～116.

[14] 胡成江. 汽车工厂涂装车间建筑设计优化研究 [J]. 企业技术开发，2016，35 (5)：15～16.

[15] 陆耀庆. 实用供热空调设计手册（第2版）[M]. 北京：中国建筑工业出版社，2008.

[16]《动力管道设计手册》编写组. 动力管道设计手册 [M]. 北京：机械工业出版社，2006.

[17] 达娟，杨影影，张军. 浅谈汽车工业厂房涂装车间的给排水设计 [J]. 工程建设与设计，2015 (7)：92～93.

[18] 北京市市政工程设计研究总院. 给水排水设计手册 [M]. 北京：中国建筑工业出版社，2002.

[19] 中国航空工业规划设计研究院. 工业与民用配电设计手册 [M]. 北京：中国电力出版社，2005.

[20] Rodger Talbert. Paint Technology Handbook [M]. New York：CRC Press，2007.

[21] 聂永丰. 三废处理工程技术手册 [M]. 北京：化学工业出版社，2000.